JN220278

改訂新版

プロのためのLinuxシステム構築・運用技術

中井悦司［著］

Red Hat Enterprise Linux対応

システム構築運用／ネットワーク・ストレージ管理の秘訣がわかる

キックスタートによる自動インストール、運用プロセスの理解、SAN/iSCSI、L2/L3スイッチ、VLAN, Linuxカーネル、systemd、ファイルシステム、問題判別ノウハウ、プロとしてのLinux技術

技術評論社

● 免責

本書に記載された内容は、情報の提供だけを目的としています。したがって、本書を用いた運用は、必ずお客様自身の責任と判断によって行ってください。これらの情報の運用の結果について、技術評論社および著者はいかなる責任も負いません。

本書記載の情報は、2016年8月現在のものを掲載していますので、ご利用時には、変更されている場合もあります。

また、ソフトウェアに関する記述は、特に断りのない限り、2016年8月現在でのバージョンをもとにしています。ソフトウェアはバージョンアップされる場合があり、本書での説明とは機能内容や画面図などが異なってしまうこともあり得ます。本書ご購入の前に、必ずバージョン番号をご確認ください。

以上の注意事項をご承諾いただいた上で、本書をご利用願います。これらの注意事項をお読みいただかずに、お問い合わせいただいても、技術評論社および著者は対処しかねます。あらかじめ、ご承知おきください。

● 商標、登録商標について

・本書に登場する製品名などは、一般に各社の登録商標または商標です。なお、本文中に™、®などのマークは特に記載しておりません。

はじめに

今、この文章を読んでいる皆さんは、何らかの形でLinuxサーバーの構築、運用にかかわっている、もしくは、かかわろうとしていることでしょう。お客様先ではじめてLinuxサーバーを構築した時、インストールメディアからサーバーが起動せずに途方に暮れた経験はありませんか？

導入が終わってバックアップを取ろうとしたら、どうしてもテープドライブが認識できずにマシンルームで一夜を明かしたことはありませんか？　お客様から、サーバーの障害の原因を調べるように突然依頼されて、お客様の視線を背中に感じながら、震える手で、何度も同じコマンドを叩いたことは？　問題を解決しようと思って、設定ファイルを修正していく間に、どこを修正したかもわからなくなってしまいその場から逃げ出したくなったことなどは……？

本書は、業務システムとしてのLinuxサーバーの構築、運用に携わるエンジニアの皆さんに向けた書籍です。趣味のLinuxサーバーを構築するための本や雑誌が書店にあふれる今、Linuxをインストールするだけなら、誰でも手軽に体験できるようになりました。その一方で、これまでは商用のUnixサーバーやメインフレームシステムが担っていたさまざまな業務システムでLinuxが採用される時代になりました。一般企業の基幹業務システムはもちろんのこと、金融機関の勘定系システムや証券取引システムなど、私たちの生活を支えるさまざまな社会インフラをLinuxサーバーが支えています。今、まさに本格的な業務システムとしてのLinuxサーバーを扱える、「プロのLinuxエンジニア」が求められています。

これまで多くの若手のエンジニアの方が、前述のような苦い経験をしながら「プロのLinuxエンジニア」を目指す姿を見てきました。本書は、そんなあなたのための1冊です。Linuxサーバーの構築、運用に始まり、ストレージとネットワークの管理、そして、Linuxの内部構造と問題判別まで、プロのLinuxエンジニアとして身につけておきたい――現場で求められる――本物の知識とテクニックを網羅した上で、ビジネスを支える業務システムを扱う「プロの考え方」を随所にちりばめています。「Linuxのインストールはできるけれど、もう一歩先に進むにはどうすればいいのかわからない」、そんな若手のエンジニアの方を思い浮かべながら書き上げました。少し高度な内容も含んでいますが、現実のLinuxサーバーの構築、運用で直面する課題を厳選して、わかりやすく根本から解説しています。

Linuxの知識とスキルは、私のエンジニア人生にさまざまな感動と喜びをもたらしてきました。本書のタイトルに興味を持って、今この文章を読んでいる皆さんも、きっと私と同じ思いと志を持っていることでしょう。本書と共に、ぜひ一歩進んだ「プロのLinuxエンジニア」を目指してください。

2010年 初冬
中井悦司

改訂にあたり

「はじめに」の日付にもあるとおり、本書の初版は2010年に出版されました。それから約6年の歳月を経て、改訂版を出版させていただくことになりました。対象とするLinuxディストリビューションは、Red Hat Enterprise Linux 5（RHEL5）から、Red Hat Enterprise Linux 7（RHEL7）へと変わり、各種のツールやコマンドは新しいものへと置き換わりました。しかしながら、6年前に書いた「はじめに」を読み返すと、驚くべきことに、その内容はまったく古くなってはいないようです。

パブリッククラウドの活用が広がり、物理サーバーに0からOSをインストールする機会は減りました。コンテナ技術を活用して、OSの存在を意識することなく、手軽にアプリケーションをデプロイできるようになりました。Linuxサーバーを活用する上で必要となるOSの知識は、どんどん減っているかのようにも感じられます。その結果――思わぬ「落とし穴」にはまる機会が大きく増えました。

誰でも手軽にLinuxサーバーが活用できるようになった今こそ、ストレージ、ネットワーク、そして、内部構造を含めた「OSの全体像」を把握することが、何よりも求められています。Linuxを専門とする方々はもちろんのこと、Linuxを基礎から勉強しようと思いながら、そのきっかけがなかった皆さんに、最新バージョンのRed Hat Enterprise Linuxに対応した本書をお届けしたいと思います。

改訂版の執筆にあたり、「はじめに」に加えて、本書末の「おわりに」、そして、本文中のコラムについては、用語の表記をのぞいて、あえて初版の内容のままにしてあります。Unix/Linuxの世界で受けつがれる、今も変わらない「本質」の存在を感じていただければ幸いです。

謝辞

本書の出版にあたり、お世話になった方々にお礼を申し上げます。

まずは、初版の執筆時から5年以上にわたり、筆者の執筆活動を支援していただいている技術評論社の池本公平氏に、あらためて感謝いたします。実体の伴わないバズワードが生まれては消える業界において、「本当に必要とされる知識」を見いだし、書籍という形に残すことができたのは、ひとえに池本氏のおかげです。

また、森優輝さん（電気通信大学）、中西建登さん（電気通信大学）、市川遼さん（東京農工大学）、黒崎優太さん（株式会社サイバーエージェント）には、本書の原稿を査読していただきました。読者視点での有用なコメントをいただいたことを感謝します。

そして最後に――初版執筆時には、2歳だった愛娘の歩実も、今では小学生になりました。家族の時間を削りながら執筆に没頭する筆者を変わらず支えてくれる妻の真理には、もう一度、同じ感謝の言葉を送ります。いつもありがとう！

本書が対象としている読者

本書は、Linuxのインストール経験があり、基本的なコマンド操作とviエディターの操作ができる方を対象としています。プロとしてLinuxサーバーの構築・運用にかかわろうとしている方にとって、業務システムとしてのLinuxサーバーは、学ぶべきことがとても多く、どこから手をつけてよいか途方に暮れるものです。本書には、プロのLinuxエンジニアとして学ぶべき内容が高密度に（しかもわかりやすく！）凝縮されています。本書を読破することが、プロとしての自信につながる第一歩になることでしょう。

ある程度Linuxの経験があり、次のステージへの突破口を求めている方には、今の実力を再確認する意味で一読していただくのも大歓迎です。

本書の読み方

本書の内容は、第1章から順に読み進むことを想定した構成になっています。ただし、よく理解できない部分があれば、最初は気にせずに読み飛ばしてもかまいません。一度、全体を読み終えたあとに、理解が足りないと思われる部分を再度読み返すことで、より理解を深めることができます。同じことがらについて複数の解説を読むことも有用です。ぜひ各セクションに関連する情報や解説文をインターネットで検索しながら、本書を読み進めてください。

本書で紹介する具体的なコマンドや設定手順は、「Red Hat Enterprise Linux 7」を前提としています。しかしながら、基本的な考え方はすべてのLinuxに共通です。このような共通の本質を学ぶことで、さまざまな種類のLinuxディストリビューションを自由に取り扱えるエンジニアになることを目指してください。

各章概要

第1章 Linuxサーバーの構築

Linuxサーバー構築の基礎となるサーバーハードウェアの仕組みから始まり、業務システムとしてのLinuxサーバーを構築する上での確認ポイントと基本設定項目を説明します。さらに、多数のLinuxサーバーを効率的に構築するために活用できる、キックスタートによる自動インストールの方法を詳しく解説します。

第2章 Linuxサーバー運用の基礎

システム監視、バックアップ、セキュリティ管理など、高品質なサービスを提供するために欠かせない運用業務を支える技術について、具体的な設定方法を含めて、基礎から解説します。Linuxサーバーで利用できる運用ツールについても、具体的な使い方を紹介します。また、プロのエンジニアとして知っておくべき、構成管理、変更管理、問題管理などの運用プロセスの考え方を説明します。

第3章 Linuxのストレージ管理

SANストレージを使用する上での基礎となる、ゾーニングの考え方とSANストレージの機能、そして、LinuxサーバーからSANストレージを使用する際の注意点を説明します。また、Linuxにおける論理ボリュームマネージャー（LVM）の使用方法と、iSCSIの利用方法を具体例で解説します。さらに、RHEL7からサポート対象となった、Device Mapper Thin-Provisioningの機能を解説します。

第4章 Linuxのネットワーク管理

L2/L3スイッチによるパケット転送の仕組み、ルーティングテーブル、VLANなど、Linuxサーバーを扱う上で必須となるIPネットワークの基礎を根本から解説します。また、さまざまなネットワーク設定とチームデバイスによるNICの二重化の手順に加えて、TCPセッションのタイムアウト時間など、ネットワークの問題に対処するための高度な設定についても説明します。

第5章 Linuxの内部構造

Linuxの内部構造に関する話題として、Linuxサーバーで発生する問題を判別する上で特に役に立つ、プロセス管理、メモリー管理、ファイルシステム管理について、わかりやすく説明します。少し高度な内容ですが、プロのLinuxエンジニアとして必須の知識です。Linuxカーネルの学習の出発点にもなります。

第6章 Linuxサーバーの問題判別

Linuxサーバーの問題判別の進め方と、その基礎となる考え方、そして、問題判別に必要な情報収集の方法について説明します。特に、RHEL7より導入されたjournaldとrsyslogdを連携したロギングシステムの仕組み、カーネルの問題判別で必要になるカーネルダンプの取得方法、そして、パフォーマンスの問題判別について、詳しく解説します。

目次

contents

第1章

Linuxサーバーの構築

1.1 サーバーハードウェア

1.1.1 ハードウェアから見たOSの役割

Linuxサーバー構築の解説に先立ち、サーバーを構成するハードウェアコンポーネントの基本事項を説明します。CPU、メモリー、ディスク装置、そして、システムBIOSなど、サーバーシステムの基礎となるコンポーネントがどのように連携しているのかを考えてみましょう。

ところで、なぜ、ハードウェアコンポーネントの理解が必要なのでしょうか？ Linuxに限った話ではありませんが、OSの役割は、システム管理者やアプリケーション開発者などのハードウェアを利用するユーザー、あるいは、ハードウェア上で実行されるアプリケーションプログラムそのものに対して、ハードウェアコンポーネントを抽象化して見せることにあります。抽象化というとわかりにくいかもしれませんが、これは、「単純化」と言い換えてもかまいません。ユーザーやアプリケーションプログラムは、物理的なコンピューターそのものではなく、OSが描き出す「架空のコンピューター」を利用しているのです（**図1.1**）。

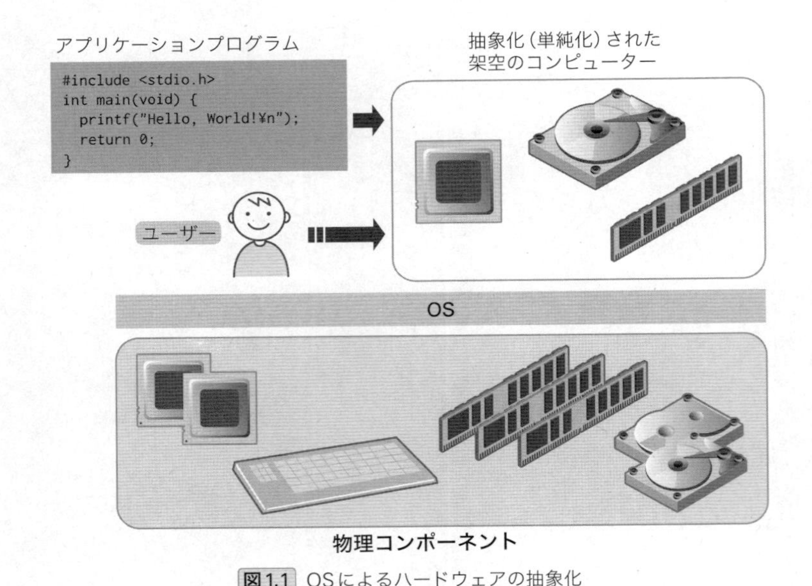

図1.1 OSによるハードウェアの抽象化

このような抽象化（単純化）の目的は、大きくは次の2つです。

① 外部デバイスの利用方法の共通化

② 複数プロセスへの資源の割り当て

②については、第5章で詳しく解説することにして、ここでは、①に注目します。外部デバイスというのは、ディスク装置やモニター、キーボードなどの周辺機器のことです。ネットワーク通信を行うためのアダプターであるNIC（Network Interface Card）も外部デバイスの一種です。このとき、ディスク装置1つをとっても、SCSIディスク、SASディスク、SATAディスクなど、さまざまな規格があります。最近では、SSD（Solid State Drive）を使用する場合もあるでしょう。業務用サーバーの場合は、RAIDコントローラーと呼ばれるアダプターを経由してハードディスクを接続することもよく行われます*1。そして、ハードウェアレベルで見ると、ディスク装置やRAIDコントローラーの種類によって、データを読み書きするための命令はそれぞれに異なります。

Linuxは、このようなさまざまなディスク装置に対して、統一的なアクセス方法を提供します。つまり、Linuxを利用すれば、ユーザーはディスク装置の種類を気にせずに（ディスク装置によって異なるハードウェアレベルの命令を知らなくても）、標準化された同じコマンドでディスクにデータを読み書きできます。これは、ディスク装置以外のデバイスについても同じです。Linuxのユーザーは、Linuxが描き出す「架空のコンピューター」の使い方をマスターすることで、安価な自宅PCであろうと、高性能な業務用サーバーであろうと、同じコマンドで操作することが可能になるのです。

——ただし、これは、あくまで一般のLinuxユーザーから見たときの話です。Linuxサーバーを構築・運用するシステム管理者は、さまざまなデバイスが搭載された物理的なハードウェアにLinuxを導入して、「架空のコンピューター」を描き出せるよう、適切に構成することが自身の仕事です。そのため、「架空のコンピューター」の裏にあるハードウェアコンポーネントを理解して、それがLinuxによって、どのように「架空のコンピューター」へと変換されているのかを知ることが重要になります。Linuxを理解することは、この「変換の仕組み」を理解することと同じといっても過言ではありません。この点を常に意識しながら、Linuxの理解を深めていくことが大切です。

このような意味で、これから説明するサーバーハードウェアの構成要素を知ることが、プロのLinuxサーバー管理者への第一歩となります。

1.1.2 サーバーハードウェアの基礎

Linuxサーバーを管理する上での基礎知識として、デバイスドライバーの役割とシステムBIOS/UEFIとファームウェアの仕組み、そして、サーバー起動時の処理の流れを説明します。

デバイスドライバーの役割

図1.2は、基本的なハードウェアコンポーネントを単純化して描いたものです。CPUとメモリー、そして、外部デバイス（ディスク装置、キーボード、NICなど）が「バス」と呼ばれる信号線で接続さ

*1 RAIDコントローラーは、アダプター自身の機能により、複数の物理ディスクを結合した「RAIDアレイ」を構成して、その上に論理ディスク（LUN）を作成します。RAIDについては、「3.1.2 SANストレージの機能」で説明します。

れています。この図にはありませんが、CPUとは別に、ハードウェア管理のためのシステムBIOS、もしくは、UEFIと呼ばれる組み込みソフトウェアが動作する専用のチップもあります*2。

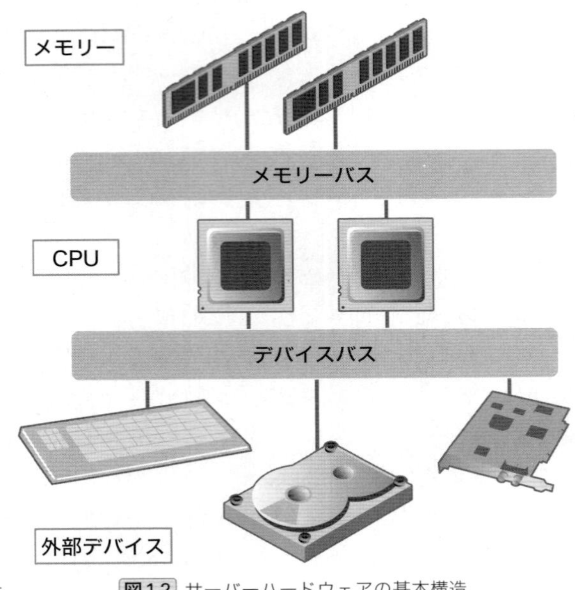

図1.2 サーバーハードウェアの基本構造

サーバーの動作の中心となるのはCPUですが、CPUそのものの機能は意外に単純です。次の3つがCPUの動作の基本です。

① メモリーバスを経由して、メモリーに対してプログラムコードやデータを読み書きする
② デバイスバスを経由して、外部デバイスに対してデータを読み書きする。あるいは、外部デバイスとメモリーの間でのデータ転送を指示する
③ 読み込んだデータをもとに計算などの処理を実施する

もう少し正確にいうと、CPUの内部には、プログラムカウンターと呼ばれる記憶領域（レジスター）があり、メモリー上にある実行中のプログラムの位置（メモリーアドレス）が格納されています。CPUは、プログラムカウンターが示すメモリー領域から次に実行する命令を読み込んで、その命令を実行すると同時に、プログラムカウンターの値を次のアドレスに更新します。これを機械的に繰り返していくのがCPUの仕事です。このとき、CPUが実行する命令の中には、足し算・引き算のような計算処理のほかに、計算結果をメモリーに書き込んだり、あるいは、外部デバイスとのデータ

*2 UEFI（Unified Extensible Firmware Interface）は、システムBIOS（Basic Input/Output System）の後継として開発された規格です。UEFIとシステムBIOSは、どちらもハードウェアの初期設定、あるいは、OSを起動するためのブートローダーを読み込むといった処理を実施します。

のやり取りを行う命令が含まれています。

ここでポイントになるのが、外部デバイスとのデータのやり取りをどのように実行するかという点です。CPUは、デバイスバスを経由して、外部デバイスに命令コードを送り込みますが、外部デバイスがどのような命令コードを受け付けるかは、それぞれの外部デバイスによって異なります。この部分は、外部デバイスの設計者が自由に決めることができるためです。そこで、Linuxは、サーバーに接続された外部デバイスごとに、専用の「デバイスドライバー」と呼ばれるカーネルモジュールを読み込みます*3。読み込んだデバイスドライバーの機能によって、Linux標準の命令をそれぞれの外部デバイスに固有の命令に変換して実行していきます。したがって、Linuxサーバーの管理者は、自身が扱うサーバーに接続されている外部デバイスと、それぞれの外部デバイスに対応したデバイスドライバーの種類を把握している必要があります。

最近のLinuxでは、接続されている外部デバイスを検出して、デバイスドライバーを自動的にセットアップする機能が提供されていますので、デバイスドライバーを意識しなくてもうまく動作する場合もよくあります。しかしながら、「結果的に動いているからOK」というのは、プロの仕事としては、危険な発想です。デバイスドライバーが原因の障害は、サーバー運用中に突然発生することがあり、問題判別も非常に難しいことがよくあります。Linuxサーバーを構築する際は、必要なデバイスドライバーを事前に調査して、適切に導入することを心がけてください。

システムBIOS/UEFIとファームウェア

Linuxを導入済みのサーバーであれば、サーバーの電源を入れると、いつの間にかLinuxが起動して処理を開始しています。その過程では、Linux本体のプログラムコードである「カーネル」がメモリーに格納され、CPUによって実行されていきます。それでは、このカーネルは、誰がどのようにして、メモリーに読み込んだのでしょうか?　システム起動時の処理の流れを説明すると、次のようになります。

まず、サーバーの電源を入れると、CPUが処理を開始する前に、システムボード(CPUやメモリーが搭載されたマザーボード)に搭載された、CPUとは別のチップ上でシステムBIOS、もしくは、UEFIが動作を開始します。システムBIOSやUEFIのプログラムコードは、書き換え可能なフラッシュメモリーに格納されており、必要に応じて新しいバージョンに入れ替えることができます。システムBIOSとUEFIのどちらが利用されているかは、使用するサーバーハードウェアによって異なります。ここからは、古くから利用されているシステムBIOSの場合で話を進めますが、UEFIの場合でも、全体の流れに本質的な違いはありません*4。

システムBIOSは、サーバーに搭載されたCPUやメモリーの状態、そして、サーバーに接続された外部デバイス(アダプター)の状態を確認します。CPUやアダプターなどの接続方法に問題があると、システムコンソールに構成エラーを表示して、システム管理者に注意を促します。このとき、システ

*3　Linux本体の機能を提供するプログラムコードを「Linuxカーネル」、もしくは、単に「カーネル」と呼びます。カーネルは、必要に応じて、カーネルモジュールと呼ばれる追加のプログラムコードを読み込んで、機能を拡張します。

*4　UEFIに固有の点については、「1.1.4 UEFIでのGRUB2の動作」で説明しています。

ムBIOSのバージョンが古いと最新のアダプター類を正しく認識することができず、本来は利用できるアダプターが正常に利用できない（構成エラーが発生する）ことがあります。このような場合は、システムBIOSを最新のバージョンにアップデートする必要があります。

また、前述のRAIDコントローラーなどのアダプター類は、それ自体が1台のコンピューターに匹敵するような複雑な構造を持っており、アダプターに搭載された組み込みCPUの上で、組み込みOSが動作します。システムBIOSがアダプターの状態を確認するタイミングで、アダプター上の組み込みOSが起動して、**図1.3**のような起動メッセージが表示されます（ちなみに、最近では、アダプターの組み込みOSとしてLinuxが利用されることも多くなりました。開発中のアダプターをテストした際に、組み込みOSのLinuxが起動に失敗して、**図1.3**のところで「カーネルパニックメッセージ」が表示されるということもありました）。

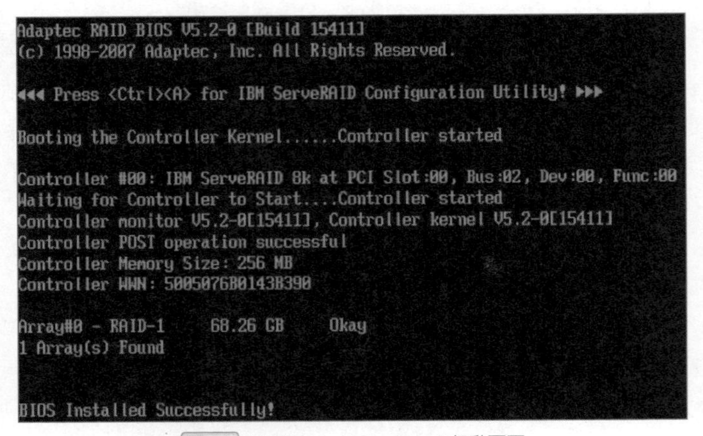

図1.3 RAIDコントローラーの起動画面

なお、サーバーを構成する多くのハードウェアコンポーネントの内部では、組み込みOSに限らず、何らかの組み込みソフトウェアが動作しています。組み込みOSを含め、各ハードウェアコンポーネントに組み込みのソフトウェアは、「ファームウェア（firmware）」と呼ばれ、システムBIOSと同様に、それぞれのコンポーネント上の書き換え可能なフラッシュメモリーに格納されています。これらのファームウェアは、通常のソフトウェア製品と同様に、定期的にアップデートが行われます。アップデートの目的は、不具合（バグ）の修正やアダプターの性能向上などがあります。システムBIOSと同様に、必要に応じて、アダプター類のファームウェアも最新のバージョンにアップデートしておきます。システムBIOS/UEFIやファームウェアのアップデートの必要性、あるいは、アップデートの方法は、個々のサーバーによってさまざまですので、サーバーベンダーの製品サポート窓口に問い合わせるのが確実です。

システム起動の流れに話を戻します。システムBIOSは、ハードウェアコンポーネントの状態確認が終わると、最後に、起動デバイス（内蔵ハードディスクやCD/DVDメディアなど）の先頭に書き込まれた446バイトのプログラムコード（ブートストラップローダー）を読み込んで、サーバーのメモリーに書き込みます[*5]。ここで、ようやくCPUが起動して、メモリー上のブートストラップローダーの実行を開始します。ブートストラップローダーは、起動デバイスのさらに別の場所に格納された「ブートローダー」と呼ばれる、もう少し大きなプログラムコードをメモリーに読み込んで実行します。Red Hat Enterprise Linux 7（RHEL7）では、GRUB2（グラブ・ツー）と呼ばれるブートローダーが用いられます。

最後に、GRUB2は、起動デバイスに保存されたカーネル本体と初期RAMディスクのファイルをメモリーに読み込んで、カーネルの実行を開始します。全体の流れは**図1.4**のようになっており、ここでは、①②の部分まで処理が進んだことになります。この図では、内蔵ハードディスクを起動メディア（起動ディスク）と想定しており、起動ディスクの**/boot**ファイルシステム以下にGRUB2に関連するファイルが保存されています。カーネルと初期RAMディスクのファイル名は、**表1.1**のとおりです。初期RAMディスクの役割と③以降の流れについては、次項で説明していきます。

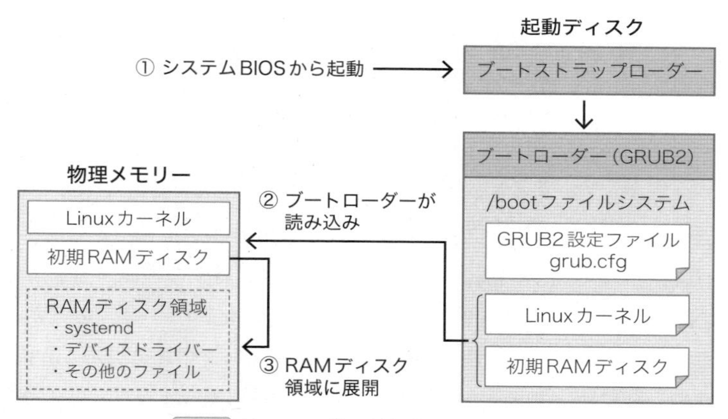

図1.4 Linuxカーネルが起動するまでの流れ

▼**表1.1** カーネルと初期RAMディスクの保存場所

ファイル	保存場所
カーネル	/boot/vmlinuz-<カーネルバージョン>
初期RAMディスク	/boot/initramfs-<カーネルバージョン>.img

1.1.3 ブートローダーと初期RAMディスク

業務用サーバーにLinuxをインストールする際に、サーバーベンダーが提供するデバイスドライバーの追加導入が必要となることがあります。ブートローダーと初期RAMディスクの役割を知ることで、この作業の意味をより深く理解できます。

*5 起動メディアの先頭部分にある512バイトの領域をMBR（Master Boot Record）と呼びます。そして、MBRの先頭に含まれる446バイトのプログラムコードを「ブートストラップローダー」と呼びます。

ブートローダー（GRUB2）の役割と設定方法

GRUB2がカーネルを起動する仕組みを少し詳しく見ておきます。先に触れたように、カーネルがディスク装置にアクセスする際は、カーネルモジュールとして提供される、専用のデバイスドライバーを利用します。一方、システムBIOSがブートストラップローダーを読み込む際は、システムBIOS自身の機能で、内蔵ハードディスクなどのブートデバイスにアクセスします。システムBIOSは、マザーボードを製造するメーカーが作成するソフトウェアですので、マザーボードに接続されたディスク装置にアクセスする機能が事前に用意されており、これを利用する形になります。ブートローダーであるGRUB2もデバイスドライバーは使用せずに、システムBIOSの機能を呼び出すことでディスク装置にアクセスします。

このように説明すると、Linuxカーネルもシステム BIOSの機能を利用してディスク装置にアクセスすれば、デバイスドライバーが不要になると思うかもしれません。しかしながら、デバイスごとに開発された専用のデバイスドライバーと比較すると、システム BIOSの機能は限定的になります。まず、すべてのディスク装置がシステムBIOSからアクセスできるわけではありません。Linuxが起動した後は、対応するデバイスドライバーを利用することで、データ領域としてアクセスできるにもかかわらず、そのディスクからはLinuxを起動できないというディスク装置があるのは、これが理由です。第3章で説明するSANストレージがその例で、一般的なシステム BIOSの機能では、SANストレージにはアクセスできません。SANストレージにLinuxをインストールするシステム構成を「SANブート構成」と呼びますが、SANブート構成が利用できるサーバーでは、SAN接続用のアダプターであるHBA（Host Bus Adapter）のファームウェアに特別な機能を追加することで、システムBIOSからSANストレージへのアクセスを可能にしています。

また、古い時代のシステムBIOSでは、ハードディスクのある容量より後ろの部分にはアクセスできないという制限がありました。現在はほとんど遭遇しなくなりましたが、かつて、これが原因となって発生していたのが、俗に「○○ギガバイトの壁」と呼ばれる問題です。これは、1台のハードディスクに複数のOSをインストールするマルチブート構成を利用する際に、ハードディスクの後半部分にインストールしたOSが起動しないというものです。マルチブート構成に関連する問題は、ほかにもいろいろあります。業務用のサーバーシステムでは、システム起動時の仕組みをよほど深く理解していない限り、安易にマルチブート構成を採用するのは避けるべきでしょう。

GRUB2に話を戻しましょう。**図1.4**のように、ブートストラップローダーから無事にGRUB2が起動すると、GRUB2は、設定ファイル`/boot/grub2/grub.cfg`を読み込んで、起動メニューを表示します（**図1.5**）。このメニューでは、これからメモリーに読み込んで起動するカーネルと初期RAMディスクのペアーが選択できます。Linuxでは、カーネルのアップデートがしばしば行われますが、複数バージョンのカーネルを`/boot`以下に保存しておき、サーバー起動時に実際に起動するカーネルを選択することが可能です。既存のLinuxシステムに新しいバージョンのカーネルを導入する際は、使用中のカーネルを残したまま、新しいカーネルを追加で導入する形になります。万一、新しいカーネルで問題が発生した場合は、GRUB2の起動メニューで古いカーネルを指定することで、元の状態に復旧できます。

```
    Red Hat Enterprise Linux Server (3.10.0-327.4.4.el7.x86_64) 7.2 (Maipo) →
    Red Hat Enterprise Linux Server (3.10.0-327.4.4.el7.x86_64) 7.2 (Maipo)
    Red Hat Enterprise Linux Server 7.1 (Maipo), with Linux 3.10.0-229.el7.x→
    Red Hat Enterprise Linux Server 7.1 (Maipo), with Linux 0-rescue-283a21a→

    Use the ↑ and ↓ keys to change the selection.
    Press 'e' to edit the selected item, or 'c' for a command prompt.
 The selected entry will be started automatically in 5s.
```

図1.5 GRUB2の起動メニュー

新しいバージョンのカーネルをRPMパッケージから導入した場合、GRUB2の設定ファイルは、自動的に更新されるようになっています。この際、**/boot**以下にあるカーネルのファイルを検出して、対応するエントリーを起動メニューに追加します。どのようなエントリーが設定されているかは、次のコマンドで確認できます。

```
# grep "^menuentry" /boot/grub2/grub.cfg | cut -d "'" -f2 ↵
Red Hat Enterprise Linux Server (3.10.0-327.4.4.el7.x86_64) 7.2 (Maipo) with debugging
Red Hat Enterprise Linux Server (3.10.0-327.4.4.el7.x86_64) 7.2 (Maipo)
Red Hat Enterprise Linux Server 7.1 (Maipo), with Linux 3.10.0-229.el7.x86_64
Red Hat Enterprise Linux Server 7.1 (Maipo), with Linux 0-rescue-283a21a69528422ca9b5b79f0
e133c50
```

末尾に「with debugging」が付いているエントリーは、カーネルの起動オプションに**debug**が指定されており、通常よりも詳細なカーネルメッセージが出力されるようになります。また、**図1.5**のメニュー画面の動作を変更したり、カーネルの起動オプションを変更する際は、設定ファイル**/etc/default/grub**（**図1.6**）を編集します。それぞれの項目の意味は、**表1.2**のとおりです。これらの設定を変更した後に、次のコマンドで、設定変更を**/boot/grub2/grub.cfg**に反映しておきます。

```
# grub2-mkconfig -o /boot/grub2/grub.cfg ↵
```

```
GRUB_TIMEOUT=5
GRUB_DEFAULT=saved
GRUB_DISABLE_SUBMENU=true
GRUB_TERMINAL_OUTPUT="console"
GRUB_CMDLINE_LINUX="crashkernel=auto rhgb quiet"
GRUB_DISABLE_RECOVERY="true"
```

図1.6 /etc/default/grubのデフォルト設定

▼表1.2 /etc/default/grubの設定項目

設定項目	説明
GRUB_TIMEOUT	メニュー画面の待ち時間(秒)を指定
GRUB_DEFAULT	デフォルトエントリーの指定
GRUB_DISABLE_SUBMENU	falseにするとカーネルの種類ごとにメニューをグループ化する
GRUB_TERMINAL_OUTPUT	GRUB2の画面出力先を指定
GRUB_CMDLINE_LINUX	デフォルトのカーネルオプションを指定
GRUB_DISABLE_RECOVERY	falseにするとレスキューモードの起動メニューを追加する

なお、**図1.6**で「**GRUB_DEFAULT=saved**」と指定されていますが、これは、「**grub2-set-default**コマンドで設定したエントリーをデフォルトで選択する」という指定になります。たとえば、上から3番目のエントリーをデフォルトにするには、次のコマンドを実行します。一番上が「0」に対応する点に注意してください。

```
# grub2-set-default 2 ↵
```

もしくは、次のように、エントリーのタイトル全体を文字列で指定してもかまいません。この場合、文字列を間違えると正しく設定されないので注意してください(対応するエントリーがない場合は、メニュー上の最初のエントリーがデフォルトになります)。

```
# grub2-set-default "Red Hat Enterprise Linux Server (3.10.0-327.4.4.el7.x86_64) 7.2 (Maipo)" ↵
```

現在、デフォルトに設定されているエントリーは、次のコマンドで確認します。

```
# grub2-editenv list ↵
saved_entry=Red Hat Enterprise Linux Server (3.10.0-327.4.4.el7.x86_64) 7.2 (Maipo)
```

初期RAMディスクの役割

続いて、初期RAMディスクの役割を説明します。カーネルが起動すると、まずは、起動ディスクにアクセスして、各種ファイルシステムをマウントする必要があります。その準備として、起動ディスクにアクセスするためのデバイスドライバーが必要です。Linuxのカーネルモジュール一式は、**/lib/modules/<カーネルバージョン>**以下のディレクトリーに保存されており、起動ディスク用のデバイスドライバーもここにあります。しかし、起動直後のカーネルは、まだ、必要なデバイスドライバーを読み込んでいないので、このディレクトリーにはアクセスできません。

このような「ニワトリとタマゴ」の問題を解決するのが、初期RAMディスクです。初期RAMディスクの実体は、デバイスドライバーをはじめとする、カーネルが起動直後に使用するファイル群をまとめたアーカイブファイルです。**図1.4**のように、初期RAMディスクは、GRUB2がシステムBIOSの機能を利用してメモリーに読み込んでありますので、カーネルは、メモリー上の初期RAMディスクからデバイスドライバーを読み込むことが可能になります。具体的には、メモリーを利用したRAMディスク領域をマウントして、初期RAMディスクに含まれるファイルをその中に展開して利用します。

初期RAMディスクに含まれるファイルの一覧は、**lsinitrd**コマンドで表示できます。次のように、対象となる初期RAMディスクのファイルを指定して実行します。

```
# lsinitrd /boot/initramfs-3.10.0-327.el7.x86_64.img ↵
```

コマンドの出力結果は省略しますが、**/lib/modules/<カーネルバージョン>**以下のデバイスドライバーが含まれていることがわかります[*6]。また、次のように、**pax**コマンドを用いてアーカイブファイルを解凍して、中に含まれるファイルを直接に確認することも可能です。ここでは、**pax**コマンドを提供する、paxのRPMパッケージを導入した後、ディレクトリー**/tmp/initramfs**を作成して、その中に解凍しています。

```
# yum install pax ↵
# mkdir /tmp/initramfs ↵
# cd /tmp/initramfs ↵
# pax -rzf /boot/initramfs-3.10.0-327.el7.x86_64.img ↵
```

ここまでの説明からわかるように、起動ディスク用のデバイスドライバーが含まれていないなど、初期RAMディスクが適切に用意されていない場合、Linuxは起動に失敗します。したがって、初期RAMディスクを適切に管理することは、システム管理者の重要な仕事であり、そのためには、次に説明するデバイスドライバーの提供モデルを理解しておくことが必要になります。

デバイスドライバーの提供モデル

Linuxでは、RHEL7など、特定バージョンのディストリビューションにおいて、複数バージョンのカーネルが提供されます。Linuxディストリビューションのインストールメディアには、出荷時点での最新バージョンのカーネルが含まれていますが、不具合(バグ)やセキュリティ上の問題を解決した新しいバージョンのカーネルが不定期に発行されます。

一方、デバイスドライバーを含めたカーネルモジュールは、各バージョンのカーネルに対して、個別にソースコードからコンパイルする必要があります。つまり、あるバージョンのカーネル用にコンパイルしたカーネルモジュールは、基本的には、ほかのバージョンのカーネルでは読み込むことができません。RHEL7の場合は、各カーネルのRPMパッケージ(カーネルパッケージ)の中に、カーネル本体と、それに合わせてコンパイルされたデバイスドライバーが含まれています。新しいカーネルパッケージを導入すると、ディレクトリー**/lib/modules/<カーネルバージョン>**以下に、該当カーネル用のデバイスドラ

*6 RHEL7では、**/lib**は**/usr/lib**へのシンボリックリンクになっており、正確には、**/usr/lib/modules/<カーネルバージョン>**以下になります。

イバーが導入されて、新しいカーネル用の初期RAMディスクも自動的に作成されます。

ただし、業務用のサーバーシステムを構築する際は、カーネルパッケージに含まれるデバイスドライバーとは別に、サーバーベンダーから個別に提供されるデバイスドライバーを使用することがあります。これは、サーバーに搭載されたディスク装置に対して必要となるデバイスドライバーが、カーネルパッケージに含まれていない場合などが該当します。特に、内蔵ハードディスク(RAIDコントローラー)、NIC、SANストレージ(HBA)の3種類のデバイスドライバーが個別に提供されることがよくあります。**図1.7**は、サーバーベンダーが提供するデバイスドライバーを使用する際の導入の流れになりますので、参考にしてください。

ドライバーメディアの作成方法やサーバーベンダー提供のデバイスドライバーの導入手順については、各ベンダーが提供するドキュメントを参照します。たとえば、HP製のサーバーであれば、日本HPE社のWebサイトに、インストール前に確認するべき情報がまとめられています[1]。RPMパッケージで導入する場合や、ソースコードからコンパイルする場合など、デバイスドライバーによって導入方法が異なるので、使用するサーバー機器に応じた情報を事前に確認しておきましょう。

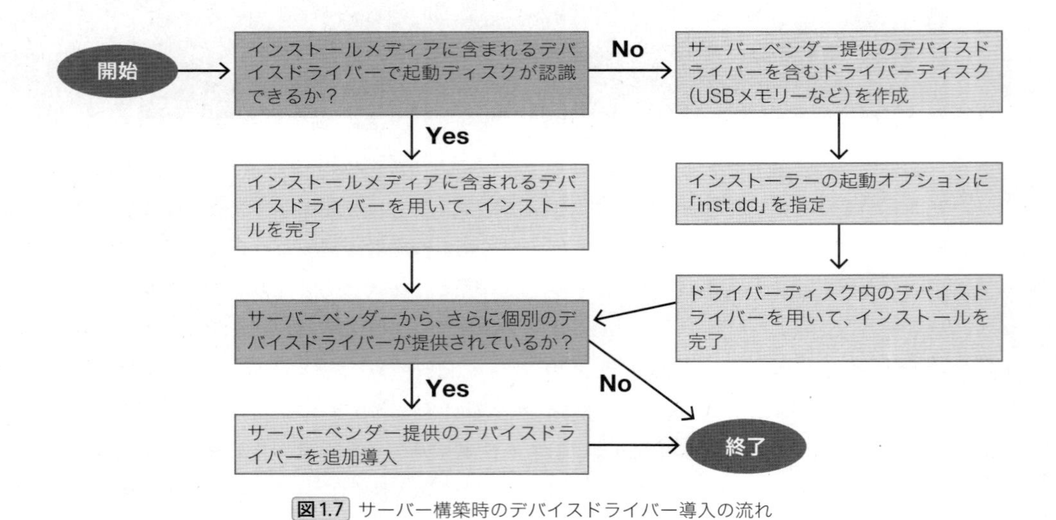

図1.7 サーバー構築時のデバイスドライバー導入の流れ

1.1.4 UEFIでのGRUB2の動作

「1.1.2 サーバーハードウェアの基礎」の冒頭で、ハードウェア管理用の組み込みソフトウェアには、システムBIOSとUEFIの2種類があることに触れました。これまでの説明はシステムBIOSを前提としていましたが、ここで、UEFIの場合の違いについて簡単に説明しておきます。どちらもハード

Technical Notes

[1] 日本HP Linux情報Webサイトガイド
URL http://h50146.www5.hp.com/products/software/oe/linux/guide/

ウェアの初期設定、あるいは、OSを起動するためのブートローダーを読み込むといった処理を実施しますが、UEFIでは、特にブートローダーの読み込み方法が大きく異なります。

システムBIOSでは、起動ディスクの先頭部分にあるブートストラップローダーを読み込んだ後、ブートストラップローダーがまた別の場所にあるブートローダー（GRUB2の本体）を起動するという流れになります。一方、UEFIの場合は、「EFI System partition」と呼ばれる特別なディスクパーティションにブートローダーを保存しておき、UEFI自身が、ここにあるブートローダーを直接に起動する形になります。RHEL7の場合、このディスクパーティションは、ディレクトリー**/boot/efi**にマウントされており、GRUB2の本体は、ディレクトリー**/boot/efi/EFI/redhat**の中に保存されます*7。

これに伴って、UEFIの環境では、GRUB2の設定ファイルの保存場所が**/boot/efi/EFI/redhat/grub.cfg**に変更されています。このため、**/etc/default/grub**を変更した後に、**grub2-mkconfig**コマンドで設定ファイルに変更を反映する際は、次のようにオプションを指定する必要があります。

```
# grub2-mkconfig -o /boot/efi/EFI/redhat/grub.cfg ↵
```

またインストール時にディスクパーティションを作成する際は、EFI System partitionを明示的に作成する必要があるので、この点も注意が必要です。RHEL7のインストールメディアに付随するGUIインストーラーを用いる場合、UEFIを用いたサーバーでは、ディスクパーティションの構成画面において自動的にEFI System partitionが作成されるようになっています。

ちなみに、システムBIOSの環境では、GRUB2の本体はどこに保存されるのでしょうか？　これは、ディスクパーティションの構成によって異なります。通常のディスクパーティション構成では、MBRの直後にある（最初のパーティションが開始する前の）空き領域に保存されます。一方、2TB以上の容量のディスクで必要となるGPT（GUID Partition Table）構成の場合、MBRの直後にはGPTヘッダーがあるため、ここにGRUB2を保存することができません。そのため、「BIOS boot partition」と呼ばれる特別なパーティションを用意して、この中に保存する形になります。RHEL7のGUIインストーラーでは、2TB以上のディスクにインストールする際は、ディスクパーティションの構成画面において、自動的にGPT構成のパーティションが作成され、BIOS boot partitionが用意されるようになっています。ただし、この場合でも、設定ファイルの保存場所は、通常のディスクパーティション構成のときと同じで、**/boot/grub2/grub.cfg**になります。少し複雑ですが、全体をまとめると、**表1.3**のようになります*8。

*7　CentOS7の場合、このディレクトリーは、/boot/efi/EFI/centosになります。

*8　さらに細かいことをいうと、UEFIの環境では、ディスクの容量に関係なく、GPT構成が必要となります。GPTを含めたディスクパーティションの詳細については、筆者の書籍[2]の「1.2 ディスクとファイルにまつわるあれこれ」を参考にしてください。

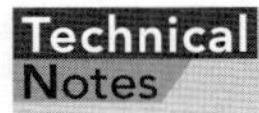

[2]『プロのためのLinuxシステム・10年効く技術』中井悦司（著）. 技術評論社（2012）

▼表1.3 GRUB2の保存場所と設定ファイル

起動方式	GRUB2保存場所	GRUB2設定ファイル
システムBIOS(非GPT)	MBRの直後の空き領域	/boot/grub2/grub.cfg
システムBIOS(GPT)	BIOS boot partition	/boot/grub2/grub.cfg
UEFI	EFI System partition	/boot/efi/EFI/redhat/grub.cfg

Linuxエンジニア コラム 温故知新

トラブルを起こさないプロのシステム管理作業

Linuxサーバーの管理者は、インストール作業をはじめとして、さまざまな目的でサーバーに向かって作業を行います。このとき、作業ミスによるトラブルを発生させない極意は、「サーバーの前では頭を使わない」ことです。これは、サーバーの前であれこれ考える必要がないように、十分に事前の準備作業を行うという意味です。

まず、本番環境のサーバーの前で、実行した結果がどうなるかわからないコマンドをたたくのは、プロの仕事ではありません。サーバーに向かう前に、実施するすべての作業を1つ1つのコマンドのレベルで洗い出して、それぞれのコマンドの実行結果がどうなるべきかを確認します。このとき、現場で作業する自分の行動をリアルに想像することが大切です。

つまらない話ですが、現場でフロッピーディスク(FD)をサーバーに挿入しようとしたら、サーバーにFDドライブが搭載されていなかったというようなことがあります。FDを挿入する自分の姿を想像したところで、プロのエンジニアは、「もしFDドライブが搭載されていないサーバーだったら?!」という勘が働きます。そして、USB接続のFDドライブを事前に準備します。

——まだ安心してはいけません。このとき、FDドライブをサーバーのUSBポートに接続する自分の姿を想像して、「作業予定のLinuxサーバーは、このFDドライブを正しく認識するだろうか?!」という勘を働かせます。その上で、作業予定サーバーのLinuxのバージョンを確認して、カーネルに標準搭載のデバイスドライバーで、用意したFDドライブが利用できることを確認しておきます。ここまで書くと、ちょっと心配性がすぎる気もしますが、あらゆる可能性を想定して万全を期するのがプロの責任です。

本番環境と同じ構成の検証用サーバーがあれば、そこで、すべての作業の予行演習をしてみるのが確実です。同一の環境が用意できない場合は、本番環境との差異を考えて、「本番環境は、検証用サーバーとここが違うからこうなるはずで、こういう追加の作業が必要で……」と、先と同様に想像力を働かせながら、作業項目を洗い出していきます。1つ1つのコマンドと想定される実行結果のレベルで作業内容を書き出した後に、その内容について関係者のレビューを受けておくとより安心です。

ここまでの準備ができた後に、はじめてサーバーに向かって作業を開始します。すべての行動の台本ができているわけですから、基本的には、その場で考えることは何もないはずです。作業内容の記録をしっかりと取りながら、作業を進めます。それぞれの作業の開始時刻と終了時刻も記録します。サーバーに入力するコマンドとその出力結果は、使用するターミナルツールのロギング機能で、すべてログファイルに記録しておきます。

万一、台本と異なる事象が発生した場合は、いったんそこで作業を中断します。「考えていたコマンドが違っていたかもしれない」といった根拠のない想定で、やみくもに予定外のコマンドを実行するのは、最悪の行動です。予定と異なる結果になったのは、作業中のサーバーに、最初の想定と何か違う点があるからです。ここでも、しっかりと想像力を働かせて、その違いを探していきます。うまく原因がわかれば、あらためて、台本を書き直した後に作業を再開します。

どうしても原因がわからない場合や台本の大幅な書き直しが必要なときは、その日の作業は中止して、出直すことにします。ここで役に立つのが、先の作業記録です。サーバー管理者は、すべての問題を自力で解決する必要はありません。解決に時間がかかりそうな問題は、有識者に適切な情報を提供して、迅速に解決策を導き出してもらうのもプロのサーバー管理者としての腕の見せどころです。このとき、システムの構成情報と正確な作業記録がなければ、どれほどの有識者でも原因を見つけ出すのは困難です。このあたりのテクニックは、「6.1 問題判別の基礎」でも紹介します。

ちなみに、筆者のところにも、どのような作業記録もなく、「動きません。どうしましょう?」というだけの質問が飛んでくることがあります。そして、「オレは超能力者じゃないんだけどなぁ……」とつぶやきながら、システムの構成情報と作業記録の送付を依頼することになります。

1.2 Linuxの導入作業

1.2.1 導入前の準備作業

サーバーハードウェアとそれに関連するLinuxの仕組みが理解できたところで、実際の導入作業に入ります。ただし、ここでいきなり、インストールメディアをサーバーにセットするというのはいただけません。Linuxサーバーの導入は、サーバーに触れる以前の準備作業で結果が決まるといっても過言ではありません。ネットワーク構成や導入するRPMパッケージの種類など、サーバーの利用目的に応じた設計は終わっているものとして、ここでは、それ以外の一般的な準備作業に触れておきます。

サポートバージョンとデバイスドライバーの確認

商用のLinuxディストリビューションであるRed Hat Enterprise Linuxでは、サブスクリプションを購入することで、問題発生時の問い合わせ対応などの技術サポートが提供されます。特に、サーバーベンダーを通じて販売されるOEM版では、サーバーベンダーのサポート窓口を利用することが可能です。このとき、それぞれのサーバー機器に対して、サポート対象となるLinuxディストリビューションと、そのバージョンが決まっています。業務用サーバーを使用する場合は、このようなサポート情報にも注意する必要があります。

ここでいう「サポート対象」とは、技術的に動くかどうかだけではなく、何らかの理由でうまく動かなかった際に、サーバーベンダーから必要な修正が提供されるという意味です。つまり、サポート対象でない組み合わせで利用している場合、問題が発生して問い合わせ窓口に電話をしても、「サポート対象外なので対応できません」という返答で終わる可能性があるということです。まずは、サーバーベンダーが提供する情報に基づいて、導入予定のサーバーとLinuxディストリビューションがサポート対象の組み合わせであることを確認します。さらに、その組み合わせに対して、サーバーベンダー提供のデバイスドライバーの有無を確認します。

たとえば、HP製のサーバーでは、「OSサポート対応表」というWebサイト[3]が提供されています(**図1.8**)。ここからリンクをたどると、サーバー製品、あるいは、サーバーに搭載するパーツごとのサポート対象OSを確認できます。さらに、サーバー製品と使用するLinuxのバージョンの組み合わせごとに「インストールフロー」を解説した文書があり、インストール時に必要なデバイスドライバーなども確認できます。サーバーベンダーごとに同様の情報が公開されていますので、各ベンダーの情報をリンク集などにまとめておくとよいでしょう。

Technical Notes

[3] OSサポート対応表　ProLiant、Workstation、Integrity
URL http://h50146.www5.hp.com/products/software/oe/linux/summary/matrix/

図1.8 日本HPE社の「OSサポート対応表」Webサイト

インストールディスクのパーティション構成

サーバー用途でLinuxをインストールする際は、ディスクのパーティション構成にも注意する必要があります。Linuxでは、インストール先のディスクを複数のパーティションに分割して使用しますが、特別な理由がない限り、作成するパーティションは、**表1.4**に示したもの程度にしておきます*9。古いUnixサーバーでは、/var、/usrなどのディレクトリーを個別のパーティションに分けることもありましたが、Linuxではこのような必要はありません。

▼**表1.4** インストールディスクの標準的なパーティション構成

パーティション	説明
ブートパーティション	「/boot」ディレクトリーに使用
ルートパーティション	「/」ディレクトリーに使用
swapパーティション	swap領域として使用
kdumpパーティション	kdumpのダンプファイル出力先として使用 （「/kdump」などにマウントしておく）
ホームパーティション	「/home」ディレクトリーに使用
データ用パーティション	アプリケーションのデータ領域として使用

*9　**表1.3**に示した、BIOS boot partition、もしくは、EFI System partitionが必要な場合もあります。

各パーティションのサイズは、次のように考えます。まず、ブートパーティションは、カーネル本体、初期RAMディスクに加えて、GRUB2に関連したファイルを格納します。RHEL7での推奨は500MBですが、通常はこの容量で十分でしょう。ルートパーティションは、導入予定のRPMパッケージとアプリケーションソフトウェアの導入・実行に必要な容量を確保します。RHEL7に同梱のRPMパッケージについては、すべて導入する場合でも10GBあれば十分です。アプリケーションのデータ領域に外部ストレージを使用する場合(**表1.4**の「データ用パーティション」を使用しない場合)は、ほかのパーティションを割り当てた残り容量をすべてルートパーティションにしてもかまわないでしょう。

swapパーティションについては、RHEL7のマニュアルには、**表1.5**のサイズが推奨値として掲載されています。ただし、これは、あくまで1つの目安と考えたほうがよいでしょう。サーバーのパフォーマンスの観点では、swap領域はなるべく使用しないほうが望ましいので、業務用サーバーの場合は、アプリケーションプログラムが使用するメモリー容量を事前に見積もって、必要な量の物理メモリーを搭載しておくのが普通です。この場合、理屈の上では、swap領域は不要となります。ただし、ディスクキャッシュとしてメモリーが大量に消費される場合がありますので、安全のために2GB～4GB程度のswap領域を用意しておくのがよいでしょう*10。メモリーの使用に関する詳細は、「5.2 メモリー管理」でも説明しています。

▼**表1.5** RHEL7のマニュアルに記載のswap領域の推奨サイズ

システムの物理メモリー	推奨サイズ
2GB以下	物理メモリーの2倍
2GBから8GB以下	物理メモリーと同じ
8GBから64GB以下	物理メモリーの半分
64GB以上	利用用途に応じて決定

kdumpパーティションは、「6.2 カーネルダンプの取得」で説明する、カーネルダンプのダンプファイル出力先として使用します。デフォルトでは、ルートファイルシステムのディレクトリー`/var/crash`以下に保存されるので、kdumpパーティションは必ずしも作成する必要はありません。ただし、この場合は、ルートファイルシステムの容量が不足すると、ダンプファイルの保存に失敗する可能性もあります。ダンプファイルを保存するためのkdumpパーティションを用意することで、保存先の容量を確保できます。kdumpパーティションには、物理メモリーの2倍程度の容量を確保しておくとよいでしょう。

ホームパーティションは、`/home`以下にある、一般ユーザーのホームディレクトリーとして使用するためのパーティションです。ホームパーティションを用意するかどうかは、サーバーの利用用途に応じて決定します。複数のユーザーがログインして、ホームディレクトリーに個人ファイルを保存するような場合は、ホームパーティションを用意することで、個人ファイルが大量に保存されたために

*10 ハイパネート機能を使用する場合は、物理メモリーの容量分をさらに追加する必要があります。

ルートファイルシステムの容量が不足するなどの問題を防止できます。一方、一般的なサーバー用途で、一般ユーザーの個人ファイルを保存しない環境であれば、ホームパーティションは作成せずに、ホームディレクトリーはルートファイルシステムに作成しても問題ないでしょう。ホームパーティションを用意する場合は、ホームディレクトリーとして使用したいディスク容量に合わせて、サイズを決定してください。

最後に、データ用パーティションは、アプリケーションのデータ保存領域のように、運用中にデータ量が継続的に増加していくディレクトリーとして使用します。このパーティションのサイズについては、保存するデータ量の上限をあらかじめ見積もっておき、運用中に容量が不足しないように決定します。データ量の上限が事前に決められない場合は、データ用パーティションを使用するのではなく、データ保存専用のディスクを別に用意するほうがよいでしょう。この際、「3.2 LVMの構成・管理」で説明する、論理ボリュームマネージャー（LVM：Logical Volume Manager）を用いるなどして、データ領域のサイズを後から拡張できるようにしておきます。

なお、RHEL7のGUIインストーラーを用いる場合、デフォルトでは、ディスクパーティションではなく、LVMを利用した構成となります。この部分は、パーティション構成に変更してインストールを進めることをお勧めします。LVMを用いた構成の場合、「2.2 バックアップ」で説明するシステムバックアップの手順が複雑になったり、万一、ファイルシステムに障害が発生した際に、復旧の難易度が高くなるなどのデメリットがあるためです。LVMを利用すれば、後からファイルシステムのサイズを拡張できるというメリットはありますが、運用中に増加していくデータをシステム領域に配置すること自体が間違っているともいえます。データ量が一定の領域と、データ量が増加する領域をきちんと分けて管理することが、ディスク管理の基本となります。

インストールメディアの準備

インストール作業に入る前に、Linuxのインストールメディアに加えて、サーバーベンダー提供のデバイスドライバーのファイルなどをそろえておきます。この際、インストーラーの物理メディアには何を使うのがよいでしょうか？ RHEL7の場合は、インストールDVDのISOイメージが提供されていますので、これをDVDメディアに焼いて使用することができます。さまざまなバージョンのDVDメディアが引き出しに眠っているという方も多いかもしれません。実は、このイメージはUSBメモリーからも使用できます。既存のLinuxサーバーにISOイメージをダウンロードして、`dd`コマンドでUSBメモリーにイメージを書き込みます。このUSBメモリーからインストール対象のサーバーを起動すると、DVDメディアと同様にインストーラーが起動してきます。

USBメモリーにイメージを書き込む手順は、次のようになります。まず、カレントディレクトリーにISOイメージファイルを保存しておきます。ここでは、ファイル名を`rhel-server-7.2-x86_64-dvd.iso`とします。次に、USBメモリーを接続して、以下のコマンドでデバイスファイル名を確認します。

```
# lsblk -d ↵
NAME MAJ:MIN RM   SIZE RO TYPE MOUNTPOINT
sdb    8:16   0 465.8G  0 disk
sda    8:0    0 465.8G  0 disk
sr0   11:0    1  1024M  0 rom
sdc    8:32   1  14.9G  0 disk
```

この例では、**sda**と**sdb**は内蔵ハードディスクで、**sdc**が接続したUSBメモリーに対応しています。どれがUSBメモリーに対応するかわからない場合は、USBメモリーを取り外した状態の出力と比較するとよいでしょう。この後、ISOイメージファイルとデバイスファイルを指定して、**dd**コマンドを実行します。書き込みが終わるまでしばらく時間がかかりますので、少し気長にお待ちください。

```
# dd if=rhel-server-7.2-x86_64-dvd.iso of=/dev/sdc ↵
```

当然ながら、USBメモリーは、ISOイメージファイルのサイズ(4GB)よりも大きな容量が必要です。また、USBメモリーの既存の内容は、完全に上書きされてしまうので注意してください。

1.2.2 導入作業の実施

準備作業ができたところで、いよいよLinuxのインストール作業に入ります。システムBIOS(もしくは、UEFI)の初期設定を行い、インストールディスクのRAID構成を行った後に、Linuxのインストールへと進みます。その後、必要に応じてRPMパッケージのアップデートを行い、追加のデバイスドライバーを導入します。ここでは、SANストレージなどの外部ストレージ装置は接続されていないものとして、サーバーの内蔵ハードディスクにLinuxをインストールする前提で説明を進めます。

システムBIOS/UEFIの初期設定

Linuxをインストールするサーバーにおいて、まずはじめに、システムBIOS/UEFIの設定を初期化しておきます。通常、工場から出荷された直後のサーバーでは、システムBIOS/UEFIの設定は初期化されているはずですが、念のために実施しておきます。実際、直前の利用者によってシステムBIOSの設定が変更されていたために、Linuxのインストールに失敗するなど、つまらない原因でトラブルが発生することもあります。サーバーの電源を入れると、システムBIOS/UEFIの起動画面が表示されますので、指定のキーを押して設定画面を表示した後に、設定の初期化を行ってください。

システムBIOS/UEFIの設定は、特別な要件がない限り、初期化後のデフォルト設定のままにしておくのがよいでしょう。パフォーマンスに関連する設定などが気になるかもしれませんが、パフォーマンスの設定は、そのサーバーで実行するアプリケーションの特性を分析した上で設定内容を決めなければ意味がありません。アプリケーションによらずにパフォーマンスが向上するような設定があれば、通常はデフォルトでそのように設定されているはずでしょう。

ただし、それぞれのサーバーにおいて、使用するLinuxディストリビューションに応じた、固有の設定が必要な場合はあります。そのような設定項目は、サーバーごとのインストールガイドなどに記載がありますので、ガイドの指示に従ってください。

RAIDの構成

業務用サーバーの場合、内蔵ハードディスクを冗長化するためにRAIDコントローラーを組み合わせて利用することがあります。この場合、Linuxをインストールする前に、RAIDコントローラーの設定画面から、RAIDの構成を行う必要があります。最も基本的な構成では、2本の物理ディスクをミラーリング(RAID1)構成にして、全体で1本の論理ディスクとして認識させる形になります。

RAIDコントローラーの機能でRAIDを構成することを「ハードウェアRAID」と呼びますが、この場合、Linuxからは、個々の物理ディスクの状態は見えません。論理ディスクが、サーバーに直接に接続されたディスクであるかのように認識されます。RAIDの構成方法は、RAIDコントローラーによって異なりますので、それぞれの製品マニュアルを参照する必要があります。

ハードウェアRAID以外に、Linuxの機能を用いてRAIDを構成する「ソフトウェアRAID」もありますが、業務用システムの場合は、できるだけハードウェアRAIDを使用することをお勧めします。物理ディスクが故障した場合、ハードウェアRAIDであれば、ディスクを交換するだけで自動的にRAIDの再構成が行えます。また、サーバーによっては、Linuxを起動したままの状態でディスクを交換することも可能です。一方、ソフトウェアRAIDでは、ディスクを交換する際はサーバーの停止が必要です。さらに、障害の状態を確認しながら、LinuxのコマンドでRAIDの再構成を行う必要があるため、作業ミスが発生する可能性も高くなります。

——というと、「自分はよく理解しているから大丈夫」というサーバー管理者もいますが、業務システムは、さまざまな人間が操作するという点を考慮する必要があります。管理者以外のシステムオペレーターが、事前に用意された手順書に従って作業をすることもあるでしょう。定常的に発生する作業はなるべく単純にしておくことが、システムトラブルを防ぐための大原則です*11。

Linuxのインストール

事前に用意したインストールメディアからサーバーを起動すると、インストーラーが起動してきます。この後は、画面の指示に従ってインストールを進めることになりますが、ここでは、特に注意が必要な点を説明しておきます。RHEL7のGUIインストーラーでは、**図1.9**のようなメニュー画面から設定項目を選択していきますが、マイナーバージョンによって、表示内容に少し違いがあります。ここでは、RHEL7.2のインストーラーの場合で説明を進めます。

*11 ハードディスクの故障は、定常的に発生することを覚えておきましょう。5年に1回の故障率だとしても、2,000個のハードディスクがあれば、毎日1個は故障する計算になります。

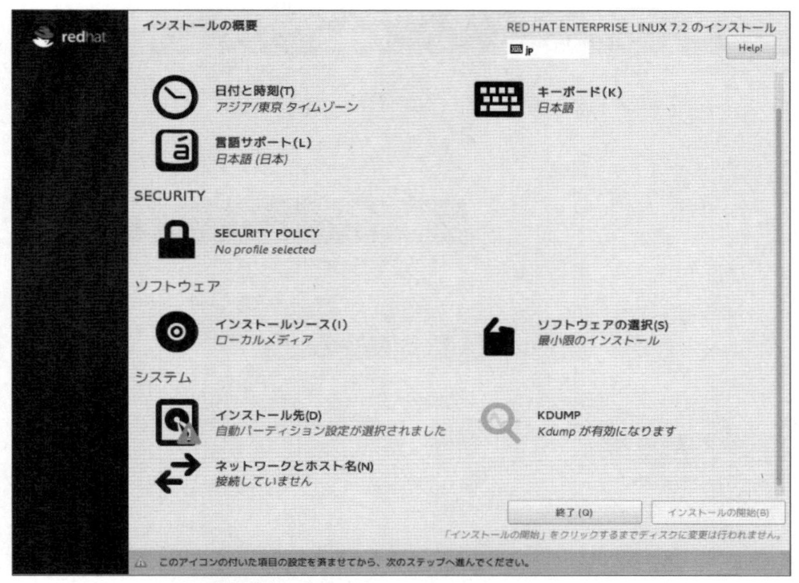

図1.9 GUIインストーラーのメニュー画面

まず、「インストール先」では、RHELをインストールするディスクを選択しますが、ここでは、デフォルトのLVM構成ではなく、パーティション構成を用いるように設定します。具体的には、「インストール先」を押して表示されるインストールディスクの選択画面で、「パーティション構成を行いたい」にチェックを入れて「完了」を押すと、**図1.10**のパーティション設定画面が表示されます。ここで、プルダウンメニューから「標準パーティション」を選択して、「ここをクリックして自動的に作成します」をクリックします。すると、標準的なディスクパーティションが用意されるので、ここから、必要に応じて、パーティション構成を修正していきます。

たとえば、ホームディレクトリー用のパーティションが不要な場合は、「/home」を選択して、画面下の「－」を押すとパーティションが削除されます。残りのディスク容量をすべてルートパーティションに割り当てる際は、「/」を選択した後、「割り当てる容量」に「999GB」などの極端に大きな値を入力します。その後、「設定の更新」を押すと、ルートパーティションのサイズが残り容量全体に設定されます。

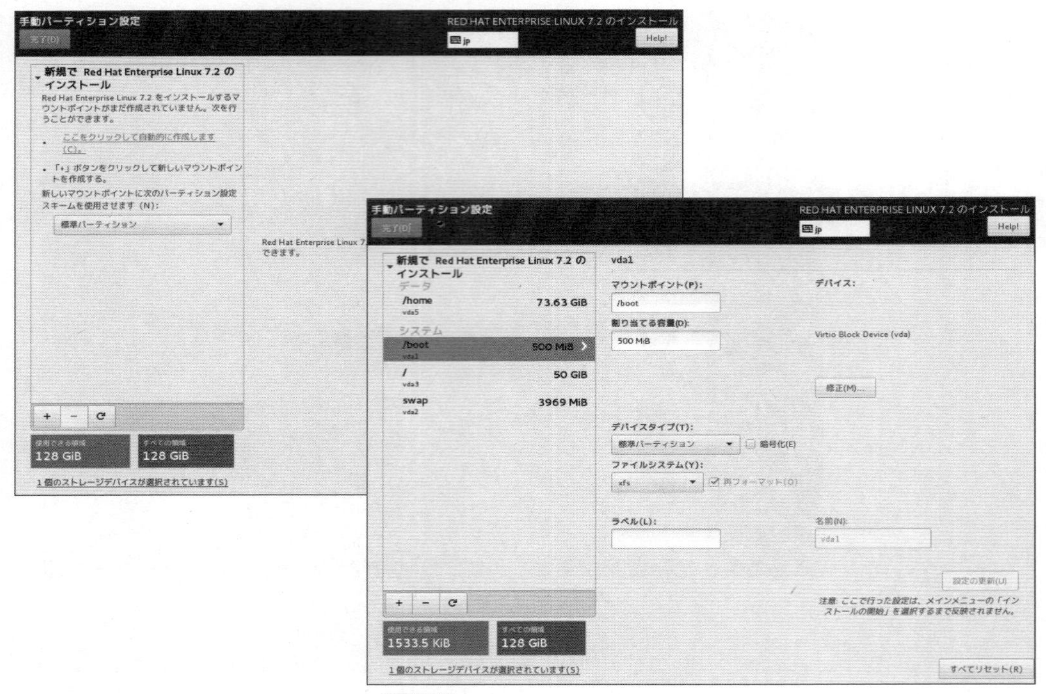

図1.10 パーティション設定画面

続いて、「ソフトウェアの選択」では、サーバーの使用用途に応じて、インストールするパッケージを選択することが可能です（**図1.11**）。ただし、不必要なサーバー機能を導入して、適切な設定を行わないままにすると、そこがセキュリティホールになる可能性もあります。GUIコンソールを必要としない一般的なサーバー用途であれば、「最小限のインストール」を選択しておき、インストール後に必要なパッケージのみを追加するほうがよいでしょう。GUIコンソールが必要な場合は、「サーバー（GUI使用）」を選択しておきます。また、サーバーベンダー提供のデバイスドライバーを導入する際に、コンパイラーなどの開発ツールが必要となる場合があります。このような場合は、画面右の「選択した環境のアドオン」で「開発ツール」にチェックを入れておきます。あるいは、インストール完了後に開発ツールを追加する際は、次のコマンドを使用します。

```
# yum groupinstall "Development Tools" ↵
```

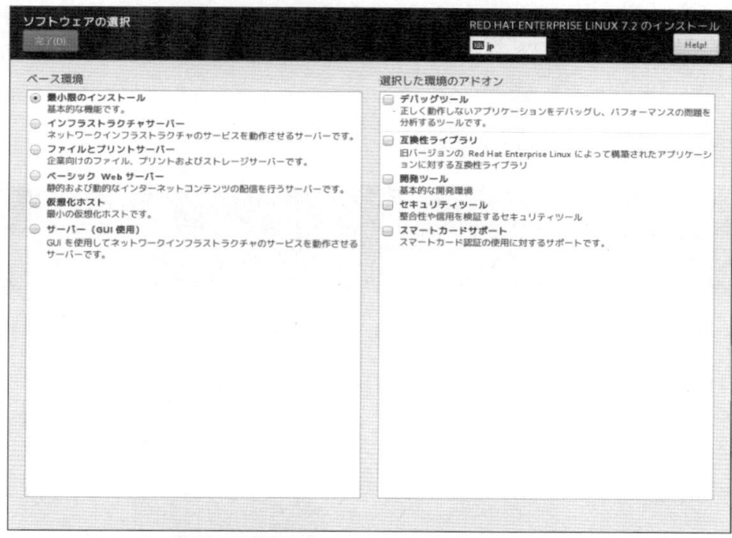

図1.11 ソフトウェアの選択画面

最後に、「ネットワークとホスト名」からネットワーク設定を行います。この段階では、外部ネットワークと通信するための最低限の設定（ホストネーム、IPアドレス、ゲートウェイ、DNSサーバーなど）を行います。NICの冗長化など、高度なネットワーク設定については、インストール完了後にあらためて行います。具体的な手順は、「第4章 Linuxのネットワーク管理」で解説しています。

また、インストール中に、rootパスワードの設定と、一般ユーザー作成のメニューが表示されます。rootパスワードの設定は必須ですが、一般ユーザーの作成は、この段階で実施する必要はありません。この後に説明する導入後の基本設定作業において、一般ユーザーの追加を行います。

1.3 導入後の基本設定作業

1.3.1 導入直後の基本設定項目

ここでは、Linuxをインストールした直後に実施するべき、基本的な設定項目を説明します。セキュリティに関連した設定については、別途、「2.3 セキュリティ管理」で説明しています。

RPMパッケージのアップデート

Red Hat Enterprise Linuxに含まれるソフトウェアは、すべて、RPMパッケージで提供されます。それぞれのパッケージにはバージョン番号が付けられており、新しく発見された不具合の修正やセキュリティ問題への対応が行われると、新しいバージョンのパッケージが提供されます。インターネットに接続したサーバーであれば、Red Hat Networkに登録することで、インターネット上のリポジトリーから、最新のRPMパッケージを入手できるようになります。Red Hat Networkへの登録は、**subscription-manager**コマンドで行います*12。

```
# subscription-manager register ↵
# subscription-manager list --available ↵
# subscription-manager attach --pool=<プールID> ↵
```

最初の**register**サブコマンドでは、Red Hat NetworkのユーザーIDとパスワードを入力します。次の**list**サブコマンドで利用可能なサブスクリプションのプールIDを確認して、最後の**attach**サブコマンドで、確認したIDを入力します。これにより、**yum**コマンドを用いて、RPMパッケージの追加やアップデートが行えるようになります。たとえば、インストール済みのパッケージをすべて、最新のバージョンにアップデートする場合は、次のコマンドを実行します。

```
# yum update ↵
```

ただし、サーバーベンダーが提供するデバイスドライバーの中には、利用可能なカーネルのバージョンが決められている場合があります。特定バージョンのカーネルを使用する際は、バージョン番号を指定してアップデートを行います。まず、次のコマンドを実行すると、リポジトリーに保存されているすべてのバージョンのパッケージが表示されます。

```
# yum --showduplicate list kernel ↵
```

次に、目的のバージョン番号を指定して、アップデートを行います。

```
# yum update kernel-3.10.0-327.4.4.el7 ↵
```

updateサブコマンドを用いた場合、通常は、先に導入されていた古いバージョンのパッケージは削除されますが、カーネルのパッケージについては、GRUB2の起動メニューから選択できるように、古いバージョンもそのまま残ります。この後、その他のパッケージをまとめてアップデートする際は、次のように**--exclude**オプションを指定することで、カーネルをアップデートの対象から除外できます。これにより、カーネルは現在のバージョンに保ったまま、その他のパッケージだけを最新にアップデートすることが可能になります。

```
# yum update --exclude=kernel* ↵
```

そのほかに、よく利用する**yum**コマンドを**表1.6**にまとめました。それぞれの詳細については、筆

*12 Red Hat Networkを利用するには、Red Hat Enterprise Linuxの有効なサブスクリプションを持っている必要があります。

者の書籍『「独習Linux専科」サーバ構築/運用/管理』[4]の「3.2.1 パッケージ管理」が参考になります。パッケージのバージョンを指定した管理方法については、筆者のBlog記事[5]も参考にしてください。

▼表1.6 よく利用するyumコマンド

コマンド	説明
# yum clean all	パッケージとリポジトリー情報のキャッシュを削除
# yum list	すべてのパッケージを表示
# yum list installed	導入済みのパッケージを表示
# yum search <キーワード>	リポジトリー内のパッケージを検索
# yum info <パッケージ名>	パッケージの情報を表示
# yum install <パッケージ名>	パッケージを導入
# yum remove <パッケージ名>	導入済みのパッケージを削除
# yum check-update	アップデート可能なパッケージの確認
# yum update <パッケージ名>	特定のパッケージのアップデート
# yum update	すべてのパッケージのアップデート

サーバーベンダー提供のデバイスドライバーで追加導入が必要なものがある場合は、この段階で導入しておきます。導入手順は、デバイスドライバーごとに異なりますので、サーバーベンダーから提供される手順書などを必ず参照してください。

インターネットに接続していない環境で、インストールメディアからRPMパッケージを追加導入する場合は、次の手順で、インストールメディアをリポジトリーとして設定します。はじめに、インストールメディアをサーバー上にマウントします。ここでは、RHEL7.2のインストールメディアを**/mnt/rhel72**にマウントするものとします。

```
# mkdir /mnt/rhel72 ↵
# mount /dev/cdrom /mnt/rhel72 ↵
```

続いて、リポジトリー設定ファイル**/etc/yum.repos.d/local_dvd.repo**を**図1.12**の内容で作成します。これで、インストールメディアをリポジトリーとして、**yum**コマンドからRPMパッケージの追加ができるようになります。

また、インターネット上のリポジトリーを使用できない環境で、必要なパッケージのRPMファイルをサーバー上に用意して導入する場合にも**yum**コマンドが使用できます。次のように、サーバー上に用意したRPMファイルを指定して実行します。依存関係のあるRPMファイルについては、同時に指定する必要があるので、注意してください。

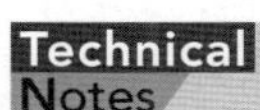

[4]『「独習Linux専科」サーバ構築/運用/管理』中井悦司(著). 技術評論社(2013)
[5] yumによるRHELの保守的パッチ適用方法
URL http://enakai00.hatenablog.com/entry/20130208/1360285927

```
# yum update kernel-3.10.0-327.4.4.el7.x86_64.rpm ↵
```

```
[rhel72_dvd]
name=RHEL7.2 DVD
baseurl=file:///mnt/rhel72
enabled=1
gpgcheck=1
gpgkey=file:///mnt/rhel72/RPM-GPG-KEY-redhat-release
```

図1.12 /etc/yum.repos.d/local_dvd.repoの内容

ログイン用ユーザーの作成

続いて、ログイン用の個人ユーザーを作成します。サーバーにログインして作業を行う際は、いきなりrootユーザーでログインするのではなく、個人ユーザーでログインした後に、必要な場合だけrootユーザーに切り替えるようにします。これは、サーバーにログインして作業した人間を明確にするためです。業務用サーバーでは、複数の人間がサーバーにログインして作業することがあるため、サーバーのログイン履歴から、「いつ誰がログインして作業したのか」を後から確認できるようにしておきます。

また、rootユーザーで作業を行う権限を与えるユーザーは、wheelグループに追加しておきます。これにより、このユーザーは、rootユーザーのパスワードを知らなくても、sudoコマンドでrootユーザーに切り替えられるようになります。複数の人間でrootユーザーのパスワードを共有する運用は、パスワード変更時の連絡が煩雑になり、パスワードが漏洩する危険性も高くなるので避けたほうがよいでしょう。

ここでは、例として、ユーザー「nakai」を作成して、wheelグループに追加する手順を示します。はじめに、次のコマンドで、ユーザーを作成してログインパスワードを設定します。passwdコマンドでは、新しく設定するパスワードの入力を求められます。

```
# useradd nakai ↵
# passwd nakai ↵
```

続いて、次のコマンドで、このユーザーをwheelグループに追加します。idコマンドでは、wheelグループに所属していることを確認しています。

```
# usermod -G wheel nakai ↵
# id nakai ↵
uid=1000(nakai) gid=1000(nakai) groups=1000(nakai),10(wheel)
```

この後、ユーザー「nakai」でログインした後に、**sudo**コマンドでrootユーザーに切り替えてみます。

```
$ sudo -i ↵
[sudo] password for nakai:   ← ユーザー「nakai」のパスワードを入力
```

はじめて**sudo**コマンドを使用する際は、使用上の注意を示すメッセージが表示されますが、これは、2回目以降は表示されなくなります。また、ユーザー自身のパスワードを入力する必要がありますが、これは、ログインした状態の端末を残して自席を離れてしまった場合などに、他人が勝手にrootユーザーに切り替えられないようにするためです。一度、パスワードを入力すると、その後5分間は、パスワード入力なしに**sudo**コマンドが利用できるようになります。また、ログインと**sudo**コマンド実行の履歴は、ログファイル**/var/log/secure**に記録されます。これを見ることにより、どのユーザーがいつログインして、rootユーザーに切り替えたかを確認できます。

最低限のセキュリティ設定

セキュリティ設定全般については、「2.3 セキュリティ管理」で説明しますが、インストール直後に実施しておくべき最低限のセキュリティ設定として、rootユーザーのログイン禁止とファイアウォールの構成があります。まず、先ほど説明したように、Linuxにログインして管理作業を行う際は、個人ユーザーでログインした後に、必要な場合だけrootユーザーに切り替えます。これを徹底するために、SSHデーモンの設定で、rootユーザーで直接にログインすることをシステム的に禁止しておきます。具体的には、設定ファイル**/etc/ssh/sshd_config**を開いて、**図1.13**の部分を変更します。この後、次のコマンドでsshdサービスを再起動して、設定変更を反映します。

```
# systemctl restart sshd.service ↵
```

```
# Authentication:

#LoginGraceTime 2m
#PermitRootLogin yes
PermitRootLogin no ←―――― この行を追加
#StrictModes yes
```

図1.13 /etc/ssh/sshd_configの変更部分

なお、RHEL7では、サービス管理の仕組みに「systemd」が採用されており、サービスを操作するコマンドが、RHEL6までの**chkconfig**コマンド、および、**service**コマンドから、**systemctl**コマンドに変わっています。systemdの仕組みについては、「5.1.3 systemdによるプロセスの起動処理」で詳しく解説しています。主な管理操作に対応するコマンドは、**表1.7**のとおりです。

▼表1.7 systemctlコマンドによる主なサービス管理操作

操作	コマンド
利用可能サービスの一覧表示	systemctl list-unit-files -t service
稼働中サービスの一覧表示	systemctl -t service
サービスの起動／停止／再起動	systemctl start/stop/restart <サービス名>
サービスの状態確認	systemctl status <サービス名>
自動起動の有効化／無効化	systemctl enable/disable <サービス名>

続いて、ファイアウォールによるパケットフィルタリングの設定です。インストール直後のデフォルト状態では、外部からのアクセスは、ICMPパケットの受信、および、SSH接続（TCP22番ポート）のみが許可されています。しかしながら、デフォルトのままで安心するのではなく、具体的な設定内容を把握しておくことが大切です。

RHEL7では、ファイアウォール機能を利用するにあたり、新機能の「firewalldサービス」と、以前からある「iptablesサービス」のどちらかが選択できます*13。デフォルトでは、firewalldサービスが用いられていますが、ここでは、従来と同じiptablesサービスに切り替えた上で、必要な設定を追加する方法を紹介します。

はじめに、次のコマンドでfirewalldサービスを停止して、無効化しておきます。

```
# systemctl stop firewalld.service ↵
# systemctl mask firewalld.service ↵
```

続いて、次のコマンドでiptablesサービスを導入して、有効化します。

```
# yum install iptables-services ↵
# systemctl enable iptables.service ↵
# systemctl start iptables.service ↵
```

この後、必要に応じて、設定ファイル**/etc/sysconfig/iptables**を修正します。**図1.14**の例では、セキュリティ対策の1つとして、受信を拒否したパケットのログを記録するようにしています。設定ファイルを修正したら、次のコマンドでiptablesサービスを再起動して、設定変更を反映します。

```
# systemctl restart iptables.service ↵
```

＊13 firewalldサービスの設定方法については、[6]の資料が参考になります。

Technical Notes
[6] Linux女子部 firewalld徹底入門！
URL http://www.slideshare.net/enakai/firewalld-study-v10

```
*filter
:INPUT ACCEPT [0:0]
:FORWARD ACCEPT [0:0]
:OUTPUT ACCEPT [0:0]
-A INPUT -m state --state RELATED,ESTABLISHED -j ACCEPT
-A INPUT -p icmp -j ACCEPT
-A INPUT -i lo -j ACCEPT
-A INPUT -p tcp -m state --state NEW -m tcp --dport 22 -j ACCEPT
-A INPUT -j LOG -m limit --log-prefix "[INPUT Dropped] " ←―― この行を追加
-A INPUT -j REJECT --reject-with icmp-host-prohibited
-A FORWARD -j REJECT --reject-with icmp-host-prohibited
COMMIT
```

図1.14 /etc/sysconfig/iptablesの設定変更例

この後、iptablesによって、外部からのパケット受信が拒否されると、**図1.15**のようなメッセージがシステムログ**/var/log/messages**に記録されます。送信元IPアドレス(SRC)、送信元ポート番号(SPT)、宛先IPアドレス(DST)、宛先ポート番号(DPT)などの情報が記録されており、どのような端末からどのポートにアクセスがあったのかがわかります。なお、**図1.14**の「**-m limit**」というオプションは、大量のパケットを連続して拒否した際にログの出力量を制限するものです。大量の不正アクセスが行われた際に、ログ出力でシステムの処理性能を奪われることを防止します。

```
Jan 17 21:32:11 rhel7 kernel: [INPUT Dropped] IN=eth0 OUT= MAC=52:54:00:1b:ca:3f
:52:54:00:e4:76:c8:08:00 SRC=192.168.122.1 DST=192.168.122.33 LEN=60 TOS=0x00 PR
EC=0x00 TTL=64 ID=4247 DF PROTO=TCP SPT=53535 DPT=80 WINDOW=14600 RES=0x00 SYN U
RGP=0
```

図1.15 パケット受信を拒否した際の/var/log/messagesの出力例

1.4 キックスタートによる自動インストール

1.4.1 サーバーデプロイメントの考え方

一般に、サーバーを構築する際の作業は、次のように整理できます。

① ハードウェアの準備(電源接続、ケーブル配線、システムBIOS／ファームウェアのアップデートなど)
② OSのインストール
③ デバイスドライバーの更新、ネットワークなどの個別設定
④ アプリケーションの導入、設定

最近は、スケールアウト型のシステムを構築するために、同一構成のサーバーを大量に準備することが求められる場合もあります。①のハードウェアの準備に関していうと、スケールアウト型の構成に特化したサーバーでは、ハードウェアの構成やケーブル配線を終えて、すべてのサーバーがラックに搭載された状態で工場から届けられるものもあります。

そして、②以降の作業については、これらを自動化するさまざまなツールが用意されています。特に②のOSインストールについては、大きく、**表1.8**の2種類の方法があります。IaaS(Infrastructure as a Service)タイプのクラウド環境など、標準化された構成の仮想マシンを対象とした環境では、イメージ配布方式がよく用いられます。一方、物理サーバーを対象とする場合は、デバイスドライバーの更新やNICの冗長化など、ハードウェアの構成に合わせた設定が必要となるため、イメージ配布方式ではうまくいかない場合もあります。

▼**表1.8** OSの自動デプロイメントの方式

デプロイメント方式	説明
イメージ配布方式	OS導入済みのディスクイメージを複製・配布する
ネットワークインストール方式	OSのインストールメディアの内容をWebサーバーなどに配置し、インストールメディアからのインストールと同じ手順をネットワーク経由で実施する

Red Hat Enterprise Linuxでは、キックスタートと呼ばれる仕組みが標準機能として提供されており、これを用いると、ネットワークインストール方式による自動デプロイメントが実現できます。GUIインストーラーで入力する設定項目は、キックスタートファイルと呼ばれるテキストの設定ファイルに記載しておくことで、自動設定が可能です。ネットワーク経由でLinuxをインストールした後に、インストール先のサーバーで指定したスクリプトを実行する機能があり、これを利用すると、③以降の作業も自動化できます。

この後で説明するように、1台のキックスタートサーバーを用いて、複数バージョンのLinuxを自

動インストールすることができます。たとえば、ノートPCをキックスタートサーバーにして持ち歩けば、いつでも、どこでも、好きなバージョンのLinuxをインストールできるようになります。業務システムの構築以外にも、検証用のサーバーや研修用のサーバーなど、Linuxのインストールを何度も繰り返す環境で活用できます。

ここからは、キックスタートの仕組みとキックスタートサーバーの構築手順を解説していきます。

1.4.2 キックスタートの仕組み

キックスタートサーバーの構築に先立って、キックスタートサーバーが提供する機能と、これらを利用した、ネットワークインストールの仕組みを解説します。

キックスタートサーバーの機能

キックスタートサーバーのディスク内には、RPMファイルを含めた、インストールメディアの内容をすべてコピーして保存しておきます。新しくインストールするサーバーをキックスタートサーバーと同じLANに接続して、ネットワークブートを行うと、キックスタートサーバーからRPMファイルが転送されて、Linuxのインストールが行われます。複数バージョンのインストールメディアの内容をコピーしておき、インストールするバージョンをブートメニューから選択することもできます。

キックスタートサーバー上では、DHCPサーバー、TFTPサーバー、HTTPサーバーの機能を構成します。キックスタートの処理における、これらのサーバー機能の役割は**表1.9**のとおりです。これらの機能と「PXE (Pre eXecution Environment) ブート」と呼ばれるネットワークブートの機能が連携することで、ネットワーク経由での自動インストールが行われます。PXEブート機能は、サーバーに搭載されたNICのファームウェアが提供する機能ですので、ネットワークブートを実施するには、PXEブート機能に対応したNICを使用する必要があります。最近のサーバーやPCでは、ほとんど問題ありませんが、非常に古いモデルのPCなどで、PXEブート機能に対応したNICが搭載されていない場合は、ネットワークブートが利用できないことがあります。

▼**表1.9** キックスタートサーバーが提供する機能

サーバー機能	説明
DHCPサーバー	・インストール時に使用する一時的なIPアドレスの配布 ・キックスタートサーバーのIPアドレスとブートストラップイメージの通知
TFTPサーバー	・ブートストラップイメージ、ブートメッセージ、オプション設定ファイルの配布 ・インストーラー起動用カーネルと初期RAMディスクの配布
HTTPサーバー	・キックスタートファイルとインストールメディアの内容（RPMファイル）の配布

PXEブートとネットワークインストールの仕組み

キックスタートの処理の流れを図示すると、**図1.16**のようになります。新規にインストールするサーバーの電源を入れて、システムBIOS/UEFIの起動デバイス選択画面を表示した後に、起動デバイスとして「Network」を選択すると、サーバーに搭載されたNICのファームウェア上で、PXEブートの機能が動き始めます。

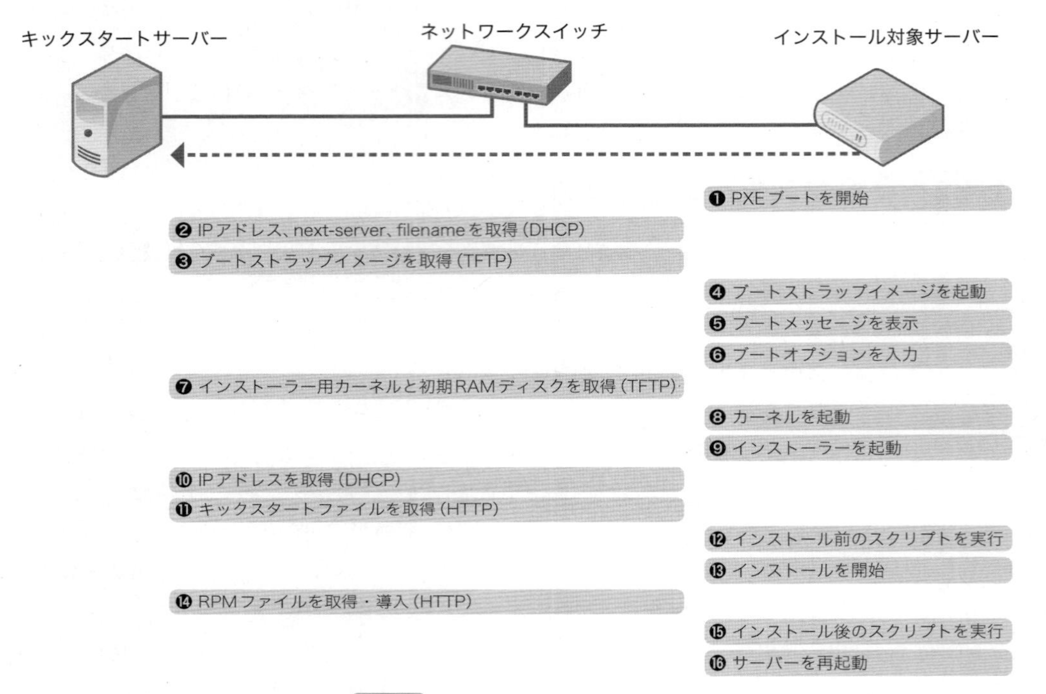

図1.16 キックスタートの処理の流れ

PXEブートの機能では、まずNIC自身に割り当てるIPアドレスをDHCPで取得します。このとき、DHCPの「next-server」と「filename」のエントリー情報をあわせて取得します。これらは、それぞれキックスタートサーバーのIPアドレスと、ブートストラップイメージのファイル名を示します。これらの情報をもとにして、キックスタートサーバーから、ブートストラップイメージをTFTPでダウンロードして、サーバーのメモリーに格納した後に、これを実行します。ここまでが、PXEブートの機能になります。「1.1.2 サーバーハードウェアの基礎」で説明した、システムBIOSが起動メディアからブートローダーを起動する仕組みが、そのまま、ネットワーク経由の処理に置き換えられていることがわかります。

ここから先は、ブートストラップイメージによって処理が進められます。キックスタートサーバーが提供するブートストラップイメージは、ブートメッセージを表示して、ブートオプションの入力を受け付けます。複数バージョンのLinuxを提供する場合は、ここで、インストールするバージョンを選択します。ユーザーが入力したブートオプションに応じた「オプション設定ファイル」に従って、対応するカーネルと初期RAMディスクのファイルをTFTPでダウンロードして、カーネルを起動します。「1.1.3 ブートローダーと初期RAMディスク」にある説明を思い出すと、ブートストラップイメージがブートローダー（GRUB2）に対応する役割を果たしていることがわかります。ただし、Linuxをインストール済みのサーバーであれば、カーネルが起動した後は、ハードディスクにインストールされたLinuxの起動処理が進んでいきますが、今の場合は、内蔵ディスクにはまだ何もインストールされておらず、普通の意味でLinuxが起動するわけではありません。ここで起動したカーネルは、Red Hat Enterprise Linuxのインストーラーである Anacondaを実行して、Linuxのインストール処理を開始します。

この後のインストール処理は、インストールメディアからサーバーを起動した場合と次の点が異なります。先のオプション設定ファイルには、インストールに使用するキックスタートファイルが指定されており、インストーラーは、これをHTTPでダウンロードします。ダウンロードしたキックスタートファイルには、インストール時に指定するさまざまなオプションが事前に記載されており、これに従って、自動的にインストール処理が進みます。インストールに使用するRPMファイルは、キックスタートサーバーから、HTTPでダウンロードします。また、キックスタートファイルに指定があれば、インストールを開始する直前とインストール完了後に、インストール対象のサーバーで、それぞれ指定のスクリプトを実行します。最後に、サーバーを再起動して、キックスタートの処理が完了します。

キックスタートでは、DHCP、TFTP、HTTPなどの基本的なプロトコルを利用して、DVDなどのインストールメディアからサーバーを起動・インストールする処理をネットワーク経由の処理に置き換えていることがわかります。このような基本的な仕組みの組み合わせで、高度な処理を実現していくのは、Linuxの祖先であるUnixに特有の考え方です。ネットワーク経由でサーバーが起動して、自動的にインストールされる様子を見ると、ちょっとした驚きを覚えるかもしれません。その背後にある仕組みを理解することで、驚きは感動へと変わることでしょう。

深夜のマシンルームのときめき?!

筆者がIBMでエンジニアとして働き始めたとき、最初に管理を任せられたシステムは、RS6000/SPと呼ばれるUnixシステムでした。これは、チェスの世界チャンピオンと対戦したことで有名になったIBMのスーパーコンピューターと同じマシンで、1つのラックに16台のUnixノードが搭載されたクラスターシステムです。これらのノードにOSをインストールする際に、ネットワークインストールを利用します。キックスタートとは少し仕組みが違いますが、キックスタートサーバーに相当するインストールサーバーを用意して、そこからネットワーク経由で自動インストールを行います。AIXのエンジニアの方には、「NIMサーバー」というとピンとくると思います。

まっさらの状態から、ラック1台分のRS6000/SPクラスターを構築する場合、次の手順が必要です。はじめにインストールサーバーにメディアからOSをインストールして、ネットワークインストール機能をセットアップした後、16台あるノードの最初の1台をネットワークインストールします。さらに、この1台にネットワークインストール機能をセットアップして、この1台から残りの15台をネットワークインストールします。不思議な2段階方式ですが、ラックがたくさんある際に、それぞれのラックにインストールサーバーを用意することで、ネットワークの負荷を下げる仕組みになっています。当時のLANは、16Mbpsのトークンリングで、ラックの背面には、10BASE-2の黒い同軸ケーブルがありました。

はじめて任せられたシステムということもあり、このRS6000/SPクラスターの構築をこっそりマスターしようと考えて、テスト用のマシンを使って、夜中に何度もゼロからのインストールにチャレンジしました。スーパーコンピューターと同じマシンが自由にテストできるというのも、今から思えば恵まれた環境でしたが、16台(正確には15台ですね)のノードが一気にネットワークインストールされる様子を深夜のマシンルームでうっとりしながら(?)眺めていた記憶が心に残っています。最初は、マニュアルを片手にコマンドを確認しながら進めていたのが、何度も繰り返すうちに、手が勝手に動くようになり、最後は、最短構築時間の記録を更新して、妙な達成感を味わいました。

最初は、つまらない手順のミスでうまくいかないことが何度もあるのですが、原因を見つけようといろいろ試す中で学ぶことがたくさんありました。こういう苦労の中で手に入れた小さな知識の積み重ねが、後々、とても大きな問題の解決に役立つのがUnix/Linuxを勉強する醍醐味です。これは、「基本的な仕組みの組み合わせで、高度な処理を実現する」というUnix/Linuxの考え方とちょうど合致するものです。

そういえば、外部ストレージ装置に搭載された大量のディスクドライブのアクセスランプが点滅するのを眺めながら、「こんな夜中までお客さまは仕事をされているのだなぁ」と感慨にふけったこともありました。深夜のマシンルームには不思議な魅力がありますね(深夜のアクセスの正体は、実は夜間のバックアップ処理でしたが……)。

1.4.3 キックスタートサーバーの構築

それでは、キックスタートサーバーの構築手順を説明していきましょう。ここでは例として、RHEL6.7とRHEL7.2の64ビット版(x86_64アーキテクチャー)をインストールできるキックスタートサーバーを構築します。使用するIPアドレスについては、**表1.10**の例を用います。また、インストール対象のサーバーは、システムBIOSに対応したものとします。UEFIに対応したサーバーについては、少し特別な設定が必要となるため、ここではあえて説明を割愛します。UEFI対応のサーバーをインストール可能なキックスタートサーバーの構成については、筆者のBlog記事[7]を参考にしてください。

▼表1.10 キックスタートサーバーで使用するIPアドレス

使用目的	IPアドレス
キックスタートサーバーのIPアドレス/サブネットマスク	192.168.1.10/255.255.255.0
DHCPで配布するアドレス	192.168.1.200～192.168.1.240

キックスタートサーバーの準備

まずは、キックスタートサーバーにRHEL7をインストールします。ここでは、本書執筆時点の最新マイナーバージョンであるRHEL7.2を使用するものとします。ネットワーク設定などの基本設定が終わったら、必要となるRPMパッケージを追加します。

```
# yum install tftp-server dhcp httpd syslinux ↵
```

syslinuxのRPMパッケージには、ブートストラップイメージのファイルが含まれています。次の手順で、これをTFTPで配布可能なディレクトリーにコピーしておきます。

```
# mkdir /var/lib/tftpboot/pxelinux ↵
# cp /usr/share/syslinux/pxelinux.0 /var/lib/tftpboot/pxelinux/ ↵
```

Technical Notes
[7] UEFI対応のKickstartサーバー構成手順
URL http://enakai00.hatenablog.com/entry/2016/01/19/185324

また、この後で設定ファイルを保存するディレクトリーを事前に作成しておきます。

```
# mkdir /var/lib/tftpboot/pxelinux/pxelinux.cfg ↵
# mkdir /var/www/html/ks ↵
```

続いて、RHEL6.7、RHEL7.2それぞれのインストールメディアの内容をコピーします。まず、RHEL6.7（x86_64アーキテクチャー）のインストールメディアをサーバーにセットして、次の手順で、ディレクトリー**/var/www/html/RHEL67-x86_64**以下にコピーします。

```
# mkdir /var/www/html/RHEL67-x86_64 ↵
# mkdir /mnt/cdrom ↵
# mount /dev/cdrom /mnt/cdrom ↵
# cp -a /mnt/cdrom/* /var/www/html/RHEL67-x86_64/ ↵
# umount /mnt/cdrom ↵
```

同じく、RHEL7.2（x86_64アーキテクチャー）のインストールメディアをサーバーにセットして、ディレクトリー**/var/www/html/RHEL72-x86_64**以下にコピーします。

```
# mkdir /var/www/html/RHEL72-x86_64 ↵
# mount /dev/cdrom /mnt/cdrom ↵
# cp -a /mnt/cdrom/* /var/www/html/RHEL72-x86_64/ ↵
# umount /mnt/cdrom ↵
```

ここでコピーしたファイルの中に、インストーラー起動用のカーネルと初期RAMディスクが含まれています。これらもまた、TFTPで配布可能なディレクトリーにコピーします。

```
# mkdir /var/lib/tftpboot/pxelinux/RHEL67-x86_64 ↵
# cp /var/www/html/RHEL67-x86_64/images/pxeboot/{vmlinuz,initrd.img} \
    /var/lib/tftpboot/pxelinux/RHEL67-x86_64/ ↵

# mkdir /var/lib/tftpboot/pxelinux/RHEL72-x86_64 ↵
# cp /var/www/html/RHEL72-x86_64/images/pxeboot/{vmlinuz,initrd.img} \
    /var/lib/tftpboot/pxelinux/RHEL72-x86_64/ ↵
```

次に、DHCPサーバーの設定を行います。**図1.17**の内容で、設定ファイル**/etc/dhcp/dhcpd.conf**を作成します。これは、192.168.1.200～192.168.1.240の範囲のIPアドレスを配布すると同時に、PXEブートのクライアントに対しては、「next-server」と「filename」の情報を返答するようになっています。

最後に、ブートストラップイメージのメニュー設定を行います。ブートストラップイメージは、起動時に、テキストファイル**/var/lib/tftpboot/pxelinux/boot.msg**の内容をメニュー画面として表示しますので、このファイルを**図1.18**の内容で作成します。そして、設定ファイル**/var/lib/tftpboot/pxelinux/pxelinux.cfg/default**に対して、メニューにある1～4の選択肢に対応する設定を記載します。このファイルは、**図1.19**の内容で作成します。このファイルでは、**label**オプションがメニュー番号に対応しており、その後にある**kernel**オプションと**append**オプションで、インストーラー起動用のカーネルと初期RAMディスクのファイルが指定されています。このとき、インストールするLinuxのバージョンによって、指定するカーネルと初期RAMディスクが変わります。対応するインストールメディアからコピーしたファイルを指定する必要があるので、注意してください。

appendオプションの最後にある、**ks=http://192.168.1.10/ks/...**という部分には、インストール時に使用するキックスタートファイルの入手先を指定します。ここでは、キックスタートサーバー上で稼働するWebサーバーから配布するようにしており、対応するキックスタートファイルは、ディレクトリー**/var/www/html/ks**以下に保存します。それぞれのキックスタートファイルは、**表1.11**の用途を想定しています。

インストーラーで設定する項目をキックスタートファイルに書いておくことで、インストール時の設定作業を自動化できるわけですが、必ずしも、すべての項目をキックスタートファイルに記載する必要はありません。キックスタートファイルに記載のない項目については、GUI上で対話的な設定が求められますので、インストール時に手動設定させたい項目を除いて、それ以外の設定のみを記載したキックスタートファイルを使用することができます。この後の手順では、RHEL6.7とRHEL7.2のそれぞれについて、すべての設定を記載して完全に自動化したキックスタートファイルと、あえて設定を記載せずに、通常のGUIインストーラーと同じ手順でインストールを進めるキックスタートファイルを用意します。

```
subnet 192.168.1.0 netmask 255.255.255.0 {
  range 192.168.1.200 192.168.1.240;
  class "pxeclients" {
    match if substring (option vendor-class-identifier, 0, 9) = "PXEClient";
    next-server 192.168.1.10;
    filename "pxelinux/pxelinux.0";
  }
}
```

図1.17 /etc/dhcp/dhcpd.confの設定内容

```
================================
 Welcome to Kickstart Installer
================================
1. Red Hat Enterprise Linux 6.7 (x86_64) - Preconfigured
2. Red Hat Enterprise Linux 6.7 (x86_64)
3. Red Hat Enterprise Linux 7.2 (x86_64) - Preconfigured
4. Red Hat Enterprise Linux 7.2 (x86_64)
```

図1.18 /var/lib/tftpboot/pxelinux/boot.msgの内容

```
prompt 1
display boot.msg

label 1
kernel /RHEL67-x86_64/vmlinuz
append initrd=/RHEL67-x86_64/initrd.img ks=http://192.168.1.10/ks/ks_1.cfg

label 2
kernel /RHEL67-x86_64/vmlinuz
append initrd=/RHEL67-x86_64/initrd.img ks=http://192.168.1.10/ks/ks_2.cfg

label 3
kernel /RHEL72-x86_64/vmlinuz
append initrd=/RHEL72-x86_64/initrd.img ks=http://192.168.1.10/ks/ks_3.cfg

label 4
kernel /RHEL72-x86_64/vmlinuz
append initrd=/RHEL72-x86_64/initrd.img ks=http://192.168.1.10/ks/ks_4.cfg
```

図1.19 /var/lib/tftpboot/pxelinux/pxelinux.cfg/defaultの内容

▼表1.11 キックスタートファイルの使用用途

キックスタートファイル	バージョン	用途
ks_1.cfg	RHEL6.7	設定済みの構成で自動インストール
ks_2.cfg	RHEL6.7	インストーラー画面から対話的に設定
ks_3.cfg	RHEL7.2	設定済みの構成で自動インストール
ks_4.cfg	RHEL7.2	インストーラー画面から対話的に設定

ここまでで、キックスタートファイルを除いて、**表1.9**の各サーバー機能の設定と、キックスタートサーバーから配布する各種ファイルが用意できました。ここで、DHCPサーバー、TFTPサーバー、HTTPサーバーの各サーバー機能を提供するサービスを有効化して、起動しておきます。

```
# systemctl enable dhcpd.service ↵
# systemctl enable tftp.service ↵
# systemctl enable httpd.service ↵
# systemctl start dhcpd.service ↵
# systemctl start tftp.service ↵
# systemctl start httpd.service ↵
```

また、iptablesなどのファイアウォール機能でパケットフィルタリングを設定している場合は、これらのサーバー機能へのアクセスを許可する必要があります。「1.3.1 導入直後の基本設定項目」に従ってiptablesサービスを設定している場合は、設定ファイル`/etc/sysconfig/iptables`に**図1.20**

の内容を追加します。ここでは、**図1.14**に対する追加部分を示してあります。その後、iptablesサービスを再起動して設定変更を反映します。

```
# systemctl restart iptables.service ↵
```

```
-A INPUT -p tcp -m state --state NEW -m tcp --dport 22 -j ACCEPT
-A INPUT -p tcp -m state --state NEW -m tcp --dport 80 -j ACCEPT ┐
-A INPUT -p udp -m state --state NEW -m udp --dport 67 -j ACCEPT ├これらの行を追加
-A INPUT -p udp -m state --state NEW -m udp --dport 69 -j ACCEPT ┘
-A INPUT -j LOG -m limit --log-prefix "[INPUT Dropped] "
```

図1.20 /etc/sysconfig/iptablesの変更部分

firewalldサービスを使用している場合は、次のコマンドで設定変更を行います。**--permanent**オプションを付けたコマンドと付けないコマンドの両方を実行する必要があるので、注意してください。

```
# firewall-cmd --add-service=http ↵
# firewall-cmd --add-service=tftp ↵
# firewall-cmd --add-service=dhcp ↵
# firewall-cmd --add-service=http --permanent ↵
# firewall-cmd --add-service=tftp --permanent ↵
# firewall-cmd --add-service=dhcp --permanent ↵
```

キックスタートファイルの作成

先ほど**表1.11**に示した、4種類のキックスタートファイルを作成します。まず、あえて設定を記載しないキックスタートファイル**ks_2.cfg**と**ks_4.cfg**ですが、これらは、最低限の項目として、インストール元のリポジトリーを指定する必要があります。ここでは、キックスタートサーバー上のWebサーバーで公開したインストールメディアの内容がリポジトリーとなるので、**図1.21**の内容となります。

/var/www/html/ks/ks_2.cfg

```
url --url=http://192.168.1.10/RHEL67-x86_64
```

/var/www/html/ks/ks_4.cfg

```
url --url=http://192.168.1.10/RHEL72-x86_64
```

図1.21 インストール元リポジトリーのみのキックスタートファイル

続いて、各種設定を記載したキックスタートファイルですが、これは、Red HatのWebサイト（カスタマーポータル）で提供される、Kickstart Generatorを利用して作成できます。

・Kickstart Generator — URL https://access.redhat.com/labs/kickstartconfig/

上記のWebサイトにアクセスして、カスタマーポータルのIDでログインすると、**図1.22**の画面が表示されます。画面左上のプルダウンメニューでインストール対象のバージョンを選択して、設定項目を入力していき、最後に「DOWNLOAD」を押すと、テキスト形式のキックスタートファイルがダウンロードされます。今回構築した環境に固有の注意点としては、インストール元のリポジトリーを指定する「Installation」の設定において、キックスタートサーバー上のリポジトリーを指定する必要があります（**図1.23**）。具体的には、「Installation source」に「HTTP」を選択して、「HTTP Server」に「192.168.1.10」、「HTTP Directory」に「RHEL67-x86_64」（RHEL6.7の場合）、もしくは、「RHEL72-x86_64」（RHEL7.2の場合）を入力します。

図1.24は、RHEL7.2をインストール対象として作成したキックスタートファイル**ks_3.cfg**の例になります*14。このファイルをさらにテキストエディターで修正して利用することも可能です。キックスタートファイルで指定できる項目については、Red Hatの製品マニュアル[8]に詳しく記載されていますので、そちらも参考にしてください。RHEL6.7をインストール対象としたキックスタートファイル**ks_1.cfg**についても、同様に作成してください。

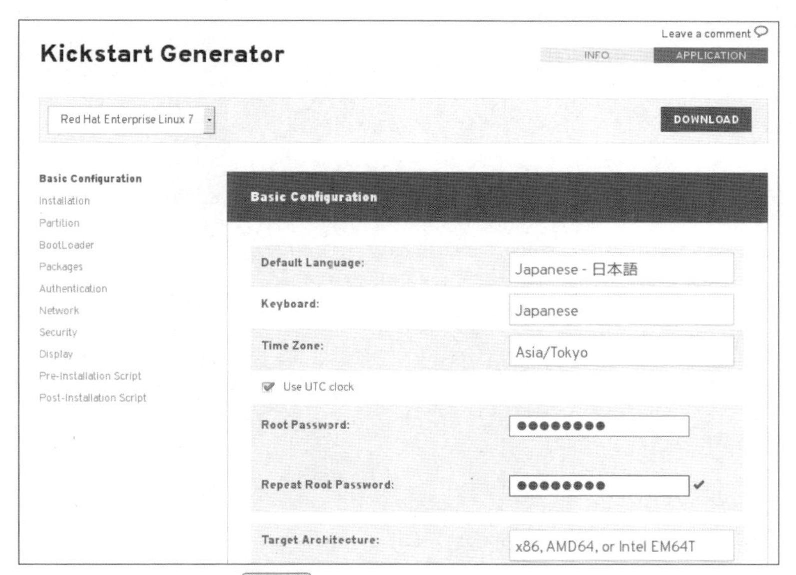

図1.22 KickStart Generatorの画面

*14 この例では、rootユーザーのパスワードは「passw0rd」（0はゼロ）に設定されています。

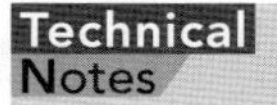

[8] Product Documentation for Red Hat Enterprise Linux（各バージョンの「インストールガイド」を参照）
URL https://access.redhat.com/documentation/ja/red-hat-enterprise-linux/

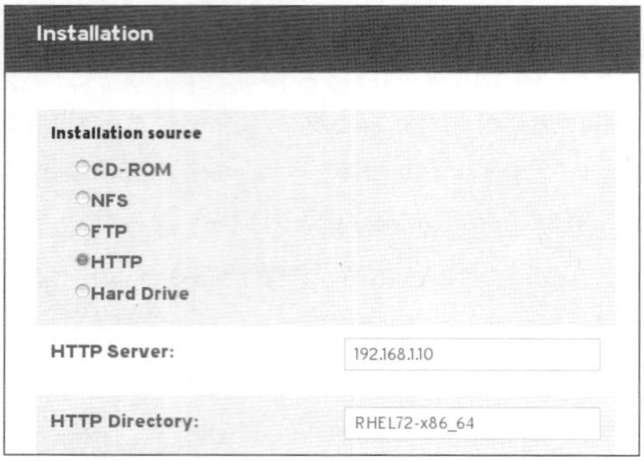

Installation

Installation source

CD-ROM
NFS
FTP
HTTP
Hard Drive

HTTP Server: 192.168.1.10

HTTP Directory: RHEL72-x86_64

図1.23 インストールに使用するリポジトリーの指定

```
lang ja_JP
keyboard jp106
timezone Asia/Tokyo --isUtc
rootpw $1$U9Lg13P8$6HnnFQ6U0Kx.u3FQu4nkk/ --iscrypted
#platform x86, AMD64, or Intel EM64T
reboot
url --url=http://192.168.1.10/RHEL72-x86_64
bootloader --location=mbr --append="rhgb quiet crashkernel=auto"
zerombr
clearpart --all --initlabel
part /boot --fstype=xfs --size=500
part swap --fstype=swap --size=4096
part / --fstype=xfs --size=1 --grow --maxsize=500000
network --device=eno1 --bootproto=static --ip=192.168.1.101 --netmask=255.255.255.0
 --gateway=192.168.1.1 --nameserver=8.8.8.8
auth --passalgo=sha512 --useshadow
selinux --enforcing
firewall --enabled --ssh
firstboot --disable
%packages
@base
%end
```

改行せずに続ける

図1.24 キックスタートファイルの例（RHEL7.2）

なお、「4.2.1 ネットワークの基本設定」で説明するように、RHEL7ではNICのデバイス名が使用するハードウェアの構成によって変化します。**図1.24**の「`network --device=eno1`」という部分では、ネットワーク設定を行うNICの名前を「eno1」と仮定していますが、この部分は環境に応じて変更する必要があります。NICの名前を事前に特定するのが難しい場合は、「`--device=link`」と指定すると、リンクアップしている1番目のNICが設定対象となります。

ネットワークインストールの実行

それでは、実際にネットワークインストールを行ってみましょう。新規サーバーのハードウェア初期設定(システムBIOSの設定初期化やRAIDの構成など)を行った後、**図1.16**のように、キックスタートサーバーと同じネットワークスイッチに接続します。サーバーの電源を入れて、システムBIOSの起動デバイス選択画面からネットワークブートを選択すると、PXEブートが開始されます。システムコンソールに、**図1.18**のブートメニューと「**boot:**」プロンプトが表示されますので、メニュー番号(1～4)を入力すると、対応するキックスタートファイルを用いて、インストール処理が開始されます。

なお、RHEL6をインストールする場合、インストール対象のサーバーが複数のNICを持っていると、インストールに使用するNICを選択する画面が表示されます(**図1.25**)。ここで、キックスタートサーバーに接続したNICを選択すると、インストール処理が開始されます。この選択も自動化する場合は、**図1.19**の**append**オプションに「**ksdevice=**」でNICのデバイス名を指定します。**図1.26**は、**eth0**を指定する例になります。

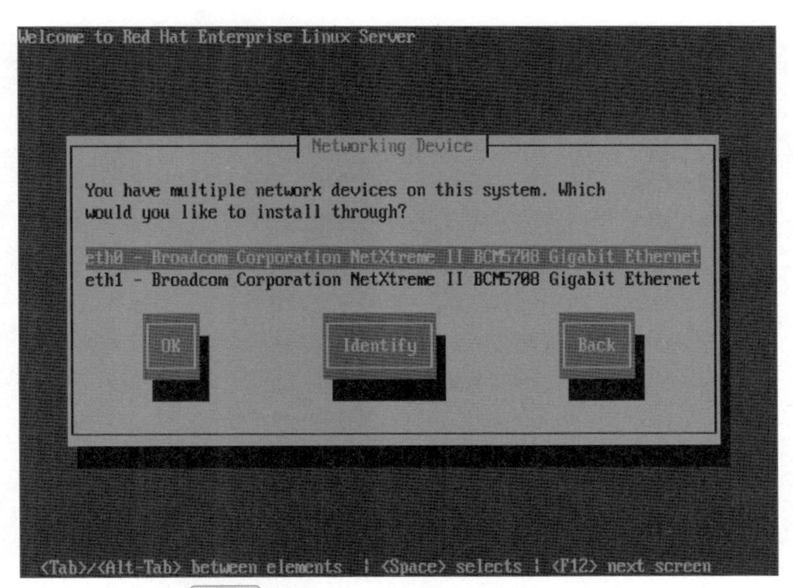

図1.25 インストールに使用するNICの選択画面

```
label 1
kernel /RHEL67-x86_64/vmlinuz
append ksdevice=eth0 initrd=/RHEL67-x86_64/initrd.img ks=http://192.168.1.10/ks/ks_1.cfg
```

この部分を追加

図1.26 インストールに使用するNICを指定する例

また、キックスタートサーバーは、DHCPサーバーの機能を提供しますので、既存のネットワークに接続する際は、既存のDHCPサーバーと機能が競合しないように注意が必要です。**図1.16**のような閉じたネットワークで使用する場合は問題ありませんが、既存のDHCPサーバーがある環境では、キックスタートサーバーのDHCPサーバー機能は停止しておきます。代わりに、既存のDHCPサーバーに対して、**図1.17**に相当する設定を追加します。こうすることで、新規サーバーは、PXEブート開始後に既存のDHCPサーバーから、IPアドレスに加えて、「next-server」と「filename」のエントリー情報を取得します。その後、「next-server」の指定に従って、キックスタートサーバーへのアクセスを開始します。

第2章

Linuxサーバー運用の基礎

2.1 システム監視

2.1.1 システム監視の目的

Linuxサーバーのシステム監視ツールには、オープンソース、あるいは、商用ソフトウェアを含めて、さまざまなものがあります。ZabbixやNagiosなど、オープンソースの監視ツールの紹介を目にしたことがある方も多いでしょう。しかしながら、個々のツールの設定方法を学ぶ前に、まずは、「システム監視の目的」を正しく理解することが大切です。

——なぜ、この理解が大切なのでしょうか? システム監視にはさまざまな方法があり、どのツールも驚くほど多数の機能を提供しています。しかしながら、システム監視はあくまでも手段です。その目的を明確にしておかなければ、適切な機能を選択することができません。どのようなツールを使うにしても、Linuxサーバーのシステム監視を実装するには、多数の設定項目、あるいは、設定パラメーターの設計が必要となります。システム監視の目的を明確にした上で、目的に合った設計を考えていくことが求められます*1。

ここでは、「障害監視」「リソース監視」「セキュリティ監視」の3つの視点から、システム監視の目的を整理していきます。

■障害監視

障害監視の目的は何でしょうか? これは、「計画外(予定外)のサービス停止時間をできるだけ短くすること」と考えるとよいでしょう。これを実現する第一歩は、システムを構成するハードウェアやソフトウェアのコンポーネントに問題が発生した際に、できるだけ速やかにシステム管理者に通知して、障害復旧の対応を開始することです。

この際、障害の重要度(どのぐらい緊急の対応が必要か)を「高・中・低」程度に分類して、**表2.1**のような対応ルールを事前に決めておきます。これは、障害対応を実施するのがサーバー管理者だけという、やや単純化した想定例です。専属の運用チームがあるシステムでは、システムオペレーターが手順書に従った復旧を試みて、その後にサーバー管理者に連絡するなどの対応も考えられます。いずれにしても、障害の種類ごとに対応のルールを明確に決めておき、システム運用にかかわるメンバー全員で共通の理解を持つことが大切です。

*1 「木を見て森を見ず」にならないことが必要というわけです。ただし、森だけを見ていてもうまくいかないのが、サーバーシステムの難しいところです。「The devil lives in the detail.(悪魔は細部に宿る)」ということわざも心にとめておきましょう。

▼表2.1 障害の重要度の分類例

重要度	対応ルール
高	サーバー管理者は、通常業務時間外であってもすぐに障害対応を始める
中	サーバー管理者は、通常業務時間外は対応をしなくてもよい。業務時間の開始後は、ほかの業務より優先して障害対応を始める
低	サーバー管理者は、手の空いた時間に対応する（ほかの業務を優先してもよい）

障害監視の方法はこの後で詳しく説明しますが、ハードウェアの障害監視については、少し注意が必要です。業務用サーバーには、ほとんどの場合、「システム管理プロセッサー」と呼ばれる、ハードウェア管理のための専用プロセッサーが搭載されています*2。ディスクドライブの故障やメモリーのエラーなど、ハードウェアコンポーネントの障害は、システム管理プロセッサーの機能で検知して、管理者への通知を行います。

Linuxのシステムログメッセージのみからハードウェア障害を検知する方法を検討するサーバー管理者もいるようですが、この方法はお勧めできません。Linuxは、さまざまなハードウェアで利用できる汎用性の高いOSであるため、逆にいうと、障害情報を含め、個々のハードウェアに固有の情報を確認するのはあまり得意ではありません。これは、特定のハードウェアに特化したUnixとは異なる、Linuxの特徴の1つです。Linuxサーバーのハードウェア障害監視は、サーバー本体のシステム管理プロセッサーを用いるのが原則です。

リソース監視

リソース監視では、CPU、メモリー、ディスクなどのシステムリソースの使用状況を監視します。リソースの使用状況をリアルタイムで監視して、突発的なリソースの不足をサーバー管理者に通知する方法と、リソース使用状況の履歴データを保管して、定期的に変動を分析する方法があります。それぞれ監視の目的が異なりますので、これら2つの方法を併用する必要があります。

履歴データの分析は、将来的にリソースが不足する状況を事前に予測して、サーバーやネットワーク機器の増強計画を立てるために行います。リソース不足が発生してから、事後的に対処するのではなく、その前に予防措置をとる発想です。ただし、「CPU使用率は何パーセント以上が危険ですか?」とか、「スワップ領域がどれだけ使用されたらメモリーの追加が必要ですか?」といった質問に対する、単純な答えはありません。CPU使用率が上昇した結果、アプリケーションが必要な速度で処理を行えなくなっていたら、それは「危険」な状態ですが、一方、アプリケーションの処理速度が十分に出ていれば、それは、CPUをムダなく使っている「理想的」な状況です。一般に、アプリケーションの処理速度とリソースの使用率の関係を理論的に分析することは、それほど簡単ではありません。まずは、次のステップで経験的なルールを導きます。

*2 これは、「1.1 サーバーハードウェア」で説明したシステムBIOS/UEFIとは、また別のコンポーネントです。システム管理プロセッサーは、OSが停止した状態でも、サーバーに電源が供給されていればハードウェアの管理が行えます。Webブラウザーからサーバーの電源操作やシステムコンソールの操作を行う、リモート管理の機能を提供するものもあります。

① 「バッチの処理時間」や「Webアプリケーションの平均応答時間」など、アプリケーションの処理速度の指標となるデータを決めて、継続的にデータを収集する
② 指標のデータに顕著な変化が現れた際に、リソース使用状況のほうに、対応する変化が現れていないか確認する

たとえば、「バッチの処理時間が長くなる際は、ディスクI/Oが増加している」、あるいは、「Webアプリケーションの応答時間が3秒以上かかるときは、CPU使用率が80%を超えている」などの特徴がわかれば、履歴データを分析する際の参考となります。加えて、「朝の始業時間帯はCPU使用率が高くなる」といった時間的な変動を把握しておくと、問題が発生した際に、原因を判別するヒントになります。リソースの使用状況に関するデータの見方は、「6.3 パフォーマンスの問題判別」で説明します。

もう1つのリアルタイム監視は、プロセスの暴走によるCPUの占拠や、大量のファイルの書き出しによるディスク容量の不足など、システムの異常な動作が原因によるリソース不足を検知することが目的です。このような原因で発生するリソース不足については、「CPU使用率90%以上が60秒以上継続する」など、ある程度、一律の条件で監視を設定できます。ただし、「CPU使用率70%以上が5秒以上継続する」などのように、条件をゆるくしすぎると、正常な範囲の動作を異常動作と誤検知する可能性が出てきます。リアルタイム監視の設定についても、履歴データとシステムの稼働状況を見ながら、適切な設定値を決めていく必要があります。

リソースの使用状況は、サーバー上で稼働するアプリケーションの特性やアプリケーションの利用状況によって、さまざまに変化します。「この基準で監視すれば万事OK」というルールはありませんので、個々のサーバーの「個性」を把握しながら、継続的に見守ることが大切です。

セキュリティ監視

セキュリティ監視にもリアルタイムの監視方法と、定期的にログの監査を実施する方法があります。セキュリティ監視の目的は、システムの不正な使用や無許可での構成変更を検知して、システム管理者に通知することです。リアルタイムの監視では、システムログやアプリケーションのログにセキュリティ違反を示すメッセージが記録されたことを検知する、ログファイル監視の方法がよく用いられます。このようなログファイル監視ツールについては、「2.1.2 システム監視の方法」でも紹介しています。

セキュリティ対策というと、とにかくいろいろなことを禁止するイメージがありますが、セキュリティの本来の目的には、「できてはいけないことを絶対にできないようにしておく」という否定的な側面と同時に、「できるべきことは必ずできるようにしておく」という肯定的な側面があります*3。セ

*3 余談になりますが、食料問題に関する英語の文献では、「Food Security」という言葉が使われます。これは、「生きていくために必要な食料を確保しておく」という、セキュリティの肯定的な側面の用例です。

キュリティに関する設定は否定的な側面での対策が中心になりますが、あまりに複雑な設定は、設定ミスなどにより、逆にセキュリティの問題を引き起こす可能性があります。あるいは、「玄関には3重の鍵をかけておきながら、部屋の窓は開けっ放し」のような設定でも意味がありません。シンプルでバランスの取れたセキュリティ対策が必要です。セキュリティの基本的な考え方については、筆者の書籍『プロのためのLinuxシステム・ネットワーク管理技術』[1]の「第1章 セキュリティ管理の基礎」も参考にしてください。

2.1.2 システム監視の方法

図2.1は、システム監視に用いられる主な方法です。ハードウェアの障害監視には、システム管理プロセッサーの機能を用います。システム管理プロセッサー単体の機能を利用する方法と、システム管理プロセッサーと連携するシステム監視ツールを利用する方法があります。

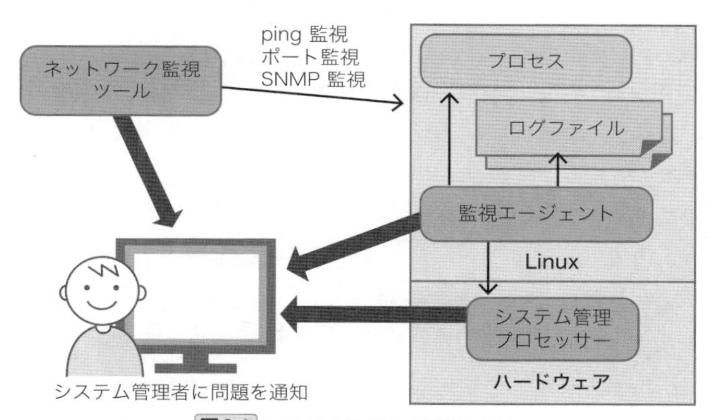

図2.1 システム監視の3種類の方法

また、監視対象サーバー上で稼働するシステム監視ツールを「監視エージェント」といいます。これは、特定のシステム管理製品に付随するプログラムの場合や、単独で提供される簡易的なツールの場合があります。手作りのシェルスクリプトも立派な監視エージェントです。監視エージェントは、ログファイルに出力される内容の監視(ログファイル監視)、Linux上のプロセスに対する稼働状況の監視(プロセス監視)、そして、システムリソースの使用状況の監視(リソース監視)などを行います。この後で説明するように、システム管理プロセッサーから情報を収集することもできます。

そのほかには、監視対象サーバーの外からネットワーク経由で監視を行う「ネットワーク監視ツール」があります。最もシンプルなping監視のほかに、ポート監視やSNMP監視などがあります。これ

[1]『プロのためのLinuxシステム・ネットワーク管理技術』中井悦司(著). 技術評論社(2011)

らは、基本的には、サーバーやアプリケーションの単純な死活監視に用います。監視対象サーバーが大量にある場合などは、サーバーの稼働状況をネットワーク越しに一括確認するのに便利です。

ここでは、システム監視の本質を理解するために、無償で利用できる、シンプルで実用性の高いツールをいくつか紹介します。システム監視ツールは、あくまで手段です。これらのツールを実際に導入して、さまざまな設定を試してみることで、「サーバーの個性を把握して、本来の目的にあった監視設定を実現する」ための勘所を身に付けてください。

ハードウェア監視ツール

はじめに、システム管理プロセッサーを利用したハードウェア障害監視について説明します。システム管理プロセッサーの機能はサーバーによって異なりますが、一般的には、冷却ファン、温度センサー、電源電圧、電源ユニット、ハードディスク、メモリー、CPUなどのハードウェアコンポーネントの状態をチェックする機能を有しており、これらの障害を検知すると、サーバーの前面にある警告ランプが点灯します。また、システム管理プロセッサーに専用のIPアドレスを割り当てると、サーバーに搭載されたNICを通じて、外部ネットワークと通信することもできます。これにより、EメールやSNMPトラップなど、事前に設定した方法で、システム管理者に問題を通知することも可能になります。システム管理プロセッサーの設定方法は、サーバーによって異なりますので、それぞれのサーバーのマニュアルを参照してください。

そのほかには、各サーバーベンダーから、専用のシステム管理ソフトウェアが提供される場合があります。このようなソフトウェアでは、サーバー上で稼働する監視エージェントがシステム管理プロセッサーの情報を取得して、システム管理サーバーに障害を通知するという仕組みが用いられることもあります。あまり一般的な用語ではありませんが、システム管理プロセッサーから直接に通知する方法を「Out-of-band通知」、エージェント経由で通知する方法を「In-band通知」と呼ぶこともあります(**図2.2**)。

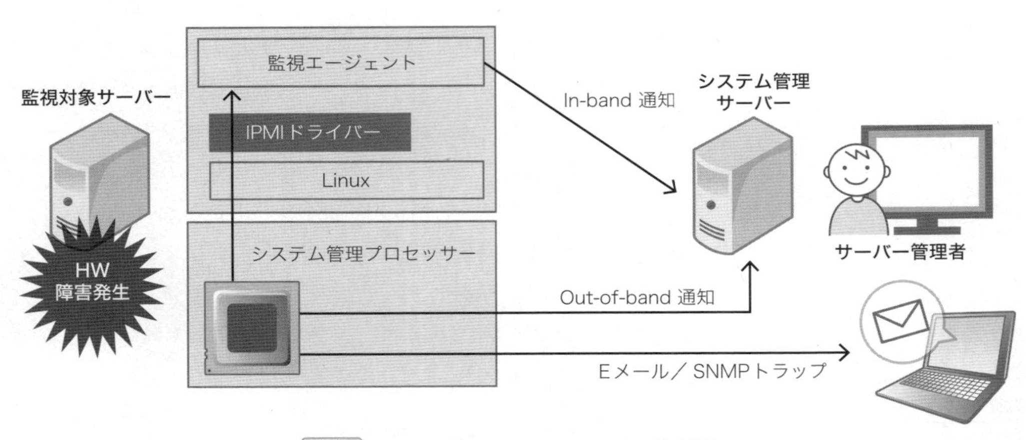

図2.2 システム管理プロセッサーによる障害通知

Linux上の監視エージェントがシステム管理プロセッサーの情報を取得する際は、IPMIドライバーがよく用いられます。IPMI(Intelligent Platform Management Interface)は、システム管理プロセッサーを制御するための標準規格で、Red Hat Enterprise Linuxに付属の**ipmitool**コマンドを利用すると、Linuxからシステム管理プロセッサーの情報を取得できます。つまり、IPMIに対応したシステム管理プロセッサーであれば、特別な管理ソフトウェアを導入しなくても、Linuxの標準コマンドでハードウェアの障害情報を取得することが可能です。

RHEL7で**ipmitool**コマンドを利用するには、次のコマンドで、ipmitoolのRPMパッケージを導入します。

```
# yum install ipmitool ↵
```

さらに、次のコマンドでipmievdサービスを起動すると、システム管理プロセッサーが検知したハードウェア障害などのイベントがシステムログに記録されるようになります。

```
# systemctl enable ipmievd.service ↵
# systemctl start ipmievd.service ↵
```

ipmitoolコマンドの主な使用例は、**表2.2**のとおりです。特に、**sdr**サブコマンドを使用すると、システム管理プロセッサーが監視しているコンポーネントについて、障害の有無を確認できます。**図2.3**の出力例において、3列目が「cr」になっているコンポーネントに障害が発生しています。この部分の記号の意味は、一般に**表2.3**のようになります。

▼**表2.2** ipmitoolコマンドの主な使い方

コマンド	説明
# ipmitool fru	ハードウェアコンポーネントの構成を表示
# ipmitool sdr	ハードウェアコンポーネントの障害状況を表示
# ipmitool sel list	システム管理プロセッサーのイベントログを表示
# ipmitool sel clear	システム管理プロセッサーのイベントログを削除

▼**表2.3** 障害状況を示す記号

記号	説明
ns	no sensor(監視センサーを持たないコンポーネント)
nc	non-critical error(致命的ではない問題)
cr	critical error(致命的な問題)
nr	non-recoverable error(回復不能な問題)

```
# ipmitool sdr
Ambient Temp | 24 degrees C    | ok
Altitude     | 40 feet         | ok
Avg Power    | 140 Watts       | ok
Planar 3.3V  | 3.38 Volts      | ok
Planar 5V    | 5.04 Volts      | ok
Planar 12V   | 12.31 Volts     | ok
Planar VBAT  | 3.06 Volts      | ok
Fan 1 Tach   | 2668 RPM        | ok
Fan 2 Tach   | 2146 RPM        | ok
Fan 3 Tach   | 0 RPM           | cr ←──── 障害発生
Fan 4 Tach   | 2513 RPM        | ok
...（以下省略）...
```

図2.3 ipmitoolによる障害状況の確認

また、次のコマンドを用いると、疑似的に障害のイベントを発生させることができます。

```
# ipmitool event 1
Sending SAMPLE event: Temperature - Upper Critical - Going High
   0 |  Pre-Init  |0000000000| Temperature #0x30 | Upper Critical going high
```

この例では、サーバーの温度が異常に上昇したというイベントを発生しています。ipmievdサービスが稼働している場合、しばらくすると、**図2.4**のログが**/var/log/messages**に出力されます。このように、IPMIを利用すると、OS上からもハードウェア障害の状況が確認できて便利です。ただし、ハードウェア障害に伴ってOSが正常に動作しなくなることもあります。ハードウェア障害情報については、システム管理プロセッサーから直接に外部通知する設定も忘れずに行ってください。

```
Feb 3 22:18:32 rhel7 ipmievd: Temperature sensor - Upper Critical going high
```

図2.4 ipmievdサービスによるログ出力例（/var/log/messages）

ログファイル監視ツール

監視エージェントの例として、ログファイルの監視に特化したスクリプト「logmon」[2]を紹介します。これは、設定ファイルで指定したログファイルへの書き込みを監視して、事前に定義した文字列を発見すると、それに対応したコマンドを実行します。このコマンドによって、サーバー管理者に通知メールを送付したり、外部のシステム管理サーバーにメッセージを送ることが可能になります。

RHEL7に導入・設定する際の手順は、次のとおりです。

[2] logmon — Simple log monitoring script
URL https://github.com/enakai00/logmon

```
# curl -OL https://github.com/enakai00/logmon/archive/rhel7.zip ↵
# yum install unzip ↵
# unzip rhel7.zip ↵
# ./logmon-rhel7/setup.sh ↵
```


curlコマンドで、Webサイトからアーカイブファイルをダウンロードした後、**unzip**コマンドを導入して、これを解凍しています。最後にセットアップスクリプト**setup.sh**を実行すると、**表2.4**のファイルがコピーされます。

▼**表2.4** logmonで導入されるファイル

ファイル	説明
/etc/logmon/logmon.pl	監視スクリプト
/etc/logmon/logmon.conf	監視設定ファイル
/etc/systemd/system/logmon	サービス定義ファイル

続いて、設定ファイル**/etc/logmon/logmon.conf**に監視の設定を記述します。**図2.5**の例のように、「監視対象ファイル、監視対象文字列、実行コマンド」の3つ組を記載していきます。「**:**」で始まる行は、監視対象ファイルをフルパスで指定します。「**(文字列)**」の行は、監視する文字列を指定します。この部分には、Perlの正規表現が利用できて、たとえば、複数の文字列を「**|**」で区切ると、いずれかの文字列にマッチします。その直後の行には、対応する実行コマンドを記載します。空行と「**#**」で始まる行は無視されます。

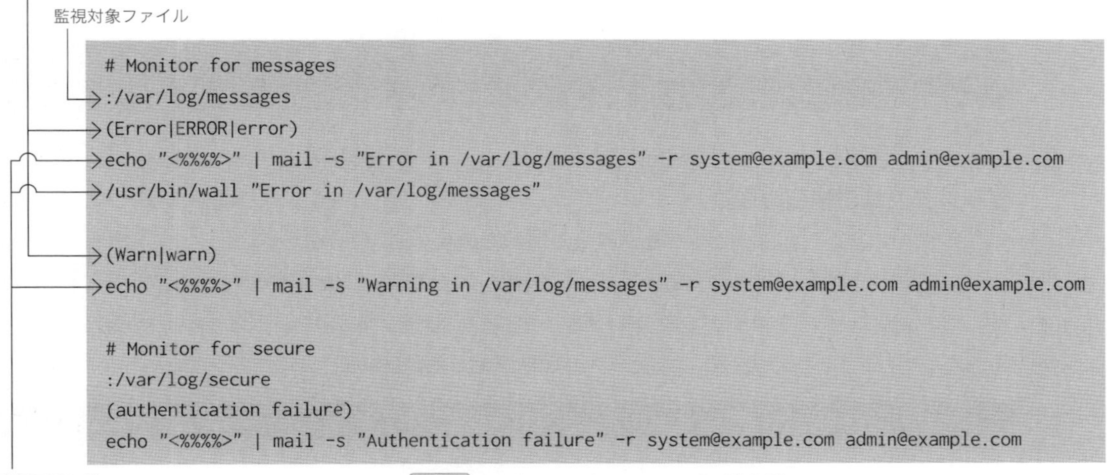

図2.5 /etc/logmon/logmon.confの設定例

1つの監視対象ファイルについて、複数の監視文字列が指定できて、さらに、1つの監視文字列について、複数の実行コマンドを指定することが可能です。**図2.5**の例では、次のような動作になります。

- **/var/log/messages**に"Error"、"ERROR"、"error"のいずれかの文字列が書かれると、メールの送信と**wall**コマンドの実行(ログインコンソール上へのメッセージの表示)が行われる
- **/var/log/messages**に"Warn"、"warn"のいずれかの文字列が書かれると、メールの送信が行われる
- **/var/log/secure**に"authentication failure"という文字列が書かれると、メールの送信が行われる

実行コマンドの行では、「**<%%%%>**」という部分は、監視文字列を発見した行全体に置き換えられます。メールの送信部分では、これを利用して、文字列を検知した行全体をメールの本文に挿入しています。**mail**コマンドのオプションでは、メールのサブジェクト、送信元メールアドレス、および、送信先メールアドレスを指定しています。

設定ファイルの内容がlogmonに正しく解釈されているかどうかは、次のコマンドで確認できます。logmonが設定ファイルを解釈した結果が画面に表示されます。

```
# /etc/logmon/logmon.pl -c ↵
```

最後に、サーバーを再起動するか、もしくは、次のコマンドでlogmonサービスを開始すると、ログファイルの監視が始まります。

```
# systemctl start logmon.service ↵
```

logmonサービスの停止と稼働状況の確認は、次のコマンドになります。

```
# systemctl stop logmon.service ↵
# systemctl status logmon.service ↵
```

システム稼働情報の収集

リソース使用量を中心としたシステム稼働情報を収集するツールにsysstatがあります。これは、Linuxでは古くから使用されているツールで、RHEL7には標準パッケージとして含まれています。次のコマンドでsysstatのRPMパッケージを導入すると、設定ファイル**/etc/cron.d/sysstat**にcronジョブのエントリーが追加されて、データの収集が開始されます。

```
# yum install sysstat ↵
```

デフォルトの設定では、10分ごとに1分間の統計情報をバイナリーファイル**/var/log/sa/saXX**に収集します。その後、毎晩23:53に1日分の統計情報をまとめたテキストファイル**/var/log/sa/sarXX**を作成します。**XX**はデータの日付の「日」の数字に対応しており、1カ月前までのファイルが保

管されます。

作成されたバイナリーファイルに含まれるデータは、下記のsarコマンドで確認します。ファイル名を指定するオプション-fを省略した場合は、当日のデータ収集中のバイナリーファイルが対象となります。

```
# sar -u -f /var/log/sa/saXX ↵ ←——— CPU使用状況
# sar -r -f /var/log/sa/saXX ↵ ←——— メモリー使用状況
# sar -b -f /var/log/sa/saXX ↵ ←——— ディスクI/Oの状況
# sar -W -f /var/log/sa/saXX ↵ ←——— スワップイン／スワップアウトの発生状況
# sar -n DEV -f /var/log/sa/saXX ↵ ←— ネットワークパケット送受信の状況
# sar -A -f /var/log/sa/saXX ↵ ←——— すべてのデータ
```

sysstatパッケージには、**iostat**コマンドなど、システム稼働情報を収集するための標準コマンドが含まれていますので、新しくサーバーを構築したら、必ず導入しておくことをお勧めします。

システムの状態を定期的に確認するためのツールには、そのほかに、logwatchがあります。こちらもLinuxの標準的なツールで、RHEL7の標準パッケージとして含まれています。これは、さまざまなログファイルの内容を調べて、サーバー管理者に有用な情報をまとめてメールするというツールです。管理するサーバー台数が多いと、メールの数も多くなって大変ですが、logwatchのメールを毎日チェックすることで、不正アクセスの試行や不自然なサーバーの動きを見つけ出すことができます。これは、サーバー上の問題の早期発見に役立ちます。

logwatchを使用する際は、はじめにlogwatchのRPMパッケージを導入します。

```
# yum install logwatch ↵
```

続いて、設定ファイル**/etc/logwatch/conf/logwatch.conf**に必要な設定項目を記載します。**図2.6**の例では、メールの送信元アドレス(system@example.com)と送信先アドレス(admin@example.com)を指定して、外部にメールを送信するようにしています[*4]。これらを指定しない場合は、サーバー上のrootユーザーに対してメールが送信されます。また、レポートの詳細度には、**Low**、**Med**、**High**が指定できます。**High**が最も詳細なレポートになります。

```
              ┌ mailer = "/usr/sbin/sendmail -t -r system@example.com"
メール送信設定 ┤ MailFrom = system@example.com
              └ MailTo = admin@example.com
レポートの詳細度 →  Detail = Low
```

図2.6 /etc/logwatch/conf/logwatch.confの設定例

*4 外部にメールを送信するために必要な設定は、環境によって変わります。これは、外部のメールサーバーに応じた設定が必要なためです。

この後は、cronジョブによって、毎朝、前日のログファイルの内容をまとめたレポートがメール送信されます。動作確認をする場合は、次のコマンドにより、cronジョブをその場で実行することも可能です。

```
# /etc/cron.daily/0logwatch ↵
```

2.2 バックアップ

2.2.1 バックアップの種類と方式

Linuxサーバーの構築・運用で意外と大変なのが、バックアップの設計です。この後で説明するように、バックアップに求められる要件は、ビジネスの観点で決まります。そして、ビジネスの変化に応じて、バックアップ要件も変わります。バックアップの必要がなかったサーバーにも、やがて失うことの許されないデータが保存され始めます。あるいは、バックアップ中はアプリケーションを停止する設計だったはずが、バックアップ中もアプリケーションを停止できなくなることがあります*5。

ビジネス要件の変化を見越したバックアップ設計には、相応の経験が必要です。個別の要件に対応することだけを考えて、特別な仕組みをひねり出してもうまくいきません。基本パターンをしっかりと押さえて、要件に応じて、適切な方法を選択できるようになってください。まずは、バックアップ設計の基礎となるバックアップの種類と方式について説明します。

システムバックアップとデータバックアップ

バックアップの種類は、「システムバックアップ」と「データバックアップ」に大別されます。これは、OSやアプリケーションが導入された「システム領域」と、アプリケーションが使用するデータを保存する「データ領域」では、バックアップおよびリストアに求められる要件が異なるためです。

システム領域の内容は、サーバーを通常運用している間は、ほとんど変化することがありません。セキュリティアップデートの適用やアプリケーションの構成変更といったメンテナンス作業を実施した直後に、システム領域全体をまとめてバックアップすれば十分です。これが、システムバックアップの考え方です。

一方、データ領域の内容は、毎日更新されていきます。たとえば、何らかの理由でデータが破損した際に、前日のデータを回復する必要があるとします。この場合、データ領域は、毎日バックアップする必要があります。ただし、毎回、データ領域全体をバックアップするのは、無駄が多いことに気

*5 筆者の自宅のファイルサーバーも、はじめは趣味で構築したはずなのに、気が付くと、家計簿やら住所録やら愛娘の写真(!)やら、失うことの許されないデータが保存された、わが家の基幹システムになっていました。今は、夜間バッチのrsyncで、しっかりとバックアップしています。

が付きます。一例として、日曜日にはデータ領域全体をバックアップして、月曜日から土曜日は、前日、もしくは、日曜日から変化したデータだけをバックアップするという方法を繰り返せば、月曜日から土曜日にバックアップするデータ量を少なくできます。

一般には、**図2.7**のように、データ領域全体を取得する「フルバックアップ」、前回のフルバックアップからの変化分を取得する「差分バックアップ」、そして、直前のバックアップからの変化分だけを取得する「増分バックアップ」があります。フルバックアップと差分バックアップ、もしくは、増分バックアップを組み合わせるのがデータバックアップの考え方です。

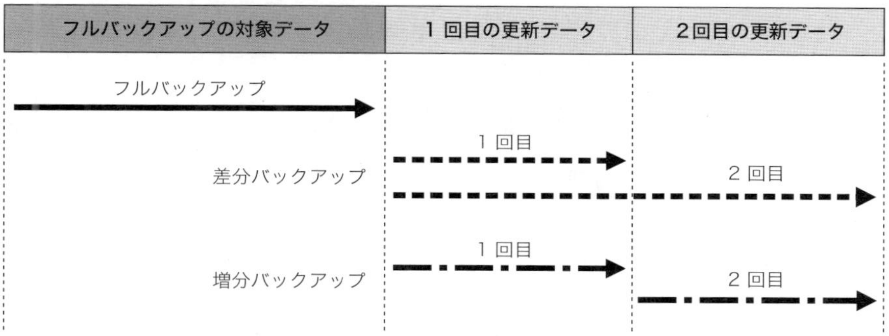

図2.7 3種類のバックアップ方法

毎回のバックアップ量をできるだけ減らすには、「フルバックアップ+増分バックアップ」がよいのですが、データをリストアする手順は、「フルバックアップ+差分バックアップ」のほうが簡単です。先ほどの例で、データ領域が完全に失われた状態から、金曜日のデータを回復するとします。増分バックアップの場合、日曜日のフルバックアップをリストアした後に、月曜日から金曜日までの増分バックアップを順番に上書きでリストアします。差分バックアップでは、日曜日のフルバックアップと金曜日の差分バックアップの2つをリストアすれば終わりです。

データバックアップの方法を決める際は、「どの時点のデータが復元できることを保証するのか」と「どのくらいの手間と時間で復元を完了するのか」の2つの「リカバリー要件」を最初に決定します。これは、アプリケーションの利用者に対するサービスレベルなどのビジネス要件から決まります。そして、与えられたリカバリー要件を満たすためのバックアップ方法を「バックアップ要件」といいます。ビジネスの観点で決まるリカバリー要件からスタートして、これを技術的な要素を含むバックアップ要件へと的確に翻訳するところが、バックアップ設計の腕の見せどころです。

「1.2 Linuxの導入作業」では、アプリケーションのデータ領域は、システム領域とは別のパーティション（もしくは、別のディスク装置）に用意することを説明しました。この考え方は、バックアップ／リストアの観点でも重要です。システム領域にアプリケーションデータを保存すると、システムバックアップとデータバックアップの区別があいまいになります。これは、システムバックアップをリストアしたら、気づかない間にアプリケーションデータも古い状態に戻っていたなどの事故にもつながります。

第1章でも強調しましたが、「自分は仕組みを理解しているから、そんな失敗はしない」という考え方は誤りです。「自分がいなくなっても誰も困らないシステム」を作り上げるのが、プロのシステム管理者の役割です。

バックアップの方式

バックアップ環境を設計するにあたり、いくつかのバックアップ方式を知っておく必要があります。ここでは、典型例となる、ローカルバックアップ、ネットワークバックアップ、LANフリーバックアップの3種類について説明します（**図2.8**）。

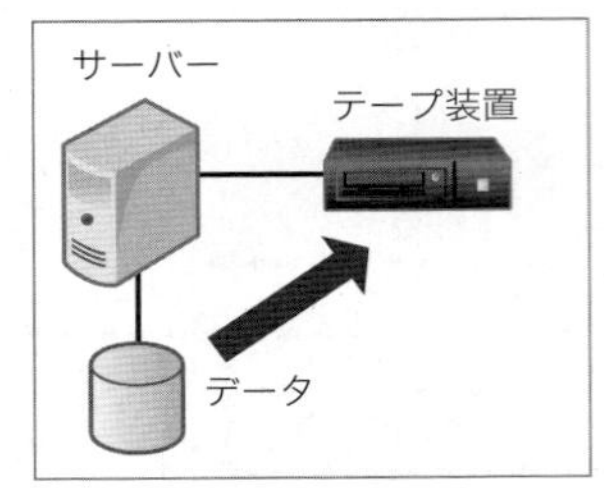

ローカルバックアップ

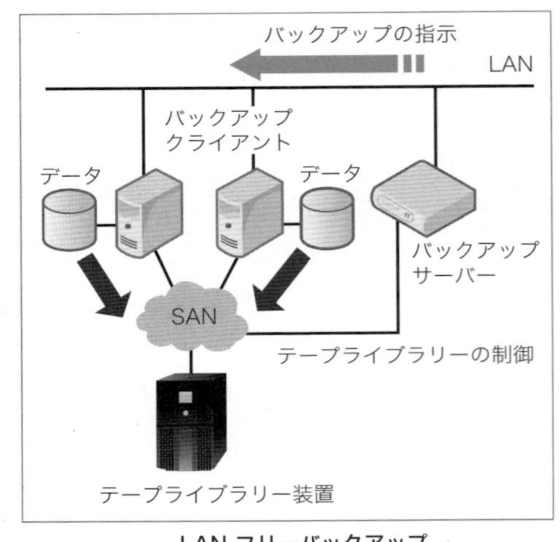

LAN フリーバックアップ

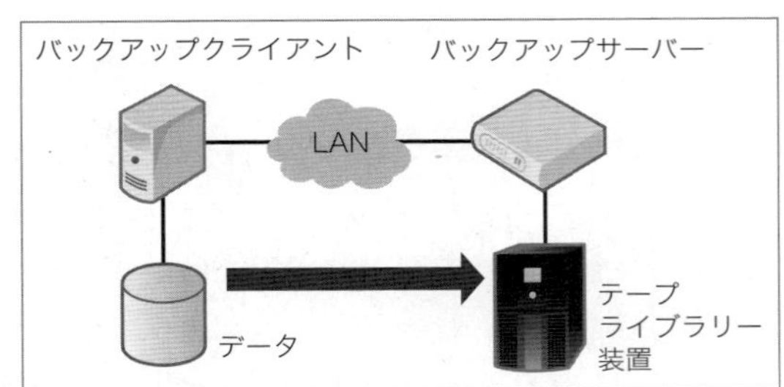

ネットワークバックアップ

図2.8 3種類のバックアップ方式

ローカルバックアップは、バックアップ対象のサーバーに接続されたテープ装置などにバックアップを取得します。サーバー台数が少ない場合には、手軽で便利な方式です。サーバー台数が多くなると、バックアップメディアの管理が煩雑になるなどのデメリットがあります。

ネットワークバックアップは、専用のバックアップサーバーを用意して、ネットワーク経由でバックアップサーバーにデータを送ります。複数サーバーのバックアップを1台のバックアップサーバーで集中管理できるため、サーバー台数が多いときは運用管理が楽になります。商用のバックアップ製品では、複数のテープが格納されたテープライブラリー装置を利用して、どのデータがどのテープに入っているかといった、メディア管理もバックアップ製品の機能で行うことができます[*6]。ネット

*6 もちろん、手作りのシェルスクリプトでテープライブラリー装置を制御して、メディア管理を行うことも可能です。

ワーク上にバックアップデータが流れるため、バックアップするデータ量が多い場合は、バックアップ専用のLANを用意することもあります。

LANフリーバックアップは、少し特殊な方式です。「3.1 ストレージエリアネットワークの基礎」で説明するストレージエリアネットワーク（SAN）を利用して、1台のテープライブラリー装置を複数のサーバーにファイバーケーブルで接続します。これにより、各サーバーは、高速なファイバーケーブルを介して、データをバックアップできます。ただし、1台のテープライブラリー装置を複数サーバーで同時に使用することはできませんので、専用のバックアップサーバーからネットワーク経由で指示を出して、バックアップ処理の交通整理を行います。メディア管理やバックアップ情報の管理もバックアップサーバーで集中管理します。ネットワークを介さない高速なバックアップ処理と複数サーバーの集中管理という、ローカルバックアップとネットワークバックアップの双方の利点が得られる方式です。LANフリーバックアップでは、テープライブラリー装置とサーバー双方にまたがる制御が必要ですので、一般には商用のバックアップ製品が必要となります。

このほかには、外部ストレージ装置が持つデータコピー機能を利用したバックアップ方式もあります。これについては、「3.1.2 SANストレージの機能」で説明します。

オンラインバックアップとオフラインバックアップ

稼働中のアプリケーションを停止せずにバックアップを取得することを「オンラインバックアップ」といいます。インターネット上で24時間無停止のサービスを提供するサーバーなどでは、オンラインバックアップが必要になります。アプリケーションデータのバックアップについて、オンラインバックアップが実施できるかどうかは、使用するアプリケーションの種類と機能で決まります。

たとえば、アプリケーションデータがリレーショナルデータベースに保存されており、データベースのバックアップが必要だとします。この際、データベースが稼働した状態で、データを格納したファイルそのものをバックアップしてもうまくいきません。バックアップ中にファイルの内容に更新が入ると、バックアップ先には、時間的に異なる瞬間のデータが混在することになります。このようなデータをリストアしても、データベースシステムは、正しいデータとして認識することができません。それぞれのデータベースシステムで、オンラインバックアップを行うための特別な仕組みと手順が決まっていますので、オンラインバックアップが必要な際は、決められた方式と手順に従います。

リレーショナルデータベース以外のアプリケーションの場合も、異なる瞬間のデータが混在してリストアされても問題ないかどうかがポイントになります。**図2.9**は、2種類のデータファイルを使用するアプリケーションの例ですが、アプリケーションが稼働した状態でバックアップ処理を実行したと考えてください。この例では、ファイルAとファイルBがバックアップされるタイミングの違いにより、ファイルAは更新前、ファイルBは更新後の状態でバックアップされます。したがって、これらのファイルをリストアすると、ファイルBだけが更新された状態になります。ファイルAとファイルBがまったく無関係であればよいのですが、一方だけが更新された状態になることで、アプリケーションが正常に動作しなくなる可能性もあります。一般に、オンラインバックアップができるように意図して設計されたアプリケーションでない限り、どのような影響があるかを判断するのは困難です。基本的には、アプリケーションを停止して、データの書き込みが発生しない状態でバックアップを取得する「オフラインバックアップ」を利用することをお勧めします。

システムバックアップについても、オンラインバックアップとオフラインバックアップがあります。オンラインバックアップでは、Linuxを起動した状態でシステムバックアップを取得します。オフラインバックアップでは、Linuxを停止して、バックアップ専用の環境でサーバーを起動した後に、システムバックアップを取得します。この後で説明するレスキューブートによるシステムバックアップは、オフラインバックアップの例になります。

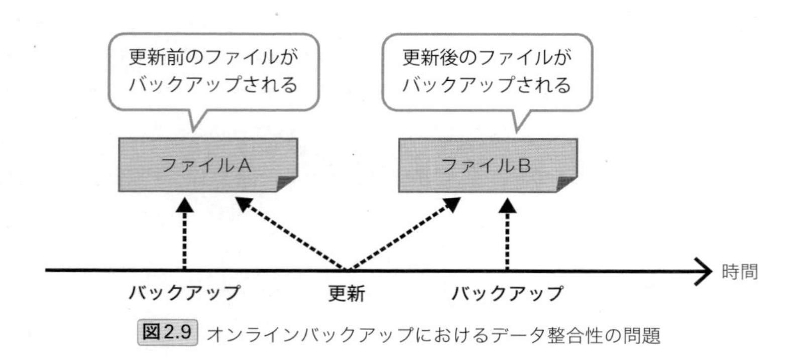

図2.9 オンラインバックアップにおけるデータ整合性の問題

2.2.2 データバックアップの機能

主に商用のバックアップ製品で提供される、高度なデータバックアップ機能を紹介します。そのほかには、無償で手軽に利用できる例として、`rsync`コマンドや`tar`コマンドを用いたデータバックアップの方法も解説します。

テープメディアの管理機能

商用のバックアップ製品では、どのバックアップファイルがどのテープに書き込まれているかという情報は自動管理されますので、サーバー管理者は、データの保管場所を意識する必要はありません。バックアップ／リストアの際は、対象のファイルを指定するだけで、必要なテープが自動的に選択されます。このとき、増分バックアップや差分バックアップを繰り返すと、古い内容のバックアップファイルがテープに残っていきます。そこで、一般にデータバックアップの設定では、過去の何回分のバックアップをテープに残すかという「世代管理」の指定を行います。

たとえば、あるファイルに対して3世代保管を指定すると、最新の内容を含めて、合計3回分のバックアップがテープ上に保管されます。最初にそのファイルがテープに書き込まれた後に、サーバー上でファイルの内容が更新されて、新しい内容のファイルがテープに追加で書き込まれるということが3回繰り返された段階で、最初に書き込んだファイルが破棄されます。このファイルをリストアする際は、過去3回分のバックアップから、必要な時点のファイルを選択してリストアできます。

図2.10は、1世代保管の設定で、フルバックアップと増分バックアップを交互に行う場合の例です。1回目の増分バックアップでは、テープ1にある古い「ファイル2」が破棄されて、テープ1は穴あき状態になります*7。ただし、このようなテープの穴あき部分に新しいデータを書き込むことはできません。2回目のフルバックアップを取得したタイミングで、テープ1のファイルがすべて破棄されると、テープ1はまっさらの状態に戻ります。ここではじめて、再利用が可能になります。言い換えると、増分バックアップばかりを繰り返すと、穴あき状態のテープばかりが残って、新しいテープがどんどん消費されていきます。そこで、定期的にフルバックアップを行うことで、テープを再利用できるようにします。このような仕組みのバックアップ製品の場合は、スケジュール機能を利用して、フルバックアップを行う日と、増分バックアップ、もしくは、差分バックアップを行う日を指定します。

中には、穴あき状態を強制的に解消する機能を持つものもあります(「リクラメーション機能」などと呼ばれます)。テープ上の穴あき部分の割合が多くなると、そのテープの内容を新しいテープに先頭から書き込み直すことで、テープを再利用可能にします。このような仕組みがあれば、定期的にフルバックアップを取得する必要がなく、増分バックアップを繰り返すだけの単純なスケジュールでの運用が可能です。オフラインバックアップの場合であれば、バックアップ中はアプリケーションが停止しますので、時間のかかるフルバックアップを行わないということは、アプリケーションの停止時間を短くできるというメリットがあります。

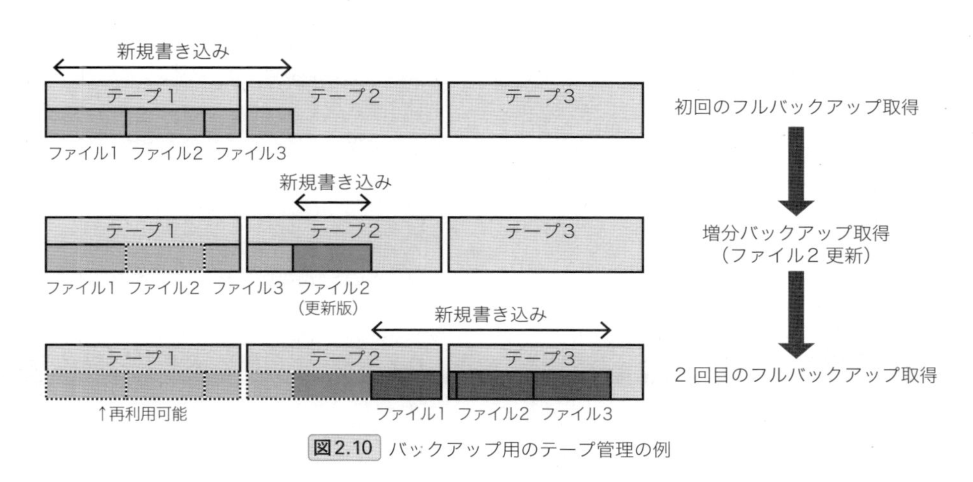

図2.10 バックアップ用のテープ管理の例

仮想テープライブラリー

商用のバックアップ製品の多くが「仮想テープライブラリー」の機能を提供しています。これは、ハードディスク上の領域を仮想的にテープライブラリー装置として利用する機能です。バックアップ

*7 これは、テープに書き込まれたデータを実際に消去するわけではありません。テープ上のデータの管理情報が外部のデータベースに保存されており、「この部分にデータが存在する」という管理情報が削除される形になります。既存のファイルがサーバー上で削除された場合も同様の処理が行われます。

製品の動作上は、テープライブラリー装置を利用してバックアップしているように見えますが、実際には、ハードディスクにデータが書き込まれます。

「ハードディスクにバックアップするのであれば、直接にファイルをコピーすればいいのでは?」と思うかもしれませんが、テープライブラリー装置を前提にした、既存のバックアップ設計を流用できるというメリットがあります。仮想テープライブラリーにバックアップを取得した後に、別途、仮想テープライブラリーから本物のテープにデータを移動させるという使い方もできます。

アプリケーション専用モジュール

先ほども触れたように、リレーショナルデータベースのオンラインバックアップでは、データベースシステムごとに定められた手順に従う必要があります。たとえば、バックアップを取得する前後で、特定のコマンドをデータベースに発行するなどの手順があります。また、オフラインバックアップの場合でも、データベースの種類によっては、データベースが使用するデータファイルをそのままコピーしても正しいバックアップにならないことがあります。データベースが提供するコマンドを用いて、バックアップ用のファイルを事前に出力した後に、そのファイルをバックアップするといった手順が必要になります。

バックアップ製品においては、主要なデータベースシステムに対して、それぞれのデータベースに合わせて、必要なコマンドを発行しながらバックアップ/リストアを行う機能がオプションで提供されています。データベース以外にも、グループウェアや業務アプリケーションと連携するためのオプションもあります*8。

Linux標準コマンドによるデータバックアップ

Linuxでは、標準で提供される**rsync**コマンドを利用すると、ファイル単位でのデータバックアップを手軽に実施できます。cronジョブを利用して、定期的なバックアップを実施することも可能です。ただし、ディスク間でファイルをコピーするコマンドですので、テープへの書き込みなどはできません。**rsync**コマンドを利用する際は、次のコマンドで、rsyncのRPMパッケージを導入しておきます。

```
# yum install rsync ↵
```

たとえば、次のコマンドは、同一サーバーのディレクトリー間で、ファイルコピーによるローカルバックアップを実施します。

```
# rsync -av /data/ /backup ↵
```

この例では、ディレクトリー**/data**以下のファイルについて、ディレクトリー構造を含めて、ディレクトリー**/backup**以下にコピーします。コピー先のディレクトリーが存在しない場合は、自動で作成します。

---

*8 商用のバックアップ製品の場合、これらの機能は、オプション製品として追加購入が必要な場合もあります。

また、同じコマンドを繰り返し実行した場合は、前回コピーした後に変更のあったファイルのみをコピーします。ディレクトリー内に大量のファイルがある場合でも、すべてのファイルを再コピーするわけではないので、バックアップ時間を短くできます。**rsync**コマンドの主なオプションは、**表2.5**のとおりです。

▼**表2.5** rsyncコマンドの主なオプション

オプション	説明
-a	ファイルの所有権やアクセス権などの情報を保持して、ディレクトリー内をまとめてコピーする
-v	コピーするファイルを表示する
--delete	コピー元ディレクトリーで削除されたファイルを、コピー先でも削除する
-n	コピー／削除するファイルを表示するだけで、実際にはコピー／削除は行わない

特に、**--delete**オプションを指定すると、コピー元のディレクトリー**/data**から削除されたファイルは、コピー先のディレクトリー**/backup**からも削除されます。この際、コピー先のディレクトリーを誤って指定すると、該当ディレクトリー内のファイルが誤って削除される恐れがあります。コピー先のディレクトリーは、注意深く指定してください。また、**図2.11**に示すように、コピー元ディレクトリーの末尾に「**/**」を付けるかどうかで、動作が変わります。「**/**」がない場合は該当のディレクトリーを含めてコピーが行われます。

そして、**rsync**コマンドは、リモートのサーバーにネットワーク経由でファイルをコピーすることもできます。次は、ディレクトリー**/data**以下のファイルをリモートのサーバー（**xxx.xxx.xxx.xxx**にIPアドレス、もしくは、ホストネームを指定）のディレクトリー**/backup**以下にコピーします。変更があったファイルのみをコピーするほか、**表2.5**に示したオプションの動作も同一サーバーでコピーする場合と同様になります。

```
# rsync -av /data/ root@xxx.xxx.xxx.xxx:/backup ↵
```

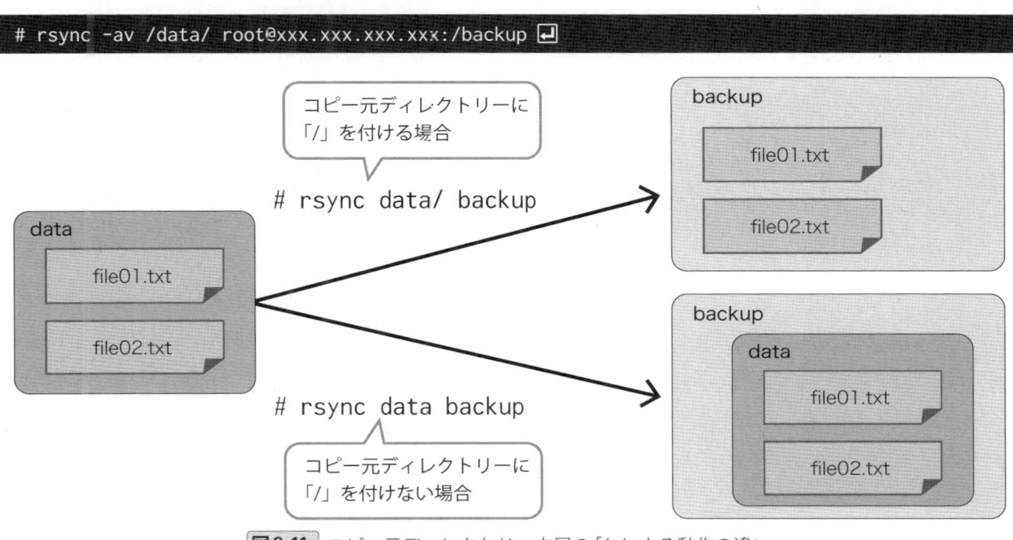

図2.11 コピー元ディレクトリー末尾の「/」による動作の違い

これを実行する際は、リモートのサーバーにもrsyncのRPMパッケージが導入されている必要があります。また、リモートサーバーへのファイル転送には、内部的にSSH接続が用いられます。この例では、接続ユーザーにrootを指定しているので、ファイルの書き込みはrootユーザーの権限で行われます。コマンドの実行時は、接続先サーバーにおけるrootユーザーのパスワード入力が求められます。パスワード入力を省略したい場合は、SSH接続の公開鍵認証を設定しておきます。公開鍵認証の設定方法については、「2.3.4 SSHの利用方法」で説明します。

複数世代のバックアップを行う場合は、バックアップ対象のディレクトリーをタイムスタンプ付きのファイル名でアーカイブファイルにまとめた後に、アーカイブファイルを**rsync**コマンドでバックアップするという方法が考えられます。**リスト2.1**は、そのような処理を実施するシェルスクリプト**backup.sh**の例になります。全体の動作は、**図2.12**のとおりで、冒頭部分の変数でバックアップ対象のディレクトリーなどを指定します。具体的には、次のようになります。

① ディレクトリー**LOCAL_SRC**内のファイルをディレクトリー**LOCAL_DST**以下に、**FILENAME**にタイムスタンプを付与したファイル名のアーカイブファイルとしてまとめる
② **LOCAL_DST**内にあるアーカイブファイルで、**RETAIN_DAYS**で指定された日数よりも古いファイルを削除する
③ **LOCAL_DST**の内容を**REMOTE_DST**で指定されたバックアップサーバーに、**rsync**コマンドでバックアップする

```
#!/bin/bash
FILENAME=mydata
LOCAL_SRC=/data
LOCAL_DST=/backup
REMOTE_DST=root@xxx.xxx.xxx.xxx:/backup
RETAIN_DAYS=3

mkdir -p $LOCAL_DST
tar -cvzf ${LOCAL_DST}/${FILENAME}_$(date +%Y%m%d).tgz $LOCAL_SRC
find $LOCAL_DST -name "${FILENAME}_*" -daystart -mtime +$RETAIN_DAYS -exec rm {} \;
rsync -av --delete $LOCAL_DST/ $REMOTE_DST
```

リスト2.1 世代管理可能なバックアップスクリプトの例（backup.sh）

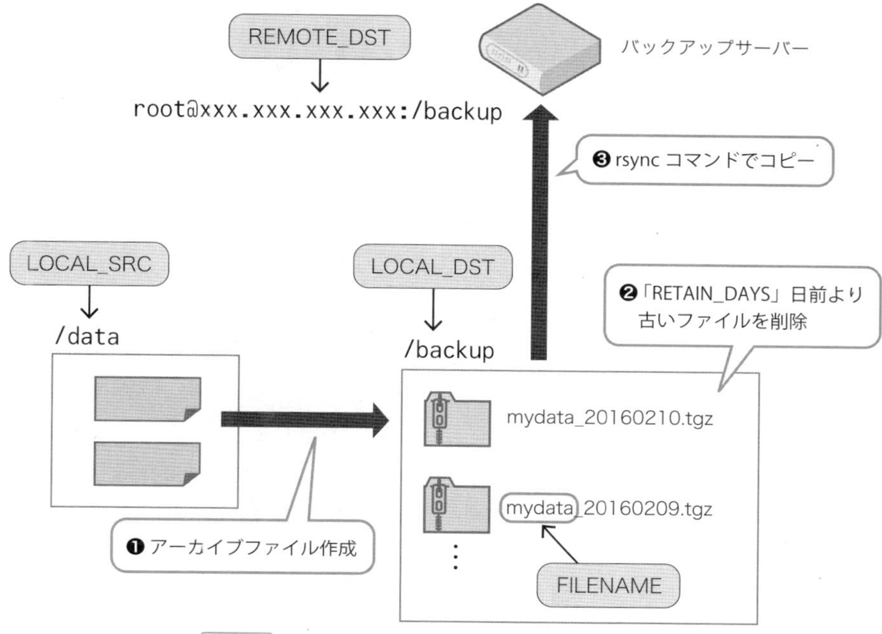

図2.12 バックアップスクリプト「backup.sh」の動作

このスクリプトをcronジョブで毎日実行することで、日次バックアップ処理が自動化できます。RHEL7では、ディレクトリー**/etc/cron.daily**の下にスクリプトを保存すると、毎朝、早朝（3時〜4時ごろ）に自動実行が行われます。ただし、cronジョブから実行する際は、コマンドの画面出力に気を付ける必要があります。cronジョブで実行したコマンドが画面出力を行うと、その内容がrootユーザーにメールで通知されるため、不要なメールがたまってしまいます。

そこで、**リスト2.1**のスクリプトを**/usr/local/bin/backup.sh**に配置して実行権限を設定した後、これを呼び出すスクリプト**/etc/cron.daily/run_backup.sh**を**図2.13**のような内容で作成して、こちらにも実行権限を設定します。これにより、スクリプトの画面出力を破棄するか、もしくは、システムログ**/var/log/messages**に書き出すようにしておきます。

スクリプトの出力を破棄する場合

```
#!/bin/bash
/usr/local/bin/backup.sh >/dev/null 2>&1
```

スクリプトの出力をシステムログに書き出す場合

```
#!/bin/bash
/usr/local/bin/backup.sh 2>&1 | logger -t "backup.sh"
```

図2.13 /etc/cron.daily/run_backup.sh の作成例

「ベーマガ」を覚えていますか?!

本章で紹介した「logmon」は筆者が作製したもので、Perlで書かれています。Perlとシェルスクリプト（bash）を勉強しておくと、このようなLinuxサーバーの運用ツールを簡単に作れるので便利です。また、Red Hat Enterprise Linuxには、Pythonで書かれたツールも多数含まれています。これらのプログラミング言語については、[3] [4] [5]が定番の参考書です。

そのほかに、Linuxサーバー管理者が身に付けるとよいプログラミング言語は何でしょうか？ プログラミングを基礎から学ぶのであれば、[6]を読むことをお勧めします。これは、C言語の入門書ですが、あらゆる言語に通用する「プログラミングの本質」が学べます。言葉がばらばらになって人々が混乱するのが「バベルの塔」の逸話ですが、プログラミング言語には、共通の本質があるので大丈夫です。

Linuxサーバー管理者として、いつか、Linuxカーネルの仕組みをソースコードから理解したいと考えている読者も多いでしょう。カーネルのソースコードでは、C言語に特有の言い回しが多用されているので、最初はなかなか苦労します。カーネルのソースコードを読むために必要な「C言語の本質」を勉強するには、[7]がお勧めです。

そのほかのプログラミング言語については、プログラミングを本職にするのでなければ、趣味で楽しむ領域かもしれません。筆者がプログラミングを始めたのは、小学生のころで、『マイコンBASICマガジン』（通称、ベーマガ）という月刊誌を読みあさっていました。当時は、マニアックな子供が電気屋の店頭のパソコンに群がるのが、放課後の風物詩でしたが、プログラマーのコミュニティ文化の先駆けだったのかもしれません。中学生になると、生意気にZ80のアセンブラを書いてみたり……といっても、多くの読者には意味不明ですね。

2.2.3 システムバックアップ

Linuxサーバーのシステムバックアップの取得方法を説明します。バックアップサーバーを利用した集中管理を行う場合は、そのためのバックアップソフトウェアが必要となります。**図2.14**のように、稼働中のLinuxにバックアップクライアントを導入して使用する、オンラインバックアップ方式のものと、バックアップクライアントが導入された専用のメディアでサーバーを起動する、オフラインバックアップ方式のものがあります。

ただし、データバックアップと比較すると、システムバックアップを実施する頻度は低いため、このような集中管理の必要性は低くなります。集中管理が必要でない場合は、Linuxの標準コマンドを用いてシステムバックアップを取得することも可能です。RHEL7の場合は、次のセクションで説明するレスキューブートを利用して、`xfsdump`コマンドでバックアップを取得します。この場合でも、バックアップサーバー（NFSサーバー）に対して、ネットワーク経由でバックアップファイルを保存することが可能です。

Technical Notes

[3]『初めてのPerl 第6版』Randal L. Schwartz（著）, brian d foy（著）, Tom Phoenix（著）, 近藤嘉雪（翻訳）. オライリー・ジャパン（2012）
[4]『入門bash 第3版』Cameron Newham（著）, Bill Rosenblatt（著）, 株式会社クイープ（翻訳）. オライリー・ジャパン（2005）
[5]『初めてのPython 第3版』Mark Lutz（著）, 夏目 大（翻訳）. オライリー・ジャパン（2009）
[6]『新・明解C言語 入門編／中級編／実践編』柴田望洋（著）. SBクリエイティブ（2014, 2015）
[7]『エキスパートCプログラミング ― 知られざるCの深層』Peter van der Linden（著）, 梅原 系（翻訳）. アスキー（1996）

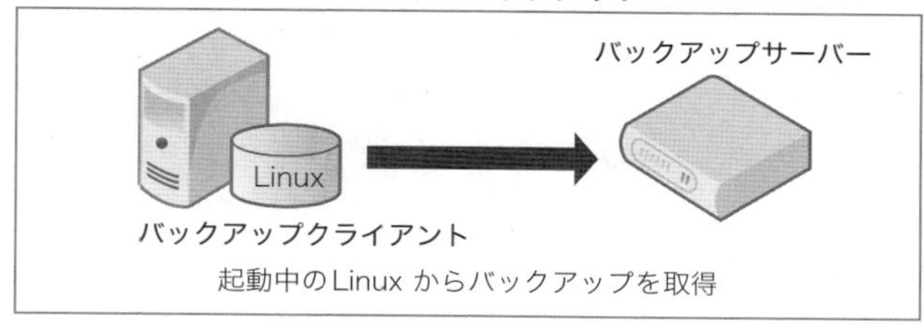

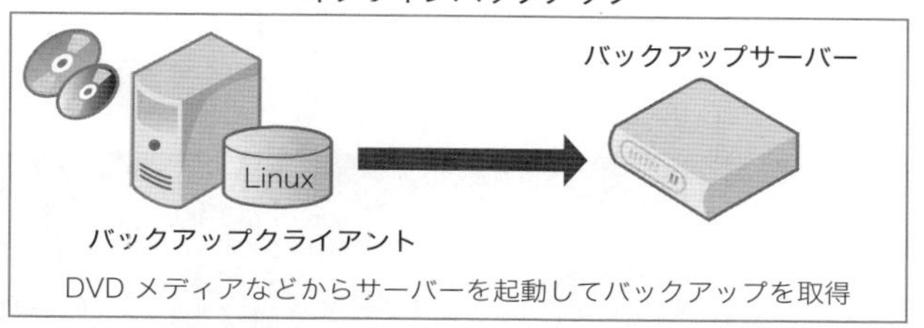

図2.14 システムバックアップの2つの方式

レスキューブートによるRHEL7のシステムバックアップ

RHEL7のインストールメディアからサーバーを起動した後に、起動時のメニュー画面で「Troubleshooting」→「Rescue a Red Hat Enterprise Linux system」を選択すると、インストールメディア内のファイル（カーネル、初期RAMディスクなど）を使用して、レスキュー環境でLinuxが起動してきます。これをレスキューブートといいます。レスキュー環境では、サーバーの内蔵ディスクに含まれるファイルを使用していませんので、内蔵ディスク内のシステム領域を安全にバックアップできます。バックアップ先には、サーバーに接続したテープ装置やUSB接続の外部ハードディスクなどを利用します。バックアップサーバーのディスク領域をNFSマウントして、そこに書き出すことも可能です（**図2.15**）。

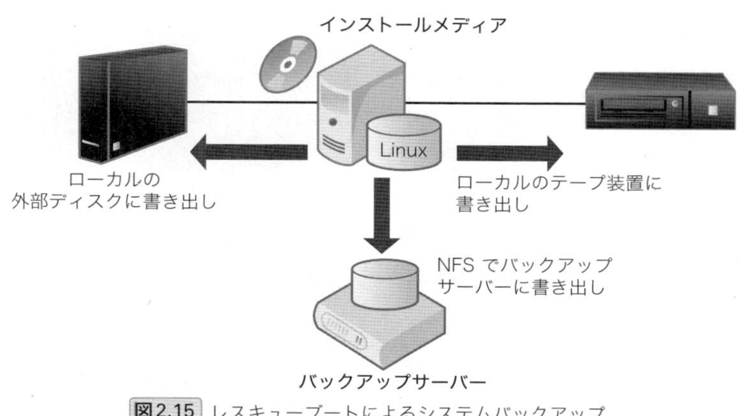

図2.15 レスキューブートによるシステムバックアップ

「1.4 キックスタートによる自動インストール」で構築したキックスタートサーバーを利用して、レスキューブートを行うこともできます。対象のサーバーをキックスタートサーバーからネットワークブートして、「**boot:**」プロンプトが表示されたところで、「**4 rescue**」と入力します[*9]。すると、キックスタートサーバーから必要なファイル（カーネル、初期RAMディスクなど）を取得して、レスキュー環境でLinuxが起動します。多数のサーバーのシステムバックアップを取得する際は、インストールメディアの入れ替えなどが不要になるので便利です。

なお、レスキュー環境でLinuxを起動すると、**図2.16**のメニューが表示されて、内蔵ディスクをマウントするかどうかの選択を求められます。この後の手順でシステムバックアップを取得する際はマウントする必要はありませんので、「3」（Skip to shell）を選択します。

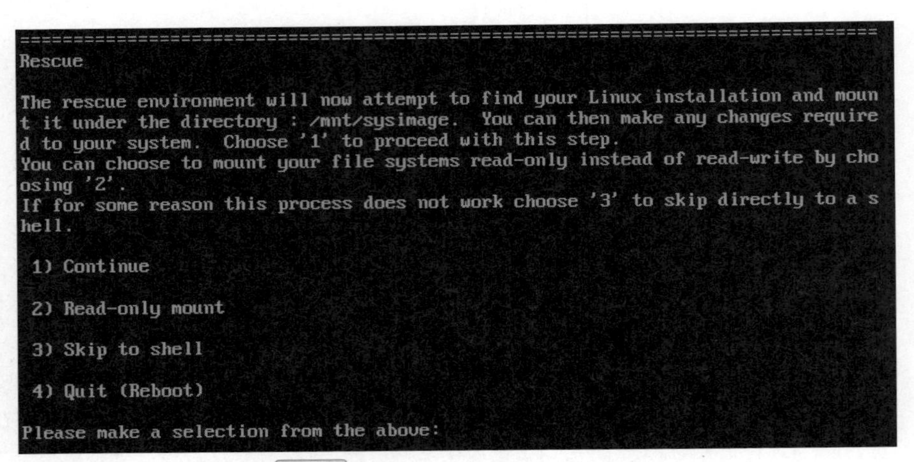

図2.16 レスキューブートのメニュー画面

レスキュー環境でシステム領域を書き出す際は、**xfsdump**コマンドを使用します。これは、XFSファイルシステムの内容を1つのファイルにまとめて書き出すコマンドです。書き出した内容は、**xfsrestore**コマンドでリストアします。あまり好ましい状況ではありませんが、ルートファイルシステムの容量を小さくしてアプリケーションのデータ領域を増やしたいなど、システム領域のパーティション構成を変更する必要が発生した場合にも、これらのコマンドが利用できます。**xfsdump**コマンドでバックアップした内容は、バックアップ時と異なるサイズのパーティションにもリストアできますので、システムバックアップをリストアする際に、新しいサイズでパーティションを再作成して、リストアを行います。

また、**xfsdump**コマンドでバックアップを取得する際は、別途、ディスクのパーティション構成やファイルシステムのUUIDなどの情報を記録しておきます。これらの情報は、リストアの際に必要と

*9 「3 rescue」でもレスキューブートが行われますが、スペルミスをすると、キックスタートによる自動インストールが始まってしまいます。安全のために、自動インストールが設定されていないメニュー番号を使用してください。

なります。ブートローダー(GRUB2)は、リストア時に再導入しますので、GRUB2が導入されたMBRなどの領域をバックアップする必要はありません。

なお、レスキューブートに使用するインストールメディアは、バックアップ対象と同じバージョンのものを使用する必要があります。RHEL7のシステムバックアップを取得するのであれば、RHEL7のインストールメディアからレスキューブートを実施するようにしてください。

レスキューブートによるシステムバックアップの手順

レスキューブートを用いて、RHEL7サーバーのシステムバックアップを取得する手順を説明します。バックアップ先にはNFSサーバーの公開ディレクトリーを使用するものとして、はじめにNFSサーバーの準備をしておきます。ここでは、第1章で構築したキックスタートサーバーをNFSサーバーにするものと想定します。

最初に、次のコマンドでNFSサーバーに必要なRPMパッケージを追加します。

```
# yum install nfs-utils ↵
```

続いて、iptablesサービスでパケットフィルタリングを行っている場合は、設定ファイル**/etc/sysconfig/iptables**に**図2.17**のエントリーを追加して、iptablesサービスを再起動しておきます。

```
# systemctl restart iptables.service ↵
```

```
-A INPUT -p tcp -m state --state NEW -m tcp --dport 22 -j ACCEPT
-A INPUT -p tcp -m state --state NEW -m tcp --dport 80 -j ACCEPT
-A INPUT -p udp -m state --state NEW -m udp --dport 67 -j ACCEPT
-A INPUT -p udp -m state --state NEW -m udp --dport 69 -j ACCEPT
-A INPUT -p tcp -m state --state NEW -m tcp --dport 2049 -j ACCEPT ←――― この行を追加
-A INPUT -j LOG -m limit --log-prefix "[INPUT Dropped] "
```

図2.17 /etc/sysconfig/iptablesの追加部分

もしくは、firewalldサービスを使用している場合は、次のコマンドで、NFSサーバーとして必要なパケットの受信を許可します。

```
# firewall-cmd --add-service=nfs ↵
# firewall-cmd --add-service=nfs --permanent ↵
```

最後に、NFSサーバーが公開するディレクトリーを設定します。ここでは、次のコマンドでディレクトリー**/nfsbackup**を作成して、これをシステムバックアップの保存領域とします。

```
# mkdir /nfsbackup ↵
```

本来、このようなデータ保存領域は、システム領域とはパーティションを分けるべきですが、ここでは簡易的にルートファイルシステム上にディレクトリーを作成しています。実際にバックアップサーバーを構築する際は、**/nfsbackup**ディレクトリーには、専用のパーティション、もしくは、ハードディスクを割り当てるようにしてください。

NFSサーバーの公開ディレクトリーは、設定ファイル**/etc/exports**に記載します。ここでは、**図2.18**の内容で設定ファイルを作成して、次のコマンドでrpcbindサービスとnfs-serverサービスを起動します。

```
# systemctl enable rpcbind.service ↵
# systemctl enable nfs-server.serivce ↵
# systemctl start rpcbind.service ↵
# systemctl start nfs-server.service ↵
```

```
/nfsbackup *(rw,no_root_squash,insecure)
```

図2.18 /etc/exportsの設定内容

これで、NFSサーバーの準備ができました。nfs-serverサービスを起動した後は、実際にNFSアクセスが可能になるまで90秒待つ必要があるので注意してください。

続いて、バックアップ対象のサーバーについて、ディスクパーティションの構成を確認します。ここでは、システムBIOSを用いた(GPT構成ではない)通常のディスクパーティションのサーバーを例として、**表2.6**のパーティション構成を想定します。これらの情報は、以下のコマンドで取得していきます。

▼**表2.6** バックアップ対象サーバーのパーティション構成例

パーティション	用途
/dev/sda1	/bootファイルシステム
/dev/sda2	カーネルダンプ出力用ファイルシステム
/dev/sda3	swap領域
/dev/sda5	ルートファイルシステム

まず、取得した情報をテキストファイルとして、NFSサーバーに保存しておくために、先ほど用意した公開ディレクトリーをマウントして、保存用ディレクトリーを作成します。NFSサーバーのIPアドレス(この例では、192.168.1.10)は、環境に応じて読み替えてください。

```
# yum install nfs-utils ↵
# mkdir /mnt/nfs ↵
# mount 192.168.1.10:/nfsbackup /mnt/nfs ↵
# mkdir /mnt/nfs/backup01 ↵
```

RHEL7でNFSクライアントの機能を使用する際は、nfs-utilsのRPMパッケージが必要なので注意してください。ここでは、保存用ディレクトリーの名前を**backup01**としていますが、実際には、バックアップ対象サーバーの名前など、保存データの内容が分類できるようにしておいてください。

続いて、ディスクパーティションの構成を**sfdisk**コマンドで確認します。

```
# sfdisk -d /dev/sda

sfdisk: 警告： 拡張領域がシリンダ境界から始まっていません
DOS と Linux は中身を異なって解釈するでしょう。

# partition table of /dev/sda
unit: sectors

/dev/sda1 : start=     2048, size=  1024000, Id=83, bootable
/dev/sda2 : start=  1026048, size= 20971520, Id=83
/dev/sda3 : start= 21997568, size=  4196352, Id=82
/dev/sda4 : start= 26193920, size=242241536, Id= 5
/dev/sda5 : start= 26195968, size=242239488, Id=83
```

冒頭の警告メッセージは無視してかまわないものですので、次のコマンドで、これを除いた部分をテキストファイル**sfdisk_dump.txt**に書き出しておきます。

```
# sfdisk -d /dev/sda 2>/dev/null >/mnt/nfs/backup01/sfdisk_dump.txt ↵
```

XFSファイルシステム、および、swap領域として使用しているパーティションには、UUIDが付与されていますので、これを**blkid**コマンドで確認します。

```
# blkid ↵
/dev/sda1: UUID="4b9f5bf5-9f0c-4319-88b5-f0cf68088aeb" TYPE="xfs"
/dev/sda2: UUID="f20890b3-64de-4706-a881-4ae554131e3a" TYPE="xfs"
/dev/sda3: UUID="b9ae3c44-d4c7-4524-89bd-32879d414360" TYPE="swap"
/dev/sda5: UUID="4defe126-5495-4d01-bf4a-bb7654d5637d" TYPE="xfs"
```

この内容は、テキストファイル**blkid.txt**に書き出しておきます。

```
# blkid >/mnt/nfs/backup01/blkid.txt ↵
```

最後に、**/etc/fstab**の内容から各パーティションのマウントポイントを確認します。

```
# cat /etc/fstab | grep -v "^#" ↵

UUID=4defe126-5495-4d01-bf4a-bb7654d5637d /                       xfs     defaults        0 0
UUID=4b9f5bf5-9f0c-4319-88b5-f0cf68088aeb /boot                   xfs     defaults        0 0
UUID=f20890b3-64de-4706-a881-4ae554131e3a /kdump                  xfs     defaults        0 0
UUID=b9ae3c44-d4c7-4524-89bd-32879d414360 swap                    swap    defaults        0 0
```

ここでは、**grep**コマンドでコメント行を省略して表示しています。RHEL7では、UUIDを用いてパーティションが指定されているので、先ほどの**blkid**コマンドの出力と見比べることで、パーティションとマウントポイントの関係がわかります。この例では、**/dev/sda1**と**/dev/sda5**が、それぞれ、**/boot**と**/**にマウントされており、**/dev/sda3**がswap領域になっています。**/dev/sda2**は、カーネルダンプの出力用に使用するファイルシステムです。**/etc/fstab**の内容についても、NFSサーバーに保存しておきます。

```
# cat /etc/fstab >/mnt/nfs/backup/fstab.txt ↵
```

これで必要な情報が保存できたので、NFS領域をアンマウントして、いったん、バックアップ対象サーバーを停止します。

```
# umount /mnt/nfs ↵
# poweroff ↵
```

この後、バックアップ対象サーバーをレスキューブートしてバックアップ作業を実施します。先に説明した手順でレスキュー環境が起動したら、NFSサーバーを使用するためにIPアドレスの設定を行います。レスキュー環境では、手動でネットワーク設定を行う必要があるので注意してください。

まず、次のコマンドでネットワークデバイスを確認します。

```
# nmcli c ↵
NAME  UUID                                  TYPE            DEVICE
eno1  a6e841c9-543b-495e-b8f9-64001c73da4f  802-3-ethernet  --
```

この例では、eno1というネットワークデバイスがあることがわかります。このネットワークデバイスに対して、IPアドレスを設定して有効化します。

```
# nmcli c mod eno1 ipv4.method manual ipv4.address "192.168.1.101/24" ipv4.gateway
"192.168.1.1" ↵
# nmcli c up eno1 ↵
```

IPアドレス／サブネットマスク（この例では、192.168.1.101/24）、および、デフォルトゲートウェイ（この例では、192.168.1.1）については、環境に合わせて指定してください。ネットワークが有効化されたら、NFSサーバーの公開ディレクトリーをマウントします。

```
# mkdir /mnt/nfs ↵
# mount 192.168.1.10:/nfsbackup /mnt/nfs ↵
```

続いて、**xfsdump**コマンドを用いて、/bootファイルシステムとルートファイルシステムのバックアップを取得します。この際、バックアップ対象のファイルシステムを一時的にマウントする必要があります。次は、/bootファイルシステム(**/dev/sda1**)を**/mnt/sysimage**にマウントして、バックアップを取得する例になります。

```
# mount /dev/sda1 /mnt/sysimage ↵
# xfsdump -l0 - /mnt/sysimage | gzip -9 >/mnt/nfs/backup01/sda1.dump ↵
# umount /mnt/sysimage ↵
```

ここでは、**xfsdump**コマンドの出力を**gzip**コマンドで圧縮した後に、NFSサーバー上のファイルとして書き出しています。**xfsdump**コマンドの**-l0**オプションは、ファイルシステムの内容をすべて書き出すという意味で、**gzip**コマンドの**-9**オプションは、圧縮率を最大にするという指定です。書き出し先のファイル名については、ここでは単純に**sda1.dump**としていますが、サーバー名やバックアップの日付を付与したファイル名にするとよいでしょう。

ルートファイルシステムについても、同様の手順でバックアップを取得します。

```
# mount /dev/sda5 /mnt/sysimage ↵
# xfsdump -l0 - /mnt/sysimage | gzip -9 >/mnt/nfs/backup01/sda5.dump ↵
# umount /mnt/sysimage ↵
```

これでバックアップは完了です。NFSサーバーのディレクトリーをアンマウントして、**exit**コマンドでシェルを終了するとサーバーが再起動します。

```
# umount /mnt/nfs ↵
# exit ↵
```

システムバックアップのリストア手順

先のセクションで取得したバックアップをリストアする手順を説明します。新しいサーバーにリストアする場合は、事前にハードウェアの初期設定(システムBIOSの初期設定やRAIDの構成など)を行っておきます。その後、システムバックアップを取得したときと同じ手順で、リストア対象のサーバーをレスキューブートします。レスキュー環境が起動したら、IPアドレスを設定して、NFSサーバーの公開ディレクトリーをマウントします。ネットワークデバイスの確認手順などは、先ほどと同じです。

```
# nmcli c mod eno1 ipv4.method manual ipv4.address "192.168.1.101/24" ipv4.gateway
"192.168.1.1" ↵
# nmcli c up eno1 ↵
# mkdir /mnt/nfs ↵
# mount 192.168.1.10:/nfsbackup /mnt/nfs ↵
```

バックアップの際に**sfdisk**コマンドで取得しておいた情報をもとに、ディスクパーティションを作成します。同一のパーティション構成を再現する場合は、次のコマンドを使用します。

```
# sfdisk /dev/sda < /mnt/nfs/backup01/sfdisk_dump.txt ↵
```

バックアップ時と異なるサイズのパーティションを作成する場合は、**fdisk**コマンドで対話的にパーティションを作成してもかまいません。**fdisk**コマンドの使い方は、[8]が参考になります。

続いて、バックアップの際に**blkid**コマンドで取得した情報に基づいて、ファイルシステムとswap領域を作成します。はじめにテキストファイルに書き出しておいた情報を確認します。

```
# cat /mnt/nfs/backup/blkid.txt ↵
/dev/sda1: UUID="4b9f5bf5-9f0c-4319-88b5-f0cf68088aeb" TYPE="xfs"
/dev/sda2: UUID="f20890b3-64de-4706-a881-4ae554131e3a" TYPE="xfs"
/dev/sda3: UUID="b9ae3c44-d4c7-4524-89bd-32879d414360" TYPE="swap"
/dev/sda5: UUID="4defe126-5495-4d01-bf4a-bb7654d5637d" TYPE="xfs"
```

この内容から、それぞれのパーティションの役割とUUIDがわかります。まず、**/dev/sda1**、**/dev/sda2**、**/dev/sda5**をXFSファイルシステムでフォーマットした上で、対応するUUIDを設定します。XFSファイルシステムの作成とUUIDの設定は、それぞれ、**mkfs.xfs**コマンドと**xfs_admin**コマンドを使用します。

```
# mkfs.xfs -f /dev/sda1 ↵
# mkfs.xfs -f /dev/sda2 ↵
# mkfs.xfs -f /dev/sda5 ↵
# xfs_admin -U 4b9f5bf5-9f0c-4319-88b5-f0cf68088aeb /dev/sda1 ↵
# xfs_admin -U f20890b3-64de-4706-a881-4ae554131e3a /dev/sda2 ↵
# xfs_admin -U 4defe126-5495-4d01-bf4a-bb7654d5637d /dev/sda5 ↵
```

同じく、**mkswap**コマンドで、**/dev/sda3**をswap領域としてフォーマットします。この際、対応するUUIDを指定します。

```
# mkswap -U b9ae3c44-d4c7-4524-89bd-32879d414360 /dev/sda3 ↵
```

Technical Notes

[8] fdiskの操作方法
URL http://www.express.nec.co.jp/linux/distributions/knowledge/system/fdisk.html

なお、レスキュー環境ではシステムコンソール上で作業をするため、UUIDをコピー&ペーストで入力することができません。次の手順で、**blkid.txt**の内容をもとにしたシェルスクリプトを作成して、実行するとよいでしょう。

```
# cp /mnt/nfs/backup/blkid.txt /tmp/mkfs.sh ↵
# vi /tmp/mkfs.sh ↵ ←——— 図2.19のシェルスクリプトを作成
# chmod u+x /tmp/mkfs.sh ↵
# /tmp/mkfs.sh ↵
```

```
#!/bin/bash -x

mkfs.xfs -f /dev/sda1
mkfs.xfs -f /dev/sda2
mkfs.xfs -f /dev/sda5
xfs_admin -U 4b9f5bf5-9f0c-4319-88b5-f0cf68088aeb /dev/sda1
xfs_admin -U f20890b3-64de-4706-a881-4ae554131e3a /dev/sda2
xfs_admin -U 4defe126-5495-4d01-bf4a-bb7654d5637d /dev/sda5
mkswap -U b9ae3c44-d4c7-4524-89bd-32879d414360 /dev/sda3
```

※ UUIDの部分は、blkid.txtに記載の内容を使用

図2.19 blkid.txtをもとに作成するシェルスクリプト(/tmp/mkfs.sh)

続いて、ファイルシステムの内容をリストアします。はじめに、bootファイルシステムの内容を**/dev/sda1**にリストアします。バックアップを取得する際に、**gzip**コマンドで圧縮してあったので、ここでは、**zcat**コマンドで展開したものを**xfsrestore**コマンドに受け渡します。

```
# mount /dev/sda1 /mnt/sysimage ↵
# zcat /mnt/nfs/backup/sda1.dump | xfsrestore - /mnt/sysimage ↵
# umount /mnt/sysimage ↵
```

同様にして、ルートファイルシステムの内容を**/dev/sda5**にリストアします。

```
# mount /dev/sda5 /mnt/sysimage ↵
# zcat /mnt/nfs/backup/sda5.dump | xfsrestore - /mnt/sysimage ↵
# umount /mnt/sysimage ↵
```

最後に、**grub2-install**コマンドでブートローダー(GRUB2)を導入します。この際、bootファイルシステムをマウントして、**--boot-directory**オプションにマウントしたディレクトリーを指定します。

```
# mount /dev/sda1 /mnt/sysimage ↵
# grub2-install --boot-directory /mnt/sysimage /dev/sda ↵
# umount /mnt/sysimage ↵
```

これでリストアが完了しました。NFSサーバーのディレクトリーをアンマウントして、**exit**コマンドでシェルを終了するとサーバーが再起動します。

```
# umount /mnt/nfs ↵
# exit ↵
```

この後、リストアした環境でサーバーが起動してきます。なお、新しいサーバーにリストアした場合は、バックアップを取得したサーバーとNICのMACアドレスが異なることから、ネットワークの再設定が必要となることがあります。「第4章 Linuxのネットワーク管理」を参考にして、ネットワークの設定を実施してください。

2.3 セキュリティ管理

「2.1 システム監視」では、セキュリティ監視の考え方を説明しました。ここでは、Linux上で実行されたコマンドやプロセスの監査に利用できるツールとして、psacctを紹介します。セキュリティ上の問題や想定外の動作が発生した際に、事後的に問題を引き起こしたコマンドやプロセスを確認することができますので、サーバー構築時に導入しておくことをお勧めします。

次に、ユーザー認証にかかわるツールとして、PAMについて説明します。PAMは設定方法が複雑なため、「目的とするセキュリティ要件を満たす設定」がうまくできないことがよくあります。そこで、よく利用される設定例をいくつか紹介しておきます。

最後に、バッチ処理などの際に、パスワード入力なしでのユーザー認証が実施できる、SSHの公開鍵認証について説明します。

2.3.1 psacctの利用方法

psacctは、Linux上で実行された、すべてのコマンドやプロセスを記録します。具体的には、プロセスの終了時に、実行ユーザーや実行時刻などの情報をバイナリーの履歴ファイル**/var/account/pacct**に記録します。**lastcomm**コマンドを使用すると、記録された情報をもとに、実行プロセスの履歴が確認できます。

psacctを利用するには、次のコマンドでpsacctのRPMパッケージを導入して、psacctサービスを開始します。

```
# yum install psacct ↵
# systemctl enable psacct.service ↵
# systemctl start psacct.service ↵
```

この後、このサーバー上で実行されたコマンドやプロセスの情報が記録されていきます。**lastcomm**コマンドの実行例は、次のようになります。

```
# lastcomm ↵
trivial-rewrite  S     postfix  __         0.00 secs Sat Feb 20 03:24
local            S     root     __         0.00 secs Sat Feb 20 03:24
cleanup          S     postfix  __         0.00 secs Sat Feb 20 03:24
smtp             S     postfix  __         0.00 secs Sat Feb 20 03:24
kworker/0:0       F    root     __         0.00 secs Sat Feb 20 02:35
systemd-cgroups  S     root     __         0.00 secs Sat Feb 20 03:24
systemd-cgroups  S     root     __         0.00 secs Sat Feb 20 03:24
anacron           F    root     __         0.00 secs Sat Feb 20 03:01
... (以下省略) ...
```

履歴ファイル**/var/account/pacct**はサイズが増えていくため、設定ファイル**/etc/logrotate.d/psacct**によって、logrotateによるローテーションの処理が行われます。ローテーションされた過去の履歴ファイルを参照する際は、**-f**オプションでファイル名を指定します。

2.3.2 PAMの利用方法

PAM (Pluggable Authentication Module) は、Linux上で稼働するソフトウェアに対して、ユーザー認証に関連する機能を提供するプラグインモジュールです。PAMを用いて、複数のソフトウェアに共通のユーザー認証の仕組みを提供することで、ユーザー認証の仕組みをシステム管理者が一元的に管理できます。たとえば、PAMの設定を変えることで、システムログイン時の認証方法を**shadow**ファイルによるローカル認証からLDAP認証に変更したり、パスワード変更時のパスワードポリシー (最小文字数の指定など) を指定することが可能になります。

■ PAMが提供する機能

PAMには、さまざまなモジュールが用意されています。各モジュールは共通に、auth、account、password、sessionの4種類 (もしくは、その一部) のタイプのメソッドを提供します。**表2.7**は、各タイプのメソッドが提供する機能です。PAMを利用するソフトウェアは、必要に応じて、これらのメソッドを呼び出して利用します。つまり、PAMを利用するには、ソフトウェア自身がPAMのメソッドを呼び出すように作成されている必要があります。**ssh**、**su**、**passwd**など、Linuxに標準で付属するコマンドやツールの多くは、PAMを利用するように設計されています。**図2.20**は、SSHデーモンがPAMモジュールでユーザー認証を行う例になります。

システム管理者は、PAMを利用するソフトウェアごとに、PAMのメソッドを呼び出した際にどのモジュールを使用するかを設定ファイルに指定しておきます。これらのモジュールの設定により、どのような認証機能を利用するかが決まります。

▼**表2.7** PAMのメソッドを提供する機能

タイプ	説明
auth	パスワード入力などにより、ユーザーが本物であることを確認する
account	パスワードの有効期間など、ユーザーアカウントの有効性を確認する（通常は、authの後に続けて利用する）
password	パスワードを変更する
session	ユーザー認証に付随するタスクを実行する

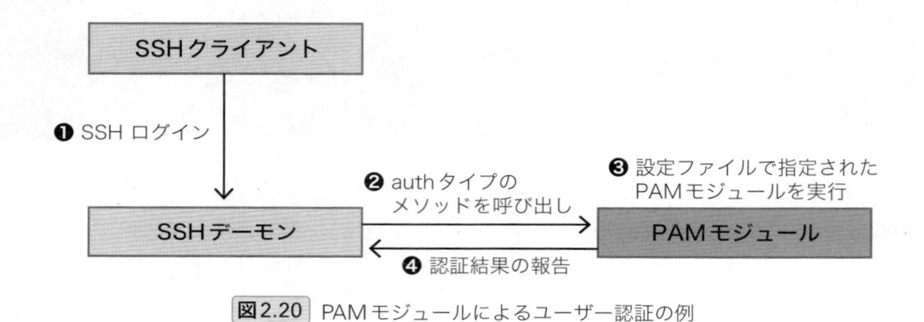

図2.20 PAMモジュールによるユーザー認証の例

PAMの設定ファイル

それぞれのソフトウェア（プログラム）が使用するPAMモジュールは、設定ファイル**/etc/pam.d/<プログラム名>**に記載します。たとえば、SSHデーモンの場合は、**/etc/pam.d/sshd**になります。また、対応する設定ファイルを持たないプログラムに対しては、**/etc/pam.d/others**の設定が適用されます。このファイルでは、すべての認証処理が失敗するように設定されています。つまり、明示的な設定がないソフトウェアについては、セキュリティが厳しく働くようになっています。

設定ファイルの各行は、次の書式を持ちます。

```
タイプ　コントロールフラグ　モジュール名　オプション
```

タイプには、**表2.7**に示した中から1つを指定します。**図2.21**は、設定ファイル**/etc/pam.d/sshd**から、authタイプの設定部分を抜き出したものです。タイプの前に「**-**」が付いているものは、該当のモジュールがシステムにインストールされていない場合は使用しなくてもかまわないことを示します。

```
#%PAM-1.0
auth      required     pam_sepermit.so
auth      substack     password-auth
auth      include      postlogin
# Used with polkit to reauthorize users in remote sessions
-auth     optional     pam_reauthorize.so prepare
```

図2.21 SSHデーモンのPAM設定ファイル(authタイプを抜粋)

コントロールフラグには、次のどれかを指定します。

- sufficient:この条件が成功したら、そこでモジュールの実行を停止して、そこまでのrequired/requisiteの結果で認証結果を決める。失敗しても認証結果には影響しない
- requisite:この条件が失敗したら、そこでモジュールの実行を停止して、認証結果を失敗とする
- required:この条件が失敗したら、認証結果は失敗に確定するが、モジュールの実行は停止しない(このモジュールが失敗したことをユーザーにわからせたくないときなどに使用する)
- optional:このモジュールは実行されるだけで、認証結果には影響しない。認証結果に関係しないタスクを実行するために使う
- include/substack:指定された設定ファイルを読み込んで、そこに記載されたモジュールを実行する*10

これらを整理すると、**表2.8**のようにまとめることができます。**図2.21**の例のように、多くの設定ファイルでは、**password-auth**、もしくは、**system-auth**がinclude、あるいは、substackに指定されています。つまり、設定ファイル**/etc/pam.d/password-auth**、および、**/etc/pam.d/system-auth**には、各ソフトウェアが共通に使用するモジュールが指定されています。この後の設定例でも、多くの場合で、これらの設定ファイルに設定を行います。この2つの設定ファイルは、デフォルトでは同じ内容になっていますが、SSHデーモンなどリモート接続のサービスには、**/etc/pam.d/password-auth**が用いられて、それ以外のローカル接続のサービスには、**/etc/pam.d/system-auth**が使用されます。この後の設定例では、両方に対して同じ設定変更を行いますが、リモート接続サービスとローカル接続サービスで設定内容を分けることも可能です。

*10 includeは、指定した設定ファイルの内容が単純にその場所に挿入されます。一方、substackの場合は、プログラムのサブルーチンを呼び出すような動作になり、呼び出した設定内で認証処理が終了しても、substackの次の行のモジュールへと処理が進みます。

▼表2.8 コントロールフラグによる動作の違い

コントロールフラグ	成功したときの動作	失敗したときの動作	認証結果への影響
sufficient	そこで終了	次のモジュールを実行	なし
requisite	次のモジュールを実行	そこで終了	あり
required	次のモジュールを実行	次のモジュールを実行	あり
optional	次のモジュールを実行	次のモジュールを実行	なし

ここで、コントロールフラグの使い方を具体例で紹介します。**図2.22**は、システムユーザーのログイン認証にLDAP認証を設定した環境での**/etc/pam.d/password-auth**の設定例です。ユーザーがSSHでログインした場合、**図2.21**のsubstackの指定により、**図2.22**のauthタイプが適用されます。これらは、次の処理を行います。

```
① auth  required     pam_env.so
② auth  sufficient   pam_unix.so nullok try_first_pass
③ auth  requisite    pam_succeed_if.so uid >= 1000 quiet_success
④ auth  sufficient   pam_ldap.so use_first_pass
⑤ auth  required     pam_deny.so
```

図2.22 /etc/pam.d/password-authの設定例（authタイプを抜粋）

① 設定ファイル**/etc/security/pam_env.conf**に従って環境変数を設定する。必ず成功を返す
② ログインユーザー名とパスワードを受け取って、ローカル認証を実施する。ここで認証に成功すると処理が終わる（sufficientが成功するため）
③ UIDが1000未満のユーザーは失敗を返し、ここで処理を終了する（requisiteが失敗するため）。これは、UIDが1000未満のユーザーには、LDAP認証を利用させないための設定
④ LDAPサーバーの情報を利用して、認証を実施する。ここで認証に成功すると処理が終わる（sufficientが成功するため）。**use_first_pass**オプションは、この前のモジュール（**pam_unix.so**）が受け取ったパスワードを再利用することを意味する。これがないと、ユーザーはパスワードの入力を再度求められる
⑤ このモジュールは必ず失敗を返す。これにより、sufficientのモジュールが1つも成功しなかった場合は、全体の結果が必ず失敗になる

この例を見ると、コントロールフラグを利用して、ローカル認証とLDAP認証の処理をうまく使い分けていることがわかります。このような設定を自分で考えるのは、なかなか難しいので、次のセクションではよく利用される設定例を紹介します。

2.3.3 よく利用されるPAM設定例

PAMの設定ファイル、**/etc/pam.d/password-auth**と**/etc/pam.d/system-auth**に対する設定

例を紹介します。authconig、authconfig-tuiなどのセキュリティ設定ツールを利用すると、設定ファイルが上書きされる場合がありますので、設定ファイルを直接に編集した場合は、これらのツールは使用しないように注意してください。

パスワードの最低文字数などの指定

パスワードを変更する際の最低文字数や文字の種類に関するチェックは、/etc/pam.d/password-authと/etc/pam.d/system-authのpasswordタイプに含まれるpam_pwquality.soによって行われます（**図2.23**の③）。このモジュールのオプションは、設定ファイル/etc/security/pwquality.confに記載します。主な設定項目は、**表2.9**のとおりです[*11]。

```
    auth        required     pam_env.so
①  auth        required     pam_faillock.so preauth audit deny=3 even_deny_root unlock_time=600
    auth        sufficient   pam_unix.so nullok try_first_pass
②  auth        required     pam_faillock.so authfail audit deny=3 even_deny_root unlock_time=600
    auth        requisite    pam_succeed_if.so uid >= 1000 quiet_success
    auth        required     pam_deny.so

③  password    requisite    pam_pwquality.so try_first_pass local_users_only retry=3 authtok_type=
④  password    required     pam_pwhistory.so use_authtok remember=3 enforce_for_root
    password    sufficient   pam_unix.so sha512 shadow nullok try_first_pass use_authtok
    password    required     pam_deny.so

    account     required     pam_unix.so
⑤  account     required     pam_faillock.so
    account     sufficient   pam_localuser.so
    account     sufficient   pam_succeed_if.so uid < 1000 quiet
    account     required     pam_permit.so
```

図2.23 password-auth/system-authの設定例（auth、password、accountタイプを抜粋）

▼表2.9 /etc/security/pwquality.confの主な設定項目

オプション	説明
minlen	パスワードの最低文字数（デフォルトは9で、5以下には設定できない）
minclass	パスワードが含む文字種の最低数（デフォルトは0）
maxrepeat	同じ文字の最大連続数（デフォルトは0で、無効化されている）
difok	変更前のパスワードに含まれない文字の最低数（デフォルトは5）
dcredit	数字についての付加条件（デフォルトは1）
ucredit	大文字についての付加条件（デフォルトは1）
lcredit	小文字についての付加条件（デフォルトは1）
ocredit	その他の記号についての付加条件（デフォルトは1）

＊11　すべてのオプションは、manページpwquality.conf(5)で確認できます。

文字の種類については、「大文字」「小文字」「数字」「その他の記号」が異なる種類と見なされます。文字の種類に関する付加条件は、少し複雑で、次のように考えます。まず、値が「−N」(負の値)の場合は、必要な文字数をNに指定します。たとえば、「dcredit=-3」の場合、数字が最低3文字必要です。値が「N」(正の値)の場合は、該当の文字種が1文字あるごとに、最低文字数制限を1文字だけ減らします。ただし、最大N文字までしか効きません。**図2.24**の設定例では、パスワードは最低12文字で、数字と大文字がそれぞれ2文字以上含まれている必要があります。この例にあるように、「=」の前後に空白が必要ですので注意してください。

```
minlen = 12
dcredit = -2
ucredit = -2
lcredit = 0
ocredit = 0
```

※「=」の前後に空白が必要

図2.24 /etc/security/pwquality.confの設定例

同一パスワードの再利用禁止

パスワード変更の際に、過去に使用したパスワードの再利用を禁止するには、/etc/pam.d/password-authと/etc/pam.d/system-authのpasswordタイプに、モジュールpam_pwhistory.soを追加します。**図2.23**の④のように、pam_pwquality.soの直後に追加します。④に含まれるオプションの意味は、次のとおりです。rootユーザーを禁止対象にしない場合は、enforce_for_rootオプションは削除します。

- use_authtok：直前のモジュール(この例ではpam_pwquality.so)が入力を受け付けたパスワードを使用する。これがないと、ユーザーはパスワードの入力を再度求められる
- remember=3：現在のパスワードを含めて、過去3回分のパスワードを記憶し、記憶されているパスワードと同一のパスワードを設定することを拒否する
- enforce_for_root：rootユーザーも禁止対象にする

認証失敗回数の記録

ユーザーごとの認証処理の失敗回数を記録して、指定回数に達すると一定時間ログインを拒否するという設定を行うには、/etc/pam.d/password-authと/etc/pam.d/system-authのauthタイプとaccountタイプに、モジュールpam_faillock.soを追加します。**図2.23**の①②⑤のように、複数の箇所に記載する必要があるので注意してください。①は認証処理の失敗回数に応じてログインを拒否するための設定で、認証処理が開始する前の場所に記載します。②は認証に失敗したという情報を記

録する設定で、認証処理が失敗した際に通過する場所に記載します。この例では、直前の行のコントロールオプションがsufficientですので、ここで認証に成功した場合は、②は実行されないことが保証されます。⑤は、認証に成功した際にこれまでの失敗の記録をリセットします。

①②に含まれるオプションの意味は、次のとおりです。rootユーザーをログイン拒否の対象にしない場合は、even_deny_rootオプションは削除します。

- deny=3：連続して3回、認証に失敗すると次回からログインを拒否する
- unlock_time=600：600秒後にログイン拒否を解除する
- even_deny_root：rootユーザーもログイン拒否の対象にする

認証に失敗した際の記録は、/var/run/faillockにバイナリー形式で保存されます。記録された内容を確認する際は、次のfaillockコマンドを使用します。

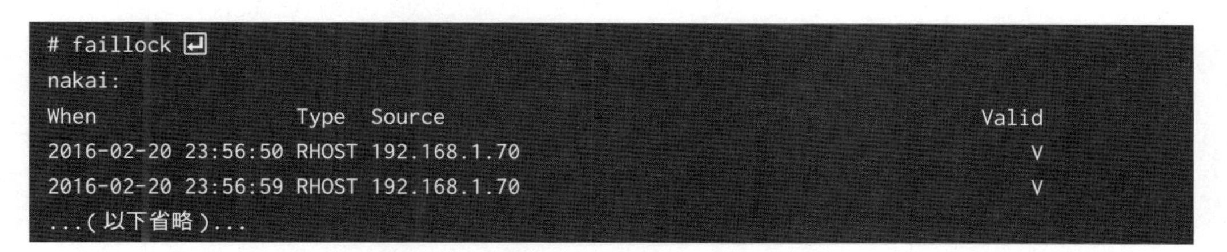

```
# faillock ↵
nakai:
When                Type  Source                                           Valid
2016-02-20 23:56:50 RHOST 192.168.1.70                                         V
2016-02-20 23:56:59 RHOST 192.168.1.70                                         V
...(以下省略)...
```

記録をリセットして、ログイン拒否を解除する際は、--resetオプションを使用します。次は、ユーザー「nakai」のログイン拒否を解除する例になります。

```
# faillock --user nakai --reset ↵
```

なお、rootユーザーをログイン拒否の対象にすると、悪意のある利用者がrootユーザーでのログインを何度も試みることで、意図的にrootユーザーでのログインができないようにしてしまう恐れがあります。少なくとも、ローカル接続にかかわる/etc/pam.d/system-authの中では、even_deny_rootオプションは使用せず、rootユーザーはログイン拒否の対象にしないほうがよいでしょう。

shadowファイルのパスワードポリシーの利用

/etc/shadowファイルには、次のようなパスワードの有効期限情報が記録されており、モジュールpam_unix.soが利用します。

- MAX_DAYS：パスワード変更後に、再度、変更が可能になるまでの日数。0の場合はいつでも変更可能
- MIN_DAYS：パスワードの有効期限日数。パスワード変更後に、有効期限の日数を過ぎると、ログイン時にパスワードの変更を要求される。-1を設定すると無期限になる
- WARN_DAYS：パスワードの有効期限が切れる前に、警告の表示を開始する日数

- INACTIVE：有効期限が切れた後に、アカウントが使用不可になるまでの日数。パスワードの有効期限が切れた後、パスワードを変更しないまま、この日数が経過するとログインができなくなる
- LAST_DAY：パスワードの最終更新日

既存ユーザーの設定を確認／変更する場合は、`chage`コマンドを使用します。設定ファイル`/etc/login.defs`に、新規ユーザーに対するデフォルト値を記述することもできます。これらの使い方は、manページchage(1)、および、login.defs(5)を参照してください。

そのほかのPAMモジュール

そのほかには、次のPAMモジュールを理解しておくとよいでしょう。

- `pam_securetty.so`：`/etc/securetty`に記載されたコンソールからのみ、rootユーザーのログインを許可する。デフォルトでは、`/etc/pam.d/login`（コンソールログイン用のプロセス）などで使用されている
- `pam_nologin.so`：`/etc/nologin`ファイルが存在する場合、一般ユーザーのログインを禁止する（`nologin`ファイルの内容を表示して接続を切断）。システムメンテナンス中など、一時的に、一般ユーザーのログインを禁止したい場合に、`/etc/nologin`ファイルにメッセージを書いておく。デフォルトでは`/etc/pam.d/login`、`/etc/pam.d/sshd`などで使用されている
- `pam_limits.so`：`/etc/security/limits.conf`に従って、ログインするユーザーのulimitを設定する。デフォルトでは、`/etc/pam.d/password-auth`と`/etc/pam.d/system-auth`のsessionタイプに含まれている
- `pam_ldap.so`：LDAP 認証用のモジュール。`authconfig-tui`などのツールでLDAP認証を設定すると、`/etc/pam.d/password-auth`、`/etc/pam.d/system-auth`に自動で追加される

2.3.4 SSHの利用方法

Linuxサーバーにリモートログインする際は、標準的にSSHが利用されます。SSHを利用する目的の1つは、ネットワークを流れる通信内容を暗号化して、ネットワーク上での通信内容の盗聴や改ざんを防止することです。SSHが開発される以前に使用されていたTelnetなどは、通信内容が暗号化されないため、ログイン時に入力するパスワードの文字列などが簡単に第三者にわかってしまいます。特別な理由がない限りは使用してはいけません。

SSHのもう1つの利用目的は、クライアントから見て接続先のサーバーが本物であること（悪意のある人物が用意した偽物のサーバーではないこと）、あるいは、サーバーから見て接続元のユーザーが本物であること（悪意のある人物が身元を偽っていないこと）を保証することです。それぞれ、サーバー認証、および、ユーザー認証と呼ばれる処理になります。特に公開鍵を利用したユーザー認

証を用いると、パスワード入力を行わずに、SSH接続（リモートログイン）することが可能になります。これは、バッチ処理のスクリプトの中でSSH接続を行う際に、利用されることもあります。

SSHによる通信の暗号化

一般に、通信内容を暗号化する方法には、対称鍵方式と非対称鍵方式があります。それぞれ、共通鍵方式、および、公開鍵方式とも呼ばれます。SSHでは、これらの方式を組み合わせて利用します。

対称鍵方式（共通鍵方式）は、暗号化に使用する鍵（暗号鍵）と復号に使用する鍵（復号鍵）が同一の方式です。送信者と受信者が共通の鍵を所有します。この鍵は、第三者の手に渡らないように、送受信者の間で厳格に管理する必要があります。

一方、非対称鍵方式（公開鍵方式）は、暗号化に使用する鍵と復号に使用する鍵が異なる方式です。通信文の受信者は、自分専用の暗号鍵と復号鍵のペアーを作成して、暗号鍵を送信者に配布します。送信者は、受け取った暗号鍵で暗号化した通信文を送り、受信者は手元にある復号鍵で復号します。暗号化された通信文は、対応する復号鍵がなければ復号できませんので、暗号鍵は万人に公開しても問題ありません。もう一方の復号鍵は、鍵ペアーの作成者以外の手に渡らないように管理が必要です。このような意味で、暗号鍵と復号鍵は、それぞれ公開鍵と秘密鍵とも呼ばれます。

SSHで通信するメッセージの暗号化には、対称鍵が用いられます。SSHのセッションごとに、セッション鍵と呼ばれる対称鍵を生成して、クライアントとサーバーで共有します。ただし、共有する対称鍵を送る際に、それを盗聴されると意味がありません。そこで、クライアントとサーバーがSSHで接続すると、最初にサーバーとクライアントのそれぞれで非対称鍵を生成して、お互いの公開鍵を交換します。これらの非対称鍵を利用して、第三者にわからない方法でセッション鍵を生成して共有します。これは、ディフィー・ヘルマン鍵共有と呼ばれる特殊な手続きで行われます。この後の通信は、セッション鍵で暗号化して行います。SSH接続が終了すると、セッション鍵は破棄されます。

SSHによるサーバー認証とユーザー認証

SSHにおけるサーバー認証は、次のように行われます（**図2.25**）。それぞれのサーバーは、「サーバー証明書」と呼ばれる公開鍵と秘密鍵のペアーを持っています。RHEL7の場合では、サーバーにRHEL7をインストールして、はじめてsshdサービスを起動する際に作成されます。前述のセッション鍵の共有ができて、通信の暗号化が確立すると、サーバーは、サーバー証明書の公開鍵をクライアントに送ります。クライアントは適当な乱数を生成して、この公開鍵で暗号化してサーバーに送ります。サーバーは、受け取った乱数を対応する秘密鍵で復号して、そのハッシュ値をクライアントに返答します。乱数の値を復号できるのは、サーバー証明書を持っている「本物のサーバー」だけですので、正しいハッシュ値が返ってくれば、本物のサーバーであることが証明されたことになります。

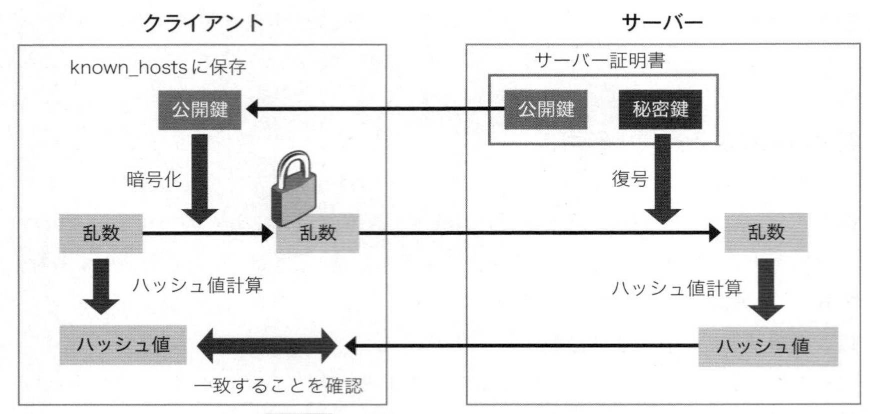

図2.25 SSHによるサーバー認証の流れ

クライアントは、この手続きの中で受け取ったサーバー証明書の公開鍵をホームディレクトリーにある隠しディレクトリー内のファイル**~/.ssh/known_hosts**に記録します。「**~**」は、SSHクライアントを使用するユーザーのホームディレクトリーを表します。同じサーバーにもう一度接続した際に、前回と異なるサーバー証明書を受け取った場合は、偽物のサーバーの可能性があると判断して、接続を中断します。

このように、初回の接続時にサーバーの公開鍵を受け取って保存しておく点がポイントとなります。初回の接続時だけは、接続先のサーバーが本物であることを信用するしかありませんので、この点は注意が必要です。**図2.26**は、はじめて受け取ったサーバー証明書を**known_hosts**に記録することを確認するメッセージです。この図では、「**yes**」を入力してサーバー証明書を受け入れています。また、**図2.27**は、前回と異なるサーバー証明書を受け取った際の警告メッセージです。

```
# ssh root@server01 ↵
The authenticity of host 'server01 (192.168.1.10)' can't be established.
ECDSA key fingerprint is e7:02:75:c2:e4:f0:b6:41:d7:57:b6:b4:7a:36:6b:28.
Are you sure you want to continue connecting (yes/no)? yes ←—— 公開鍵を受け入れる
Warning: Permanently added 'server01' (ECDSA) to the list of known hosts.
```

図2.26 サーバー証明書（公開鍵）の受け入れ確認メッセージ

```
# ssh root@server01 ↵
@@@@@@@@@@@@@@@@@@@@@@@@@@@@@@@@@@@@@@@@@@@@@@@@@@@@@@@@@@@
@    WARNING: REMOTE HOST IDENTIFICATION HAS CHANGED!     @
@@@@@@@@@@@@@@@@@@@@@@@@@@@@@@@@@@@@@@@@@@@@@@@@@@@@@@@@@@@
IT IS POSSIBLE THAT SOMEONE IS DOING SOMETHING NASTY!
Someone could be eavesdropping on you right now (man-in-the-middle attack)!
It is also possible that a host key has just been changed.
The fingerprint for the ECDSA key sent by the remote host is
62:1b:9a:fa:47:d2:fa:01:88:b2:c6:0e:34:62:fa:0f.
Please contact your system administrator.
Add correct host key in /root/.ssh/known_hosts to get rid of this message.
Offending ECDSA key in /root/.ssh/known_hosts:1
ECDSA host key for server01 has changed and you have requested strict checking.
Host key verification failed.
```

図2.27 サーバー証明書（公開鍵）が異なる際の警告

なお、サーバー証明書の公開鍵はすべてのクライアントに配布されるものですので、受け取った公開鍵を利用すれば、偽物のサーバーを構築して、そこから同じ公開鍵を配布するように仕込むことは可能です。しかしながら、対応する秘密鍵を持っているのは本物のサーバーだけですので、偽物のサーバーは、**図2.25**の処理を正しく行うことはできません。サーバー証明書の秘密鍵が本物のサーバーから外部に流出しない限り、サーバーの偽装は防止されることになります。

サーバーを再構築した場合など、何らかの理由で、サーバー証明書が変更されたことがわかっている場合は、**known_hosts**内の該当のエントリーをエディターで削除して、再度、SSHで接続することにより、新しい公開鍵を受け入れることができます。**known_hosts**は、**図2.28**のように、1行に1つの証明書（公開鍵）が記録されたテキストファイルです。各行の先頭部分が接続先サーバーのホスト名（IPアドレス）になります。サーバーによって証明書の長さが異なるのは、使用する暗号形式の違いによるものです。

```
server01,192.168.1.10 ecdsa-sha2-nistp256 AAAAE2VjZHNhLXNoYTItbmlzdHAyNTYAAAAIbm
lzdHAyNTYAAABBBLb1JQ2TnACOz2/z+7qZPaVlkHDq2wwdS3PJDpyKtzU5xyxh9bxuQ1oZeXJtSTcfWk
cucHE/M/+3UGAdhuFkITI=
192.168.1.11 ecdsa-sha2-nistp256 AAAAE2VjZHNhLXNoYTItbmlzdHAyNTYAAAAIbmlzdHAyNTY
AAABBBCCX0kupsh4XVfHVWGkaSjoRHxIRKXeMtVwmNjDIeyrTZpMpJkDwVbWSYMrFIPKiqcwhfj/4APr
SctU7Ckkr130=
myhost01.example.com,172.16.10.11 ssh-rsa AAAAB3NzaC1yc2EAAAABIwAAAQEAtaj0L15Xzr
elmwb24F1i+tlgwWzUy/ffDmQAr6VaLDb0C4MEnccHhlvi4awVXLys0r15gOLdgmucpJFX/xqki9Ite1
l7uChjxltB2MvxecatmOO73/H1Y20inlIhFg11ph4Du2Zlf38rEkTdWj99oD4nThxisxwXzr9pOyBxr4
ePOB/tzhJlmycJrO8lgwcfCRSaDQ1FVSLdcj/wu7hL41kk8ugrcyuUHVPYTuObXMUH/rcUp24vOJc49Z
DEMsmKUcWD8zky1FoRtbXFPpt/2aUZ56PoME/u02dvAIHRwPVNOK2ta1OQ59LPWAcIrVjMKAHGnRn6dn
RN7XFGMSu4Sw==
```

図2.28 1行に1つの証明書（公開鍵）が記録されたテキストファイル

続いて、SSH接続におけるユーザー認証を説明します。ユーザー認証は、ログインパスワードを入力して行う通常のパスワード認証と、ユーザー証明書を使った認証方法のどちらかが利用できます。ユーザー証明書を利用する場合は、ユーザーは自分専用の非対称鍵のペアーを作成して、接続先のサーバーに事前に公開鍵を登録しておきます(**図2.29**)。自分の公開鍵で暗号化された乱数がサーバーから送られてくるので、自分の秘密鍵で復号して、そのハッシュ値を返答することで、本人であることをサーバーに証明します。この方法を利用すると、パスワードの入力操作を行わずにログイン認証ができます。ユーザーの公開鍵を事前にサーバーに登録することから、公開鍵認証とも呼ばれます。

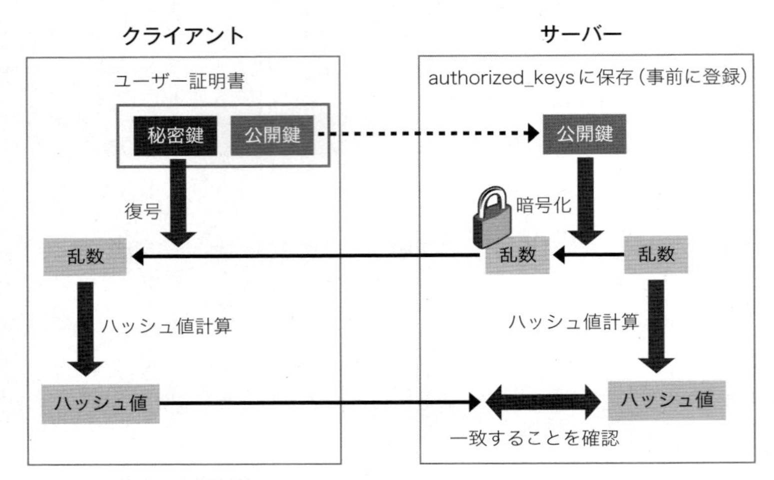

図2.29 SSHの公開鍵によるユーザー認証の流れ

SSHの公開鍵認証の設定手順

SSH接続において、ユーザーの公開鍵認証を設定する手順は次のとおりです。接続元サーバーにあるユーザーの公開鍵を接続先サーバーのユーザーに対して登録します。複数のサーバー、あるいは、複数のユーザーに対してSSH接続する際は、それぞれに対して、接続元ユーザーの公開鍵を登録しておきます。

はじめに、接続元サーバーのユーザーで**ssh-keygen**コマンドを実行して、ユーザー証明書の鍵ペアーを作成します。鍵ファイルの保存場所とパスフレーズの入力を求められるので、それぞれ、Enterで次へ進みます*12。

*12 ここでパスフレーズを設定すると、ユーザー証明書を利用する際にパスフレーズの入力が必要になります。

```
$ ssh-keygen ↵
Generating public/private rsa key pair.
Enter file in which to save the key (/home/nakai/.ssh/id_rsa): ←――― Enterを入力
Enter passphrase (empty for no passphrase): ←――― Enterを入力
Enter same passphrase again: ←――― Enterを入力
Your identification has been saved in /home/nakai/.ssh/id_rsa.
Your public key has been saved in /home/nakai/.ssh/id_rsa.pub.
...(以下省略)...
```

これにより、公開鍵ファイル**id_rsa.pub**と秘密鍵ファイル**id_rsa**が、ディレクトリー**~/.ssh**の中に作成されます。どちらも中身はテキストファイルですので、**cat**コマンドで表示して、内容を確認できます。続いて、**ssh-copyid**コマンドで、接続先のサーバーに公開鍵を登録します。次は、接続先サーバー「server01」上のユーザー「nakai」に対して、登録する例になります。

```
$ ssh-copy-id nakai@server01 ↵
The authenticity of host 'server01 (192.168.1.10)' can't be established.
ECDSA key fingerprint is 62:1b:9a:fa:47:d2:fa:01:88:b2:c6:0e:34:62:fa:0f.
Are you sure you want to continue connecting (yes/no)? yes ←――― yes Enterを入力
/bin/ssh-copy-id: INFO: attempting to log in with the new key(s), to filter out any that
are already installed
/bin/ssh-copy-id: INFO: 1 key(s) remain to be installed -- if you are prompted now it is
to install the new keys
nakai@server01's password: ←――― ユーザー「nakai」のパスワードを入力
...(以下省略)...
```

接続先サーバーに公開鍵をコピーする際は、パスワード認証によるSSH接続が利用されます。このため、接続先サーバーの証明書の受け入れ確認と、接続先ユーザーのパスワード入力が必要になります。これで公開鍵の登録が行われましたので、これ以降は、パスワード入力を行わずにSSH接続することが可能になります。

SSHは、リモートサーバーにログインする以外に、リモートサーバー上でコマンドを実行することもできます。次の例では、サーバー「server01」上のユーザー「nakai」でコマンド「**uname -a**」を実行して、その結果を表示しています。

```
$ ssh nakai@server01 "uname -a" ↵
Linux rhel7 3.10.0-327.4.4.el7.x86_64 #1 SMP Thu Dec 17 15:51:24 EST 2015 x86_64 x86_64
x86_64 GNU/Linux
```

なお、ここで登録された公開鍵は、接続先ユーザーのホームディレクトリーにある隠しディレクトリー内のファイル**~/.ssh/authorized_keys**に記録されます。**図2.30**のように、1行に1つの公開鍵が記載されたテキストファイルで、行末に接続元のユーザー名とサーバーが記載されています。公開鍵の登録を取り消す際は、このファイルをエディターで開いて、該当の行を削除してください。

```
ssh-rsa AAAAB3NzaC1yc2EAAAADAQABAAABAQDRj0af3l9eFPLIZBi8HsTMKaEJmeAmfdq3UiTG/5OV
k4N+qO9oQrw88W7fQKawKrNfJPLXDDN5UDgadj7awroMuPElaaEE5Z2DqHVfSUgjRjyr3faKMZNVizS+
AwmSMROAFovLi0bWtoA2iNYOoRKDF3zyMkfh5UelOfUaTDjsC0zOgotUkeLIvGbtVGoXGjPNzGLZ/1nm
oGAA0Lf2u9UNiKibuylA++jt9ysBL+YDkPaWN0i0uKjKMZVx/ZAbdTJ2Su14M9bFEaTY3uc+VWb/nWE+
9rT7RVBNIyu5fP/ZfDuJRRpu8vgW2ctmQ/731pr8v02Pm6CMNB2Ape8SCi3f nakai@client01
```

図2.30 接続先サーバーに登録された公開鍵

2.4 構成管理・変更管理・問題管理

2.4.1 Linuxサーバーの運用プロセス

Linuxサーバーの管理者は、さまざまな運用プロセスを正しく理解することが求められます。安定したサービスをユーザーに提供するには、特に、変更管理と問題管理のプロセスを適切にまわしていくことが大切になります。システム管理の教科書では、これらについて、複雑なプロセスが説明されていて、面倒なイメージがあるかもしれません。決められたプロセスに、ただ従っているだけのサーバー管理者も多いのではないでしょうか。

ここでは、教科書にあるような形式的なプロセスの説明はやめて、これらの目的を中心に説明します。単純化したプロセスの例を紹介しますが、単純だから有用性が低いということはありません。ここで紹介するプロセスをベースとして、変更管理と問題管理の目的を考えながら、必要なステップや役割を追加していくことで、複雑なプロセスを形式的に適用するよりも実用的で意味のあるプロセスが構築できます。

管理するシステムの規模が大きくなると、プロセスにかかわる関係者が多くなるため、運用プロセスを管理する専用のツールを活用することは効果があります。ただし、そのような場合でも、運用にかかわるメンバーがプロセスの目的を正しく理解した上で、ツールを活用することが前提となります。

■構成管理の考え方

Linuxサーバー運用の根幹であり、次に説明する変更管理プロセスの基礎となるのが、構成管理です。構成管理にはさまざまな意味がありますが、ここでは、サーバーの構成情報の管理という意味で捉えます。端的にいうと、サーバーのハードウェア構成とOS／アプリケーション設定の「あるべき姿」を文書化して記録することです。「必要なときは、サーバーにログインして確認するから、文書化なんて面倒なことはしなくても……」という気持ちをぐっと抑えてください。一時の面倒な作業が、後々に発生するあなたの仕事の生産性を向上するのです。

構成管理で作成する「構成文書」には、何らかの理由や意図があって、標準的な構成やデフォルトの設定とは異なっている部分を明記することが大切です。「6.1 問題判別の基礎」でもあらためて説明しますが、たとえば、サーバーで問題が発生した際の原因調査には、現在の構成と本来あるべき構成との差異の確認が必要です。サーバーの運用中に誤って構成が変更された場合、あるべき姿の情報が残されているかどうかで問題解決までの時間が大きく変わります。サーバー上に標準とは異なる設定があると、問題の原因ではないかと疑われることになりますが、その設定の意図が説明された文書があると、判断の助けになります。あるいは、一見無関係な2種類の設定が組み合わされたときに発生するという、やっかいな問題もあります。このような場合も、そのサーバーに固有の設定がまとめて確認できる資料は、大きな助けになります。

運用中のサーバーに、新しいツールやアプリケーションを導入する際の資料としても構成文書が必要です。アプリケーションの前提条件における過不足の確認や、既存のアプリケーションへの影響などを構成文書から確認することができます。アプリケーションの導入担当者から出される1つ1つの問い合わせに対して、サーバーにログインして設定を確認するよりは、現在の構成情報が記載された構成文書をまとめて渡すほうが、よほど効率的です。また、相手からの質問に答えるだけでは、相手が気づかない（質問しようとは思わない）隠れた情報を伝えることができなくなります。Linuxサーバーに代表される、分散系システムのサーバーは、ほかのさまざまなシステムと連携して稼働します。サーバーの構成文書は、関連するシステムの関係者全員が知っておくべき、重要情報のかたまりだと考えてください。

構成文書にどこまで詳細な情報を記載するかは、システムの重要度や運用ポリシーにも依存しますが、Linuxサーバーの管理者としては、最低限、次のような資料を整備しておきます。

- サーバーハードウェアの物理構成とシステムBIOSやファームウェアのバージョン
- ネットワーク機器や外部ストレージ装置との物理的な接続図
- ディスク装置の論理構成（RAIDの構成など）
- OSの基本設定情報（Red Hat Enterprise Linuxであれば、sosreportコマンドで一括収集される情報）
- ネットワーク構成情報（ホストネーム、IPアドレスなど）
- OSに追加導入したツールや意図的に設定変更している箇所などの情報

変更管理プロセス

アプリケーションの設定変更など、サーバーの構成を変更する際に適用するのが変更管理プロセスです。**図2.31**は、単純化した変更管理プロセスの例で、大まかな流れは次のとおりです。

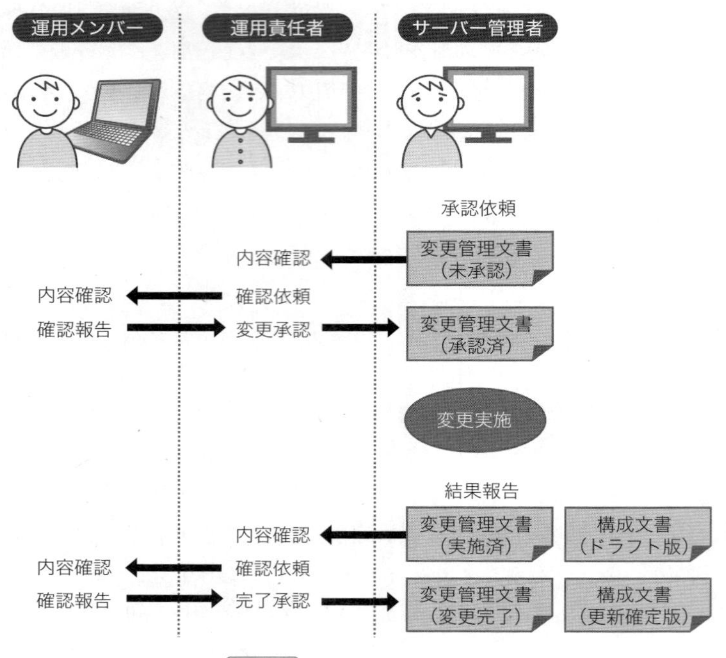

図2.31 変更管理プロセスの例

サーバー管理者などの変更作業にあたる責任者は、変更管理文書を起票して、変更の内容と実施日、想定される影響範囲などを記載した上で、運用責任者に承認を依頼します。運用責任者は、運用メンバーなど、変更内容を知っておくべき関係者に確認を依頼して、必要な際は、実施日や事前の段取りを調整します。変更内容について関係者の合意が得られると、変更の実施を承認します。

変更作業者は、承認された内容に基づいて変更作業を行った後に、変更結果を変更管理文書に記載します。サーバーの構成が変更されたわけですから、構成文書を更新する必要もあります。変更結果を反映した新しい構成文書のドラフト版を変更管理文書に添付して、運用責任者に変更結果の確認を依頼します。運用責任者は、変更結果を関係者に通知して、結果に問題がないことを確認した後に、変更の完了を承認します。この段階で、ドラフト版の構成文書を既存の構成文書と差し替えて、最新の構成情報を反映します。

――それでは、以上のプロセスの目的は何でしょうか？ 前述のように、Linuxサーバーは、さまざまなシステムと連携しています。1台のサーバー内でも、相互に影響するさまざまな設定があります。サーバーの構成変更の影響は、サーバー管理者が考える以上に広い範囲に及びます。変更に伴う想定外の影響によって、サーバーが提供するサービスに悪影響が発生することをできる限り防ぐのが、変更管理プロセスの目的です。

したがって、変更予定の内容をいかに適切な関係者に伝達して、影響範囲を的確に特定できるかが、変更管理のポイントになります。**図2.31**の例では、運用責任者が必要な関係者を特定していますが、システムの規模によっては、変更内容の種類に応じて、必ず確認を依頼するメンバーを決めておくなどの工夫が必要です。運用責任者のほかに、サービスの提供に関係するシステムの全体像を理解したアーキテクトが判断の補佐をするのもよいことです。大規模なシステムでは、専任の変更管理コーディネーターが、変更管理の責任者になることもあります。さらに、複数の変更が同時に行われると、相互の影響がより複雑になりますので、複数の変更申請のスケジュールを調整することも必要です。

変更の影響は、すぐに現れるとは限りません。想定外の悪影響は、往々にして、変更したことを忘れたころに発生します。過去の変更申請文書は、いつでも参照できるように保管しておいてください。グループウェアなどを活用して、変更対象のサーバーや変更の種類で検索できるようにしておくと便利です。

問題管理プロセス

サービスに影響のある問題が発生したときに、これを迅速に解決するために適用するのが問題管理プロセスです。**図2.32**は、単純化した問題管理プロセスの例で、大まかな流れは次のとおりです。

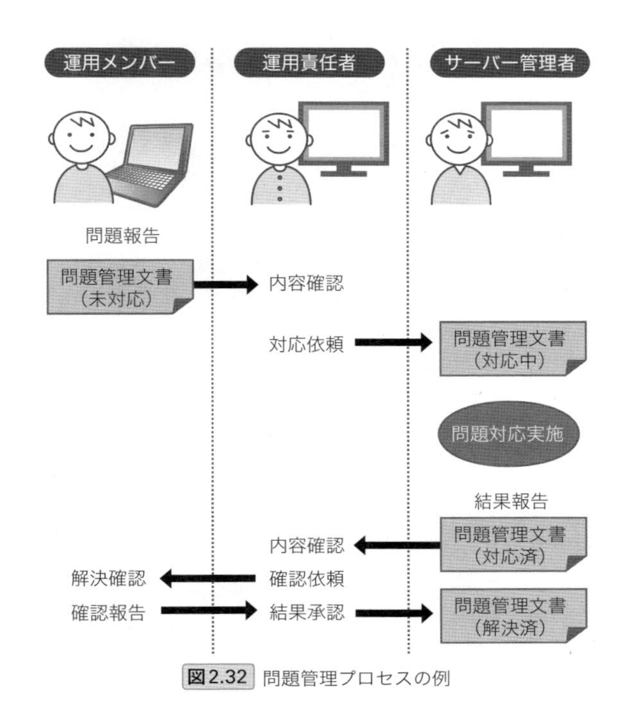

図2.32 問題管理プロセスの例

ユーザーからの通知などで、問題の発生を確認した運用メンバーは、速やかに問題管理文書を起票して、運用責任者に伝達します。運用責任者は、問題の内容に応じて、適切なメンバーに問題対応を依頼します。依頼内容や依頼先などは、問題管理文書に記録しておきます。サーバー管理者などの依頼を受けたメンバーは、問題解決のための対応を行い、対応結果を問題管理文書に記載して運用責任者に報告します。運用責任者は、対応結果を関係者に伝達して、確かに問題が解決していることの確認を依頼します。問題解決の確認ができたら、対応結果を承認して、問題管理プロセスを終了します。

この例では、運用責任者が問題対応するべきメンバーを判断していますが、この部分は迅速な問題解決という観点で工夫が必要です。たとえば、対応するべきメンバーが事前に決まっているような問題については、運用メンバーは問題管理文書を起票したら、すぐに対応メンバーに依頼を出すべきです。ただし、運用責任者にも問題の報告は行います。運用責任者は、すべての問題の発生状況を把握して、それぞれの問題を知っておくべき関係者に情報伝達する必要があります。また、お互いに関連する問題を発見して、問題解決のヒントになりそうな情報をそれぞれの対応メンバーに提供します。この場合も運用責任者だけで判断するのではなく、システムの全体像を理解したアーキテクトが判断の補佐をすると効果的です。大規模なシステムでは、専任の問題管理コーディネーターが、問題管理の責任者になることもあります。

問題の解決にあたっては、取り急ぎサービスへの影響を取り除くための一次対応と、根本原因を取り除いて、再発を防止するための二次対応を分けて考えます。たとえば、アプリケーションが突然停止した場合に、取りあえずアプリケーションを再起動するのが一次対応で、停止した原因を調査して、アプリケーションに必要な修正を施すことが二次対応になります。一次対応を実施するメンバーと、二次対応を実施するメンバーが異なることもよくあります。**図2.32**の例にはありませんが、一次対応の完了確認が終わった後に、あらためて二次対応の依頼を行うという、二段階のプロセスを導入する場合もあります。二次対応では、サーバーの構成変更を伴うこともありますので、その場合は、並行して変更管理プロセスも実施します。

第3章

Linuxのストレージ管理

3.1 ストレージエリアネットワークの基礎

3.1.1 SANの概要

ストレージエリアネットワークは、サーバーとストレージ装置の間に、物理的な接続とは独立した、論理的な接続を実現する技術です。SAN（Storage Area Network）とも呼ばれます。これにより、高性能な大型のストレージ装置を複数のLinuxサーバーから共有して使用することが可能になります。一般に、SAN接続に対応したストレージ装置を「SANストレージ」と呼びます。SANストレージには、ディスク装置のほかに、テープライブラリー装置なども含まれますが、ここでは、ディスク装置に限定して話を進めます。

SANの技術は、Linuxサーバーが業務システムで利用され始めた2000年ごろから、企業システムでの利用が広がりました。大容量のデータを取り扱う業務システムでは、ストレージ装置の性能が求められることも多いため、業務用サーバーとしてのLinuxサーバーとは相性がよい仕組みといえます。1つのディスク領域を複数のサーバーに同時に接続することもできるため、共有ディスク領域を必要とする、高可用性クラスター（HAクラスター）システムなどでも利用されます。

ここでは、SANの基礎となるゾーニングの考え方と、SANストレージの主要な機能を説明します。また、Linuxサーバーで SANストレージを使用する際に用いられる、マルチパスドライバーについても説明します。

SANファブリック

SAN環境では、**図3.1**の「物理接続」のように、複数のサーバーとストレージ装置を、SANスイッチを介してFC（Fibre Channel）ケーブルで接続します。その上で、SANスイッチのゾーニング機能を用いて、**図3.1**の「論理接続」のように、サーバーとストレージの間の論理的な接続を決定します。この際、1台のサーバーに複数のストレージ装置を接続したり、1台のストレージ装置に複数のサーバーを接続したりするなど、接続関係を自由に設定できます。ただし、すべてのストレージ装置が複数サーバーからの同時接続に対応しているわけではありません。複数サーバーの接続に対応したSANストレージの機能は、「3.1.2 SANストレージの機能」で説明します。

さらに、ネットワークスイッチのように、複数のSANのスイッチを経由して、サーバーとストレージを接続することも可能です。SANスイッチによって管理される、ひと続きのネットワークの「雲」を「SANファブリック」と呼びます。1台のSANスイッチは、必ず1つのSANファブリックに所属します。ネットワークスイッチの場合は、基本的には、個々のスイッチで個別に設定作業が必要ですが、SANスイッチではそのような必要はありません。同じSANファブリックに所属するSANスイッチは、自動的に設定情報を交換するようになっており、特定のSANスイッチの管理画面から、SANファブリック全体の設定を行うことができます。多くのSANスイッチでは、Webブラウザーから、GUIの管理画面が利用できるようになっています。

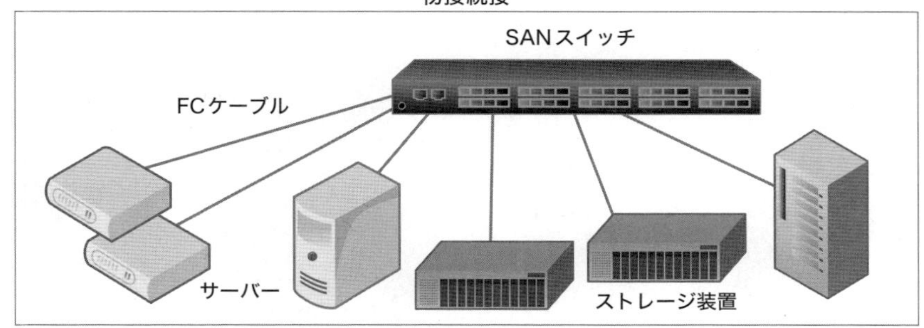

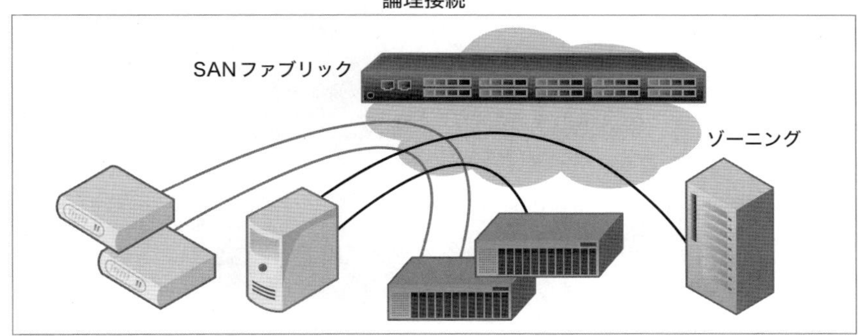

図3.1 SANの物理接続と論理接続

WWNとゾーニング

SANファブリック内部の論理的な接続を決定するのがゾーニングの機能です。そして、その基礎となるのが、WWN (World Wide Name) の考え方です。SANスイッチに接続するそれぞれの機器は、「WWNN (World Wide Node Name)」と呼ばれる、64ビットの固有のアドレスを持ちます。正確にいうと、サーバーに搭載されたFC接続用のアダプターであるHBA (Host Bus Adapter) や、ディスク装置に搭載されたRAIDコントローラーなどが、それぞれにWWNNを持っています。この後で説明するように、冗長接続のために、1台のストレージ装置に2個のRAIDコントローラーが搭載されている場合があります。このような場合は、それぞれのRAIDコントローラーが固有のWWNNを持ちます。さらに、WWNNを持つ機器には、複数のFC接続ポートが搭載されており、これらのポートは、それぞれ、「WWPN (World Wide Port Name)」と呼ばれる64ビットの固有のアドレスを持ちます。

ゾーニングとは、1つのSANファブリックの中で、互いに通信できるWWPNをグループ化した「ゾーン」を定義して、FCポート間を論理的に接続することです。**図3.2**は最も単純な例で、サーバーに搭載されたHBAの1つのポート (WWPN「10:00:00:00:c9:26:41:8a」) とストレージ装置に搭載されたコントローラーの1つのポート (WWPN「10:00:00:00:0e:24:4d:19」) を含む「ゾーン#1」を定義しています。これで、この2つのポートが論理的に接続されることになります。

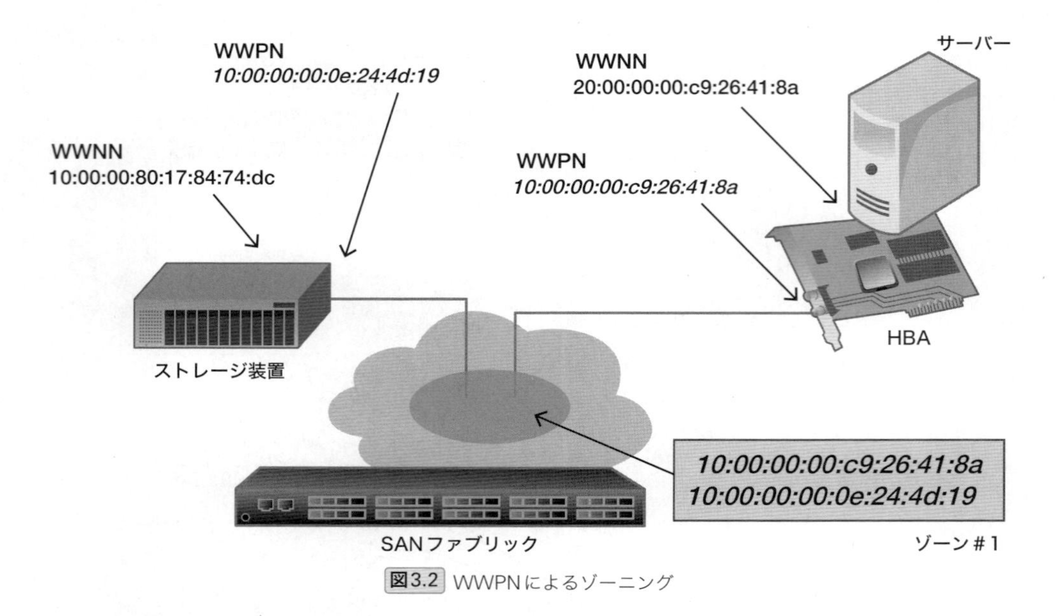

図3.2 WWPNによるゾーニング

ここで、実際に使用される少し複雑な例を見てみます。**図3.3**は、2台のサーバーを1台のSANストレージ装置に接続しています。このストレージ装置には、冗長接続のために2台のコントローラーが搭載されています。これに対応して、サーバーにもHBAを2枚搭載して、それぞれのHBAのポートを各コントローラーと1対1で接続しています。

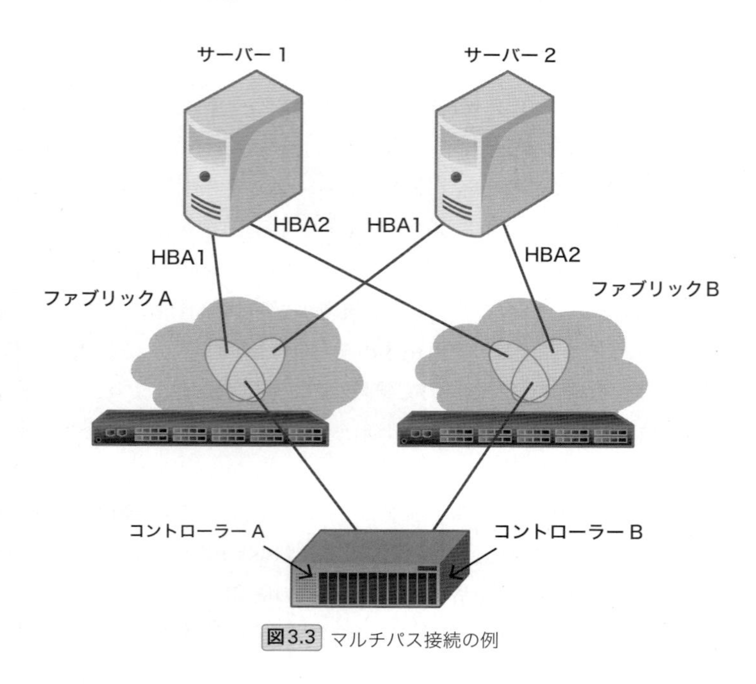

図3.3 マルチパス接続の例

このように、1台のサーバーから複数の経路でストレージ装置に接続する方法を「マルチパス接続」といいます。ストレージ装置上のディスクは両方のコントローラーからアクセスできるようになっており、一方の経路に接続障害が発生しても、もう一方の経路を使用することで、Linuxサーバーはストレージ装置へのアクセスを継続できます。この例では、サーバーに搭載されたHBAのどちらか1枚、SANスイッチのどちらか1台、ストレージ装置上のコントローラーのどちらか1台、これらの機器の障害に対して冗長性を持つことになります。1台のサーバーにHBAを2枚搭載する代わりに、ポートが2つ搭載された1枚のHBAを使用することも可能ですが、この場合は、1枚のHBAが故障するとストレージへのアクセスができなくなります。

Linuxサーバーでマルチパス接続を使用する際は、それぞれのストレージ装置に対応した「マルチパスドライバー」と呼ばれるデバイスドライバーを導入します。マルチパスドライバーが、障害時のアクセス経路の切り替えを自動的に行うので、Linuxを使用するユーザーやアプリケーションは、実際にどちらの経路でアクセスしているのかを意識する必要はありません。

ゾーニングに話を戻すと、**図3.3**の例では、**表3.1**のように、4種類あるポート間の接続に対して個別にゾーンが定義されています。一般には、1つのゾーンに複数のポートを含めることも可能です。たとえば、ファブリックAの2つのゾーンは、「サーバー1のHBA1、サーバー2のHBA1、コントローラーA」の3つのポートを含む1つのゾーンにまとめることもできます。しかしながら、このようなゾーンの定義は使用してはいけません。理屈の上では、**表3.1**のゾーニングのときと同じように動作するはずですが、「サーバー1のHBAポート」と「サーバー2のHBAポート」という、本来、通信する必要のないポート間も論理的に接続されています。したがって、たとえばサーバー1で障害が発生した際に、サーバー2の動作にも悪影響を及ぼす可能性があります。これは、あくまで可能性にすぎませんが、原因不明の問題が発生した場合は、あらゆる可能性が疑われることになります*1。このような可能性は、事前に1つでも減らしておくのが得策です。通信が必要なポートのペアーごとに、ゾーンを分割するのが原則です。

SAN接続の内部的な仕組みなど、さらに詳細なSANの基礎知識を学ぶには、[1]の資料がお勧めです。

▼**表3.1** マルチパス接続のゾーニングの例

ファブリック	ゾーン	HBA	コントローラー
ファブリックA	ゾーン#1	サーバー1のHBA1	コントローラーA
	ゾーン#2	サーバー2のHBA1	コントローラーA
ファブリックB	ゾーン#3	サーバー1のHBA2	コントローラーB
	ゾーン#4	サーバー2のHBA2	コントローラーB

*1 このようなゾーニングを行ったシステムで原因不明の問題が発生した場合、SANの専門家に相談すると、恐らくは、「まずはゾーニングを分割して解決するか確認できませんか?」という返事が返ってくるでしょう。

[1] Introduction to Storage Area Networks (IBM Redbooks)
URL http://www.redbooks.ibm.com/abstracts/sg245470.html

英語の技術情報を活用していますか？

本文中で、英語の参考資料[1]をなにげなく紹介しましたが、皆さんは英語は得意でしょうか？ Linuxのようなオープンソース技術を利用する上では、Web上の情報を活用することは必須です。このとき、英語のドキュメントが読めるかどうかで、手に入る情報量には雲泥の差が生じます。これは、好き嫌いや、得意・不得意の話ではなく、損得の問題だと考えてください。英語のドキュメントが使えないことは、エンジニア人生の大損害です。

筆者には、Linuxサーバーの構築・運用技術のようには、英語の勉強方法を深く・わかりやすく説明することはできませんが、経験上「必要に迫られて勉強すること」が最も効果的だと感じています。まずは、日々の生活で必要な情報をできる限り英語で入手してください。Linuxの技術情報が必要なときは、あえて英語のWebサイトから先に検索していきます。和訳が出ている技術書でも、英語の原書を購入します。同じエリアの技術情報を何度も調べていると、同じような単語や表現が登場するので、自然に、必要な単語や特殊な言い回しも覚えてしまいます。最初は時間がかかって効率は悪くなりますが、かけた時間の分だけ、知識とスキルは向上すると信じてください。世界のあらゆる情報がインターネットで入手できる、すばらしい時代の恩恵が何倍にもなって返ってきます。

ちなみに、このテクニックは日常生活にも応用できます。日々のニュースは、英語のニュースサイトで読みます。趣味の読書も英語の本にします。ラジオもテレビもPodcastで英語の番組を楽しみます。英語の勉強には継続が大切ですが、英語に触れることを自分にとって必要な日常生活の1つにしてしまえば、継続せざるを得なくなります。パッケージの教材と違って、生活に必要な情報に終わりはありません。Linuxの最新の話題を毎日チェックするなら、LWN.net[2]をお勧めします。

3.1.2 SANストレージの機能

SANストレージが提供する代表的な機能を説明します。機能の詳細は製品によって異なりますが、一般的なSANストレージ製品であれば、ほぼ共通の部分となります。

RAIDの構成とLUNの作成

SANストレージを使用する際は、はじめに、ストレージ装置に搭載された複数のディスクドライブをまとめたRAIDアレイを構成します。RAIDアレイにはいくつかの種類がありますが、業務システムでは、多くの場合、RAID5もしくはRAID6を使用します。RAID5とRAID6では、**図3.4**のように、RAIDアレイを構成するディスクドライブ全体にまたがって、「ストライプ」という単位でデータを書き込みます。1つのストライプの中で、それぞれのディスクドライブに書き込まれるデータの単位を「ブロック」と呼びます。1つのストライプに含まれるブロックの中で、RAID5の場合は1個、RAID6の場合は2個のブロックに対して、残りのブロック上のデータから計算される「パリティ」と呼ばれる値を書き込みます。どのディスクドライブのブロックをパリティとするかは、ストライプごとに異なります。

Technical Notes

[2] LWN.net
URL http://lwn.net

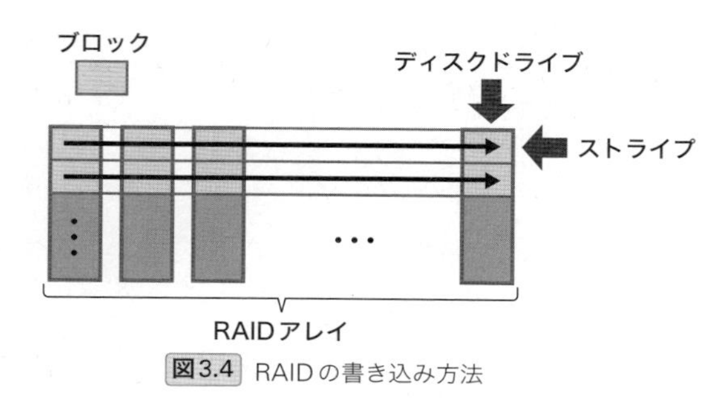

図3.4 RAIDの書き込み方法

これは、ディスクドライブの1本(RAID5の場合)、もしくは、2本(RAID6の場合)が故障してもデータを失わないための仕組みです。あるストライプに対して、故障したドライブ上のブロックがパリティであれば、実データには影響ありません。実データのブロックが失われた場合は、ストライプ内において、残りのブロックのデータとパリティから、失われたブロックのデータを逆計算して回復します。「ホットスワップ」と呼ばれる新しいディスクドライブを事前に搭載している場合や、故障したディスクドライブを新しいものに交換すると、自動的に再計算で回復したデータを新しいディスクドライブに書き込んで、RAIDを再構成します。この間、ストレージ装置の使用を止める必要はありません。

SANストレージの利用が始まったころは、RAID5が一般的でした。最近では、特に重要なシステムでは、2本のディスクドライブが連続して故障する可能性も無視できないということで、RAID6の利用が増えてきています。RAID5ではディスク1本分、RAID6ではディスク2本分のブロックがパリティに使用されますので、その分だけ実データを書き込める容量は少なくなります。多数のディスクドライブを搭載するストレージ装置の場合、1台のストレージ装置上に複数のRAIDアレイを構成することも可能です。

次に、RAIDアレイの上に、複数の論理ドライブ(LUN)を任意の容量で作成して、ストレージ装置に接続されたサーバーにひも付け(マッピング)を行います*2。サーバーからは、LUNが(仮想的な)1つのディスクドライブとして認識されます。**図3.5**では、A、B、Cの3個のLUNを作成して、3台のサーバーにマッピングしています。サーバー1からは、A、Bの2個のLUNが2個のディスクドライブとして認識されます。CのLUNは、サーバー2とサーバー3の両方にマッピングされた「共有ディスク」の構成になっています。この場合、サーバー2とサーバー3の両方から、同じ内容のディスクドライブが見えます。ただし、サーバー2とサーバー3から、同時にLUNを使用できるわけではありません。一般には、HAクラスターシステムの共有データ領域として使用します。この場合、普段はサーバー2から使用して、サーバー2が故障で停止した際に、サーバー3に切り替えて使用する形になります。

複数のサーバーから共有ディスクを同時にマウントしてアクセスする際は、「共有ファイルシステム」と呼ばれる特別なソフトウェアを使用します。Linuxの標準的なファイルシステム(ext4やXFS

*2 LUNは「Logical Unit Number」の略で、正確には「論理ドライブ番号」のことですが、慣習的に「論理ドライブ」の意味でLUNという用語が使われます。本書でも、論理ドライブの意味でLUNを用いています。

など）は、複数のサーバーから同時にマウントされる前提では設計されていません。共有ファイルシステムを使用しない場合は、絶対に複数のサーバーから同時にマウントしてはいけません。

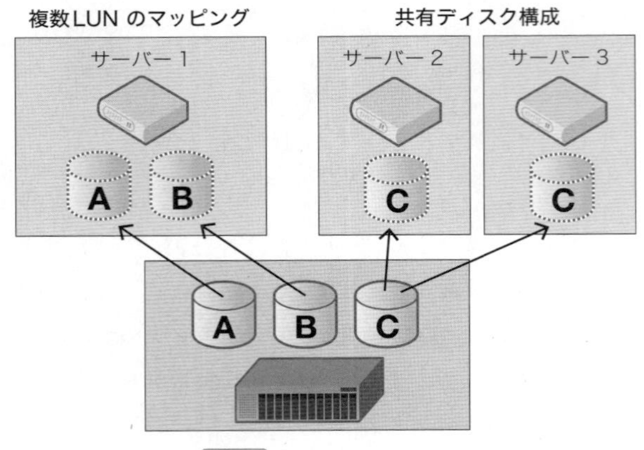

図3.5 LUNのマッピング

LUNのサイズ拡張

RAIDアレイの上にLUNを作成していく際は、当然ながら、すべてのLUNの総容量はRAIDアレイ全体の容量を超えるとはできません。一方、RAIDアレイの容量が残っている場合は、既存のLUNのサイズを拡張することができます。サーバーから見ると、既存ディスクドライブの後ろに空き領域が追加されて、ディスク全体のサイズが大きくなるように見えます。ただし、LUN上のファイルシステムのサイズが拡張されるわけではありません。サーバーを再起動して、拡張後のLUNの容量をLinuxから認識させた後に、この後で説明する**xfs_growfs**コマンドなどを用いて、ファイルシステムのサイズを拡張する必要があります。

なお、LUNの論理的な容量に対して、実際にデータを書き込んだ分だけ物理容量を消費する「シンプロビジョニング」の機能を持つストレージ製品もあります。このような機能を利用すると、RAIDアレイ全体の容量を超えて、LUNを作成することも可能です。ただし、実際に書き込めるデータの容量は、RAIDアレイ全体の容量を超えることはできません。「3.3 Device Mapper Thin-Provisioningの活用」で説明するように、RHEL7では、「Device Mapper Thin-Provisioning」の機能を用いると、ストレージ装置の機能ではなく、Linux上の機能でシンプロビジョニングを実現することもできます。

LUNの物理コピーと論理コピー

多くのSANストレージは、LUNの物理コピー機能と論理コピー機能を持ちます。物理コピーは、既存のLUNの内容を同じサイズのLUNにそのままコピーします。物理コピーの実施中は、サーバー側ではコピー元のLUN上のファイルシステムはアンマウントしておきます。マウントした状態でコピーをすると、ファイルシステム内のデータの整合性が保証されません。LUNの容量に応じて、コピー処理が完了するまでの時間は長くなり、この間、サーバーからはLUNが使えない点に注意が必要です。

論理コピーは、既存のLUNに対して、見かけ上は物理コピーと同等のLUNを作成します。ただし、実際のコピーは行いません。コピー元、もしくは、コピー先のLUNのどちらかに書き込みが行われたタイミングで、実際のコピー処理が行われます。このとき、書き込みによって発生する差分の保存領域（差分領域）を事前に用意する方式と、必要なデータブロックを動的に割り当てる方式の2種類の方式があります。動的な割り当て方式については、「3.3.1 dm-thinの動作原理」で詳しく解説するので、ここでは差分領域を用いた仕組みを説明します。

この方式の場合、既存のLUNから論理コピーを作成すると、**図3.6**のように、差分領域が確保されます。この後、どちらかのLUNに書き込みが発生すると、書き込み対象のブロックが差分領域にコピーされた後に実際の書き込みが行われます。**図3.6**では、コピー元のLUNに書き込みを行った場合を記載していますが、コピー先のLUNに書き込みを行った場合は、差分領域のブロックに対して書き込みが行われます。そして、コピー先のLUNからデータを読み込む際は、差分領域のデータを確認して、差分がない場合は、コピー元のLUNのデータを読み取ります。差分がある場合は、差分領域のデータを読み取ります。

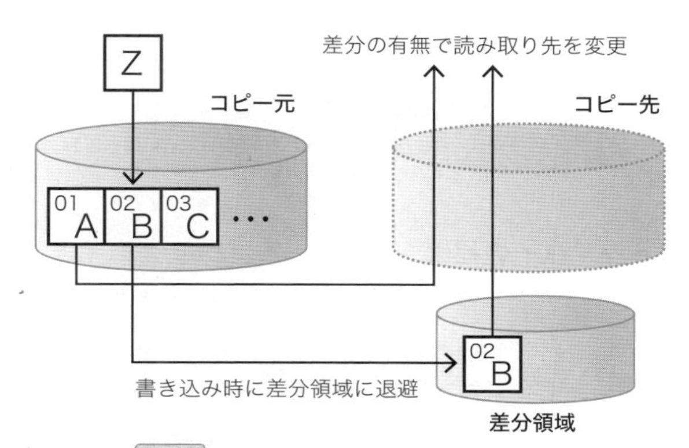

図3.6 差分領域を利用した論理コピー機能

これにより、すべてのデータを実際にコピーすることなく、効率的にLUNの複製が用意できることがわかります。差分領域を用意するだけなので、論理コピーの作成処理は短時間（数秒以内）で完了します。論理コピーを作成する際も、サーバー側ではファイルシステムのアンマウントが必要ですが、これに伴うアプリケーションの停止時間は、物理コピーよりもずっと短くなります。

差分領域を用いた仕組みの注意点として、コピー元とコピー先の差分が大きくなって、差分領域が不足すると、コピー先のLUNが使用できなくなるという点があります。そのため、コピー先の領域は、データバックアップの中間領域として使用するのが一般的です。たとえば、アプリケーションのデータ領域として使用しているLUN①があったとして、LUN①の論理コピーとしてLUN②を作成した後、さらに、LUN②の物理コピーとしてLUN③を作成します。LUN③の作成が完了した時点で、LUN②は破棄します。

これは、LUN①から直接に物理コピーでLUN③を作成する場合と何が違うのでしょうか？　この方法の場合、論理コピーでLUN②を作成した時点で、最初のLUN①はアプリケーションからの使用を再開することが可能です。物理コピーの実施中、長時間にわたってアプリケーションを停止する必要がなくなります。

あるいは、**図3.7**のように、論理コピーしたLUNをバックアップサーバーにマッピングして、テープ装置にデータを書き出す方法もあります。この場合も、データバックアップに伴うアプリケーションの停止時間は、論理コピーが完了するまでの数秒間で済みます。

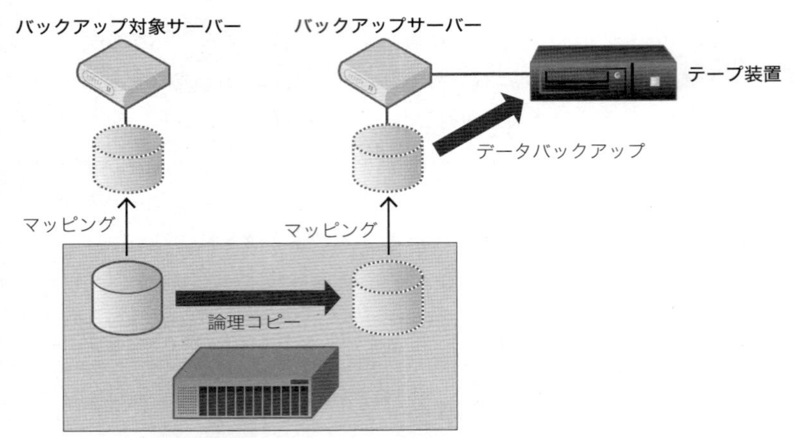

図3.7 論理コピーを利用したデータバックアップ

マルチパスドライバーの利用

図3.3に示したマルチパス接続の際に必要となる、マルチパスドライバーの役割を説明します。まず、マルチパスドライバーを導入・設定せずにマルチパス接続を行った場合、Linuxからは同一のLUNが異なるディスクデバイスとして認識されます。たとえば、内蔵ハードディスクが**/dev/sda**のサーバーの場合、1個のLUNをマッピングすると、**/dev/sdb**、**/dev/sdc**という2つのディスクデバイスがLinuxから認識されます。**/dev/sdb**にアクセスすると、コントローラーAからLUNにアクセスが行われ、**/dev/sdc**にアクセスすると、コントローラーBからLUNにアクセスが行われますが、これでは、一方の経路に障害が発生したときに自動的に経路を切り替えることができません。

マルチパスドライバーは、同一のLUNに対する複数の経路を束ねて、単一のディスクデバイスとして認識させる役割を持ちます。ストレージ製品に固有のマルチパスドライバーが提供される場合と、Linuxに標準で付属するマルチパスドライバーであるDMMP（Device-Mapper Multipath）を使用する場合があります。どちらを使用するべきかは、ストレージ製品ごとに確認が必要です。

DMMPを使用した場合、1つのLUNに対応する、**/dev/sdb**、**/dev/sdc**などのデバイスとは別に、これらを束ねた「**/dev/mapper/mpathX**（**X**は通し番号）」という追加のデバイスが用意されます。このデバイスにアクセスすると、複数経路を自動的に使い分けるようになります。**図3.8**のように、通常は一方の経路（アクティブ経路）を使用して、経路障害が発生した場合にもう一方の経路（バックアップ経路）に切り替えるほか、複数の経路を同時に使用することで、アクセス性能を向上するような使い方も可能です*3。

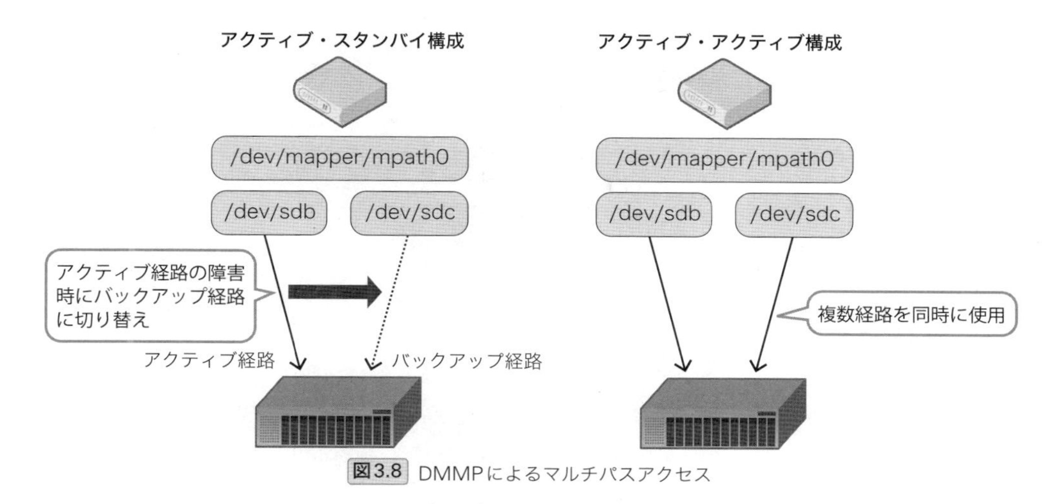

図3.8 DMMPによるマルチパスアクセス

3.2 LVMの構成・管理

3.2.1 LVMの概要と基本操作

データ領域に使用するディスクは、LinuxのLVM(Logical Volume Manager/論理ボリュームマネージャー)を用いて管理すると、複数の物理ディスクを1つにまとめて大容量のファイルシステムを作成したり、ファイルシステムのサイズを後から拡張できるなどの利点があります。

一方、SANストレージを使用する場合、ストレージ装置の機能でRAIDを構成して大容量のLUNを用意したり、LUNのサイズを後から拡張することも可能です。この意味では、SANストレージとLVMを組み合わせる必要性は、それほど高くはありません。実際のところ、データ領域として必要なサイズのLUNを用意して、LUN全体を1つのファイルシステムとして使用することもよくあります。

ただし、SANストレージにおいても、複数の経路を有効活用するために、LVMを使用することがあります。**図3.8**のアクティブ・スタンバイ構成のみに対応したストレージ装置でも、LUNごとにアクティブ経路を分けることができる場合があります。このような場合、**図3.9**のように、アクティブ経路の異なる2つのLUNを用意して、LVMでストライピング構成の論理ボリュームを構成します。これにより、1つの論理ボリュームに対して複数経路でのアクセスが可能になります。SANストレージ環境に対しても、ここで説明するLVMの機能を活用できるようにしておくとよいでしょう。

*3 複数経路を同時に使用する場合は、そのような使い方に対応したストレージ装置が必要となります。

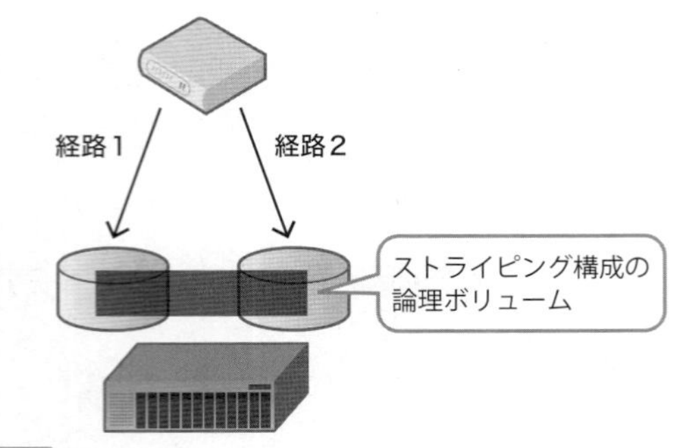

図3.9 LVMによるLUNのストライピング

LVMの考え方

LinuxのLVMでは、物理ボリューム(PV)、ボリュームグループ(VG)、論理ボリューム(LV)の3つの概念を用いてディスクを管理します。まず、Linuxから認識している個々のデバイス(**/dev/sdb**など)を「物理ボリューム」と呼びます。そして、複数の物理ボリュームをまとめたグループとして、「ボリュームグループ」を作成します。最後に、ボリュームグループの中に論理的なデバイスとなる「論理ボリューム」を作成していきます。

LVMを使用しない環境では、ディスク全体を複数のパーティションに分割して使用しますが、LVMの環境では、1つの論理ボリュームが1つのパーティションに対応すると考えられます(**図3.10**)。それぞれの論理ボリュームには、「**/dev/<ボリュームグループ名>/<論理ボリューム名>**」というデバイスファイルを通してアクセスします*4。通常のディスクパーティションと同様に、ファイルシステムを作成して利用することができます。

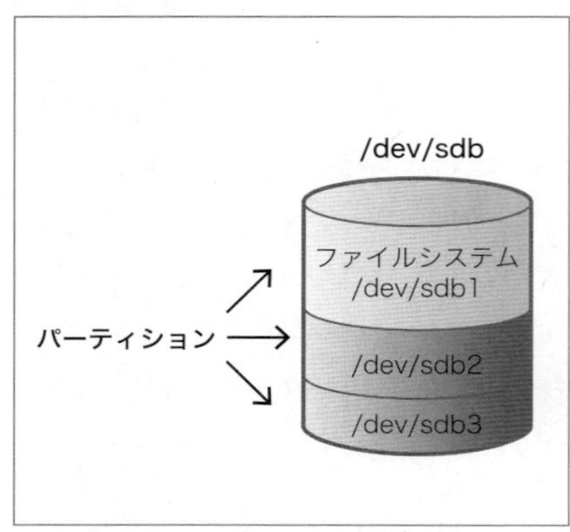

図3.10 ディスクパーティションとLVMの比較

*4 このデバイスファイルは、「**/dev/mapper/<ボリュームグループ名>-<論理ボリューム名>**」へのシンボリックリンクになっています。どちらのデバイスファイルを使用しても動作に違いはありません。

論理ボリュームは、ボリュームグループ内の複数の物理ボリュームにまたがって作成することができ、RAIDのストライプのように、複数の物理ボリュームに順番に書き込んでいく「ストライピング」の設定も可能です。先に触れたように、アクティブ経路の異なる2個のLUNでストライピングを行うことで、複数の経路による負荷分散が実現できます。

さらに、論理ボリュームのサイズを後から拡張することも可能です。この後で具体的な手順を示すように、RHEL7では、ファイルシステムをマウントしたままの状態で、論理ボリュームとその上のファイルシステムを拡張できます。

ボリュームグループ全体の容量を拡張するには、2種類の方法があります。1つは、新規の物理ボリュームをボリュームグループに追加する方法です。もう1つは、SANストレージのLUNを物理ボリュームとして使用している場合に、ストレージ装置の機能でLUNのサイズを拡張する方法です。これらの手順もこの後で説明します。

LVMの基本操作

具体例として、RHEL7のサーバーに、**/dev/sdb**、**/dev/sdc**、**/dev/sdd**の3個のLUNがマッピングされているものとして、LVMの基本的な操作手順を説明していきます（**図3.11**）。準備として、LVMの利用に必要となるlvm2のRPMパッケージを導入して、サーバーを再起動しておきます。

```
# yum install lvm2 ↵
# reboot ↵
```

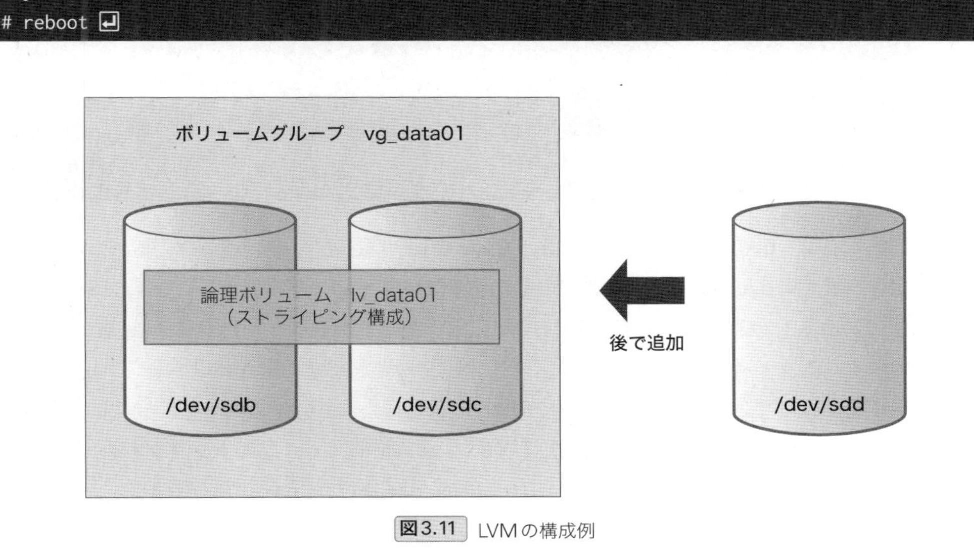

図3.11 LVMの構成例

サーバーが再起動したら、LVMの構成を行っていきます。次のコマンドは、**/dev/sdb**、**/dev/sdc**の2個のLUNから、ボリュームグループvg_data01を構成して、論理ボリュームlv_data01を作成する例になります。

```
# pvcreate /dev/sdb ↵
# pvcreate /dev/sdc ↵
# vgcreate vg_data01 /dev/sdb /dev/sdc ↵
# lvcreate -i 2 -L 5G -n lv_data01 vg_data01 ↵
```

pvcreateコマンドでは、**/dev/sdb**と**/dev/sdc**をLVMで管理する物理ボリュームとして登録しています。**vgcreate**コマンドでは、物理ボリューム**/dev/sdb**と**/dev/sdc**からなるボリュームグループvg_data01を作成しています。最後の**lvcreate**コマンドは、ボリュームグループvg_data01の中に5GBの論理ボリュームlv_data01を作成します。**-i**オプションで、2個の物理ボリュームにストライピングしてデータを配置することを指定しています。**-L**オプションと**-n**オプションは、それぞれ、論理ボリュームの容量と名前を指定します。

作成された物理ボリューム、ボリュームグループ、論理ボリュームは、それぞれ、**pvs**、**vgs**、**lvs**コマンドで確認します。

```
# pvs ↵
  PV         VG        Fmt  Attr PSize  PFree
  /dev/vdb   vg_data01 lvm2 a--  32.00g 29.50g
  /dev/vdc   vg_data01 lvm2 a--  32.00g 29.50g

# vgs ↵
  VG        #PV #LV #SN Attr   VSize  VFree
  vg_data01   2   1   0 wz--n- 63.99g 58.99g

# lvs ↵
  LV        VG        Attr       LSize Pool Origin Data%  Meta%  Move Log Cpy%Sync Convert
  lv_data01 vg_data01 -wi-a----- 5.00g
```

あるいは、**pvdisplay**、**vgdisplay**、**lvdisplay**の各コマンドを使用すると、より詳細な情報が表示されます。**pvcreate**コマンドでLVMの管理対象となった物理ボリューム（LUN）には、UUIDと呼ばれる固有のID番号が割り当てられて、LUNの先頭部分のメタデータ領域に、UUIDに加えて、ボリュームグループなどのLVMの構成情報が記録されます。物理ボリュームのUUIDは、先ほどの**pvdisplay**コマンドで確認できます。

続いて、論理ボリュームlv_data01をXFSファイルシステムでフォーマットして、ディレクトリー**/data**にマウントします。ここでは、**/dev/vg_data01/lv_data01**が論理ボリュームに対応するデバイスファイルになります。

```
# mkfs.xfs /dev/vg_data01/lv_data01 ↵
# mkdir /data ↵
# mount /dev/vg_data01/lv_data01 /data ↵
```

なお、システム起動時に自動でマウントするように**/etc/fstab**にエントリーを追加する場合は、デバイスファイル名**/dev/vg_data01/lv_data01**を用いるほかに、**図3.12**のように、XFSファイルシステムのUUIDを用いて指定することができます。XFSファイルシステムのUUIDは、次の**blkid**コマンドで確認します。

```
# blkid /dev/vg_data01/lv_data01 ↵
/dev/vg_data01/lv_data01: UUID="94473a3f-d795-4be1-898a-382d2a5e2a25" TYPE="xfs"
```

```
UUID=02fd50ed-643a-4db1-82db-37b101680032 /          xfs    defaults       0 0
UUID=ab94d4fb-d752-4b4f-b226-4cb8512c65f3 /boot      xfs    defaults       0 0
UUID=3f25dc46-2d47-4d62-be24-8c2800e64478 swap       swap   defaults       0 0
UUID=260ca35e-62f0-4421-a71f-2db1b722190a /kdump     xfs    defaults       0 0
UUID=94473a3f-d795-4be1-898a-382d2a5e2a25 /data      xfs    defaults       0 0
```

xfsファイルシステムのUUIDを指定

図3.12 UUIDを用いた/etc/fstabのエントリー

続いて、次のコマンドは、論理ボリュームとその上のファイルシステムを拡張する例になります。

```
# lvextend -L+2G /dev/vg_data01/lv_data01 ↵
# xfs_growfs /data ↵
```

lvextendコマンドでは、既存の論理ボリューム**/dev/vg_data01/lv_data01**に、2GBの容量を追加しています。この段階では、論理ボリューム内のファイルシステムのサイズは、まだ拡張されていません。次の**xfs_growfs**コマンドで、ファイルシステムのサイズを論理ボリュームのサイズに合わせて拡張しています。**xfs_growfs**コマンドは、ファイルシステムをマウントした状態で、マウントポイントを指定して実行する点に注意してください。

ボリュームグループに含まれる物理ボリュームの容量が不足する場合は、新しい物理ボリュームを追加できます。次は、物理ボリューム**/dev/sdd**を作成して、既存のボリュームグループvg_data01に追加する例です。

```
# pvcreate /dev/sdd ↵
# vgextend vg_data01 /dev/sdd ↵
```

最後に、LVM標準のスナップショット機能の使い方を説明します。これは、**図3.6**で説明した、差分領域を利用した論理コピーを論理ボリュームに対して取得する機能です。先ほどは、ストレージ装置の機能として紹介しましたが、これと同じ機能がLVMでも提供されています*5。次は、論理ボリューム**/dev/vg_data01/lv_data01**の論理コピー(スナップショット)として、論理ボリューム

*5 差分領域を用いないスナップショットについては、この後の「3.3 Device Mapper Thin-Provisioningの活用」で説明しています。

/dev/vg_data01/lv_snap01を作成する例になります。

```
# umount /data ↵
# lvcreate -s -l 20%ORIGIN -n lv_snap01 /dev/vg_data01/lv_data01 ↵
# xfs_admin -U generate /dev/vg_data01/lv_snap01 ↵
```

ここでは、はじめに、コピー元のファイルシステムをアンマウントしています。マウントした状態の論理ボリュームからは、正しくスナップショットが作成できないので注意してください。次の**lvcreate**コマンドで、スナップショットを作成します。**-l**オプションでは、差分領域の容量を指定しており、ここでは、コピー元の論理ボリュームの20%のサイズで用意するという意味になります。最後の**xfs_admin**コマンドは、XFSファイルシステムに含まれるUUIDを変更しています。XFSファイルシステムにはそれぞれに固有のUUIDが設定されていますが、スナップショットを作成した直後は、コピー元とコピー先が同じUUIDになっています。同一のUUIDを持つファイルシステムは同時にマウントできないため、スナップショット側のUUIDを変更しています。

コピー元とコピー先、それぞれのファイルシステムをマウントすると、同じ内容になっていることがわかります。次は、コピー先のファイルシステムを**/snapshot**にマウントする例です。

```
# mount /dev/vg_data01/lv_data01 /data ↵
# mkdir /snapshot ↵
# mount /dev/vg_data01/lv_snap01 /snapshot ↵
```

この後、コピー元、もしくは、スナップショットの論理ボリュームに書き込みが発生すると、差分領域にデータが蓄えられていきます。差分領域の使用量が100%になると、スナップショットの論理ボリュームにはアクセスができなくなります。**図3.13**は、差分領域の使用量に関するシステムログ（**/var/log/messaes**）のメッセージです。差分領域の使用量が80%になると警告メッセージが出力されて、その後、使用量が100%になると、スナップショットを無効化するメッセージが出力されます。無効化されたスナップショットにアクセスすると、I/Oエラーが発生します。差分領域の使用量は、**lvs**コマンドで確認できて、次の「Data%」の部分が差分領域の使用量を示します。

差分領域の使用量が80%に達した際の警告メッセージ

```
Mar 14 10:18:47 rhel7 lvm[23084]: Snapshot vg_data01-lv_snap01 is now 80% full.
Mar 14 10:19:08 rhel7 kernel: device-mapper: snapshots: Invalidating snapshot: Unable to
allocate exception.
```

スナップショットを無効化したメッセージ

図3.13 スナップショットに関するシステムログのメッセージ

```
# lvs ↵
  LV        VG        Attr       LSize Pool Origin    Data%  Meta%  Move Log Cpy%Sync Convert
  lv_data01 vg_data01 owi-aos--- 7.00g
  lv_snap01 vg_data01 swi-aos--- 1.43g      lv_data01 0.69
```

スナップショットを破棄する際は、ファイルシステムをアンマウントした後に、**lvremove**コマンドで該当の論理ボリュームを削除します。

```
# umount /snapshot ↵
# lvremove /dev/vg_data01/lv_snap01 ↵
```

lvremoveコマンドを実行すると、「Do you really want to remove active logical volume lv_snap01? [y/n]:」という確認のメッセージが表示されるので、「**y**」で返答します。

それでは、これまでに作成した論理ボリューム、ボリュームグループ、物理ボリュームを削除して、いったん最初の状態に戻しておきます。**図3.12**の例のように、**/etc/fstab**に追加したエントリーがある場合は、はじめに、該当のエントリーを削除しておきます。この後の手順は、次のようになります。

```
# umount /data ↵
# lvremove /dev/vg_data01/lv_data01 ↵
# vgremove vg_data01 ↵
# pvremove /dev/sdb /dev/sdc /dev/sdd ↵
```

はじめに、論理ボリュームのファイルシステムをアンマウントした後に、**lvremove**コマンドで論理ボリュームlv_data01を削除しています。スナップショットを削除したときと同様の確認メッセージが表示されるので、「**y**」で返答します。このとき、論理ボリューム上のファイルシステムの内容は破棄されます。次の**vgremove**コマンドは、ボリュームグループvg_data01を削除しています。最後の**pvremove**コマンドは、物理ボリュームの情報を削除して、これらのデバイスをLVMの管理対象外とします。

LVMに関連するコマンドの一覧は、manページlvm(8)で確認できます。各コマンドのオプションについても、それぞれのコマンドのmanページに詳細な説明がありますので参考にしてください。

LUNの拡張

先ほどは、既存のボリュームグループに新たな物理ボリューム**/dev/sdd**を追加することで、ボリュームグループの容量を拡張しました。ここでは、物理ボリュームとして使用しているLUNのサイズを拡張することで、ボリュームグループの容量を拡張する手順を説明します。使用しているストレージ装置がLUNの拡張機能を持っている場合に、利用できる方法です。

具体例として、既存のボリュームグループに含まれる物理ボリューム**/dev/sdb**に対応するLUNをストレージ装置の機能で拡張したものとします。拡張後のLUNのサイズをLinuxに認識させるために、サーバーを再起動します。

```
# reboot ↵
```

サーバーが再起動したら、**pvresize**コマンドで物理ボリュームとしての認識サイズを新しいLUNのサイズに合わせて拡張します。

```
# pvresize /dev/sdb ↵
```

これで、**/dev/sdb**を含むボリュームグループの容量が拡張されました。この後は、必要に応じて先に説明した手順を用いて、論理ボリュームの拡張とファイルシステムの拡張を行います。

そのほかには、LVMを使用せずに、LUN全体を1つのファイルシステムとして使用する場合もあります。補足として、LVMを使用しない環境でのLUNの拡張について説明しておきます。具体例として、次のコマンドで**/dev/sdb**の全体をXFSファイルシステムでフォーマットして使用しているものとします。

```
# mkfs.xfs /dev/sdb ↵
# mkdir /data ↵
# mount /dev/sdb /data ↵
```

ここで、ストレージ装置の機能で、**/dev/sdb**に対応するLUNのサイズを拡張したものとします。拡張後のLUNのサイズをLinuxに認識させるために、サーバーを再起動します。

```
# reboot ↵
```

サーバーが再起動したら、再度ファイルシステムをマウントして、**xfs_growfs**コマンドでファイルシステムを新しいLUNのサイズに合わせて拡張します。

```
# mount /dev/sdb /data ↵
# xfs_growfs /data ↵
```

なお、**/dev/sdb**の中に、さらに**/dev/sdb1**、**/dev/sdb2**などのパーティションを作成している場合は、この手順は使用できません。LUNを拡張した後にパーティションのサイズを変更する必要があるためです。しかしながら、パーティションサイズの変更は考慮点が多く、データを破損する危険性もあります。データ領域のLUNをパーティションで分割するメリットはありませんので、LUN全体をファイルシステムとして使用するか、もしくは、データ領域を分割したい場合は、LVMを使用するようにしてください。

3.2.2 LVMの高度な操作

ここでは、ボリュームグループの状態の遷移について説明します。これは、LVMのさまざまな管理作業を行う際に必要な知識になります。また、ボリュームグループの構成情報をファイルにバックアップしておき、ストレージ装置の障害などでLVMの構成が失われた際に、以前と同じ構成のボリュームグループを再作成する手順を説明します。

ボリュームグループの状態

図3.14は、ボリュームグループのいくつかの状態の遷移を表します。ボリュームグループには、大きく「Imported」と「Exported」の2つの状態があります。通常の使用中は、Importedの状態のままで変化することはありません。Exportedの状態については、この後で説明をします。

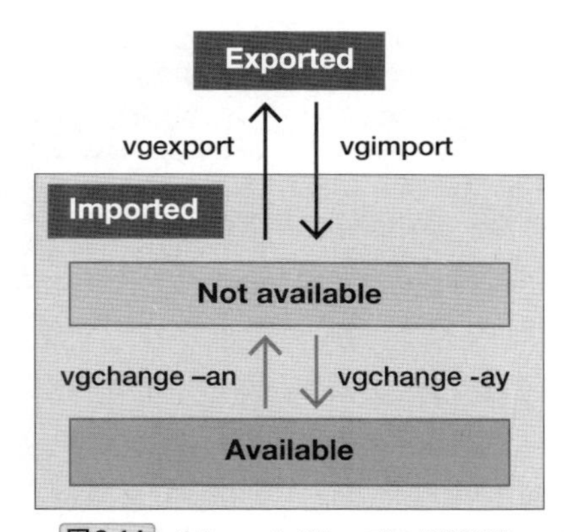

図3.14 ボリュームグループの状態遷移

Importedの状態のボリュームグループは、次の**vgchange**コマンドで、「Available」と「Not available」の状態を切り替えることができます。**<ボリュームグループ名>**を省略すると、すべてのボリュームグループが対象になります。

```
# vgchange -ay <ボリュームグループ名> ↵ ←——— Availableに変更
# vgchange -an <ボリュームグループ名> ↵ ←——— Not availableに変更
```

ボリュームグループの状態がAvailableのときは、中に含まれる論理ボリュームのファイルシステムをマウントして使用することができます。Linuxが起動した直後は、ボリュームグループの状態はNot availableですが、起動処理の中で**vgchange**コマンドが実行されて、自動的にAvailableになります。

Not availableに変更する際は、ボリュームグループに含まれるすべての論理ボリュームのファイルシステムをアンマウントしておきます。論理ボリューム名やボリュームグループ名の変更を行う際は、Not availableの状態で行います。以下は、`/data`にマウントされた`/dev/vg_data01/lv_` data01の名前を/dev/vg_date02/lv_data02に変更してから、再度マウントする手順の例になります。ここでは、lvrenameコマンドおよびvgrenameコマンドで、論理ボリューム名とボリュームグループ名を変更しています。

```
# umount /data ↵
# vgchange -an vg_data01 ↵
# lvrename /dev/vg_data01/lv_data01 /dev/vg_data01/lv_data02 ↵
# vgrename vg_data01 vg_data02 ↵
# vgchange -ay vg_data02 ↵
# mount /dev/vg_data02/lv_data02 /data ↵
```

Exportedの状態への変更は、ボリュームグループを構成する物理ディスクをサーバーから取り外して、ほかのサーバーに付け替える際に使用します。Not available状態のボリュームグループに対して、次のコマンドで、ExportedとImportedの状態を変更します。

```
# vgexport <ボリュームグループ名> ↵ ←―――― Exportedに変更
# vgimport <ボリュームグループ名> ↵ ←―――― Importedに変更
```

この2つの状態は、ボリュームグループに含まれる物理ディスクのメタデータ領域に物理的に書き込まれます。Exportedの状態のボリュームグループは、LVMの管理対象外と認識されるため、対応する物理ディスクを安全にサーバーから取り外して、ほかのサーバーに移動できます。移動先のサーバーでは、再度ボリュームグループをImportedの状態に変更することで、ボリュームグループ内のデータが利用できるようになります。

業務用サーバーの場合、物理ディスクをサーバー間で移動するということはあまり考えられませんが、LVMとして使用するLUNに対して、**図3.7**で紹介した論理コピーを用いたデータバックアップを実施する際に、この手順が必要になります。LUNの論理コピーをバックアップサーバーにマッピングするということは、バックアップサーバーから見ると、バックアップ対象サーバーに接続されていたLUNが、そのまま移動してくることと同じです。そこで、バックアップ対象サーバーで使用しているボリュームグループをExportedの状態にした後に、論理コピーを行います。これをバックアップサーバーにマッピングして、再度Importedの状態に変更した後に、ボリュームグループに含まれる論理ボリュームのファイルシステムをマウントして、バックアップを取得します。

■構成情報のバックアップ

論理ボリューム上のファイルシステムは、通常のファイルシステムと同じ方法でデータバックアップが可能です。ただし、物理ディスクの障害などで、ボリュームグループの構成が破壊された場合は、ボリュームグループを再構成した上で、ファイルシステムをリストアする必要があります。ここでは、ボリュームグループの構成情報をバックアップする手順と、バックアップしておいた構成情報を用いて、ボリュームグループを再構成する手順を説明します。

次のコマンドは、構成情報ファイル**vg_data01.cfg**に対して、ボリュームグループvg_data01の構成情報を書き出します。

```
# vgcfgbackup -f vg_data01.cfg vg_data01 ↵
```

vg_data01.cfgには、vg_data01に含まれる物理ボリュームと論理ボリュームの情報がテキスト形式で記録されています。ボリュームグループに対する構成情報のバックアップとして、このファイルを保存しておきます。

新規のLUNを用いてボリュームグループを再構成する際は、はじめに、物理ボリュームを作成します。このとき、再構成するボリュームグループと同じUUIDを持った物理ボリュームが必要になるので、構成情報ファイル**vg_data01.cfg**から確認しておきます。**図3.15**に示した「physical_volumes」セクションの2カ所の「**id =**」の部分が物理ボリュームのUUIDです。これは、2個の物理ボリュームを含むボリュームグループの例になります。**pvcreate**コマンドで物理ボリュームを作成する際に、**--restorefile**オプションに先ほどの構成情報ファイルを指定した上で、**--uuid**オプションに確認したUUIDを指定します。

```
physical_volumes {

        pv0 {
                id = "n8y32O-H9qM-q1Pm-V1eZ-jjcP-X11J-FCjZUQ"
                device = "/dev/sdb"     # Hint only

                status = ["ALLOCATABLE"]
                flags = []
                dev_size = 67108864     # 32 Gigabytes
                pe_start = 2048
                pe_count = 8191 # 31.9961 Gigabytes
        }

        pv1 {
                id = "we4gUH-KO6b-PrkY-vIgd-qgea-j3YA-ykJJC7"
                device = "/dev/sdc"     # Hint only

                status = ["ALLOCATABLE"]
                flags = []
                dev_size = 67108864     # 32 Gigabytes
                pe_start = 2048
                pe_count = 8191 # 31.9961 Gigabytes
        }
}
```

物理ボリュームのUUID

図3.15 ボリュームグループの構成情報ファイル(physical_volumes セクション)

```
# pvcreate --uuid n8y32O-H9qM-q1Pm-V1eZ-jjcP-X11J-FCjZUQ --restorefile vg_data01.cfg /dev/sdb ↵
# pvcreate --uuid we4gUH-KO6b-PrkY-vIgd-qgea-j3YA-ykJJC7 --restorefile vg_data01.cfg /dev/sdc ↵
```

UUIDが同じであれば、物理ボリュームのデバイス名**/dev/sdb**、**/dev/sdc**は、バックアップ時と異なっていてもかまいません。ただし、使用するLUNのサイズは、バックアップ時と同一にしてください。この後は、次の手順で、構成情報ファイルを用いてボリュームグループを再構成します。

```
# vgcfgrestore -f vg_data01.cfg vg_data01 ↵
# vgchange -ay vg_data01 ↵
```

まず、**vgcfgrestore**コマンドで、バックアップ時と同じ構成のボリュームグループvg_data01が作成されます。バックアップ時と同じUUIDの物理ボリュームを用いて作成されており、バックアップ時と同じ論理ボリュームを含みます。作成直後はNot availableの状態のため、**vgchange**コマンドでAvailableの状態に変更しています。これで、ボリュームグループvg_data01に含まれる論理ボリュームが使用可能になります。論理ボリューム上にファイルシステムを作成した後に、データのリストアを実行してください。

3.3 Device Mapper Thin-Provisioningの活用

RHEL7では、LVMの拡張機能として、Device Mapper Thin-Provisioning (dm-thin) が利用できます。これは、LinuxのDevice Mapperと呼ばれる仕組みを利用して、ソフトウェア的にシンプロビジョニングの機能を提供するものです。さらに、差分領域を利用しない、より効率的なスナップショットを実現しています。ここでは、dm-thinの動作原理を解説した上で、LVMから利用する手順を説明します。

3.3.1 dm-thinの動作原理

LinuxのDevice Mapperは、物理デバイスに対してソフトウェアのモジュールをかぶせることで、特別な機能を追加した論理デバイスを用意する仕組みです。使用するモジュールによって、さまざまな機能が追加できます(**図3.16**)。たとえば、dm-raidモジュールを使用すると、2つの物理デバイスに同じデータを書き込む、ミラーリング構成の論理デバイスが作成できます。どちらか一方の物理デバイスが故障しても、書き込んだデータを失わないための機能になります。あるいは、dm-cryptモジュールを用いて作成した論理デバイスは、暗号化の機能を提供します。論理デバイスに書き込まれた内容は、暗号化された後に物理デバイスに書き込まれるため、物理デバイスが盗難にあった場合でも、書き込んだデータを読み出される心配がなくなります。

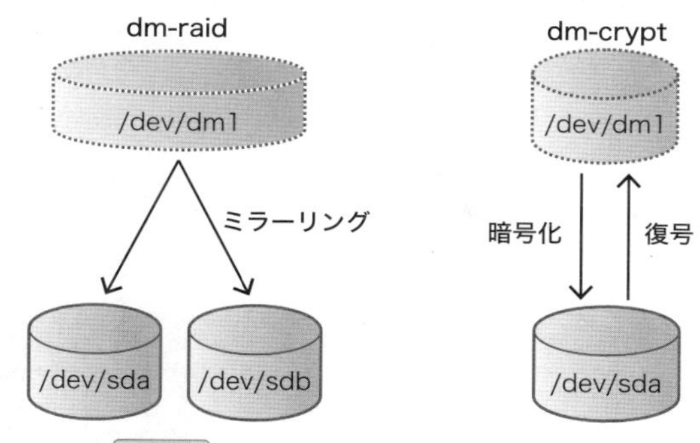

図3.16 Device Mapperのモジュールの例

dm-thinは、このようなDevice Mapperのモジュールの1つです。dm-thinを使用する場合は、データ領域(ブロックプール)とメタデータ領域の2種類の物理デバイスを使用します。そして、これらの物理デバイスの上に、任意のサイズで任意の数の論理デバイスを定義していくことができます(**図3.17**)。ただし、論理デバイスを定義しただけでは、実際の物理デバイスは割り当てられません。論理デバイスに対してデータの書き込みがあると、そのタイミングで、データ領域の物理デバイスから一定サイズのブロックが割り当てられていきます。つまり、実際にデータを書き込んだ分だけ物理デバイスを消費する、「シンプロビジョニング」が実現されることになります。メタデータ領域には、それぞれの論理デバイスに対するブロックの割り当て情報が記録されます。

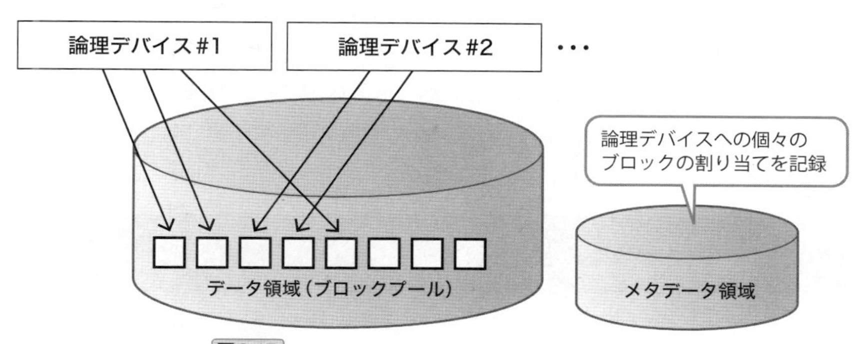

図3.17 dm-thinが提供する論理デバイスの仕組み

dm-thinが提供するスナップショット機能は、**図3.18**の仕組みで実現されます。ある論理デバイスのスナップショットを作成すると、コピー元の論理デバイスと同一のブロックを参照する論理デバイスが用意されます。コピー元とコピー先は同一のブロックを参照しているので、当然ながら同じ内容のデータが読み出されます。この後、どちらかの論理デバイスに書き込みが発生すると、その部分については新しいブロックが割り当てられます。元のブロックの内容をコピーして参照先のブロックを変更した後に、実際の書き込みを行います。これにより、書き込みの発生していない部分については、同一のブロックを共有しながら、ユーザーからは完全に独立した論理デバイスとして利用することが可能になります。この仕組みは、書き込みが発生するタイミングでブロックのコピーを行うことから、「CoW（Copy on Write）方式」と呼ばれることもあります。

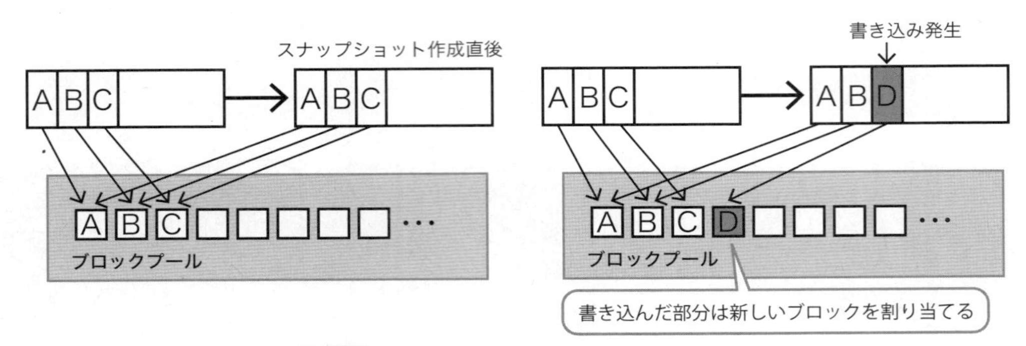

図3.18 dm-thinによるスナップショットの仕組み

3.3.2 シンプロビジョニングの利用方法

dm-thinを用いた、シンプロビジョニング方式の論理デバイスを作成する手順を紹介します。まず、**図3.17**のデータ領域（ブロックプール）に相当する論理ボリュームを用意して、その上で、任意のサイズで論理デバイスを作成していく流れになります。併せて、CoW方式でのスナップショットの作成手順も説明します。

シンプロビジョニング方式の論理デバイス作成

はじめに準備として、物理ボリューム`/dev/sdb`を用いて、ボリュームグループ`vg_data01`を作成します。

```
# pvcreate /dev/sdb ↵
# vgcreate vg_data01 /dev/sdb ↵
```

続いて、`lvcreate`コマンドで、このボリュームグループの中に論理ボリューム`lv_thin01`を作成します。このとき、`-T`オプションを付けて、通常の論理ボリュームではなく、dm-thinのデータ用デバイスとして使用することを指定します。

```
# lvcreate -T -L 10G -n lv_thin01 vg_data01 ↵
```

ここでは、10GBのデータ用デバイスを用意しています。メタデータ用デバイスの領域も、同じ論理ボリュームの中に作成されます。そして、次のコマンドでシンプロビジョニング方式の論理デバイス`vol01`を作成します。

```
# lvcreate -V 100G -n vol01 --thinpool vg_data01/lv_thin01 ↵
```

-Vオプションは、論理デバイスのサイズを指定するものですが、これはあくまでも見かけ上のサイズです。実際に使用した部分のみにブロックが割り当てられるので、この例のように、論理ボリューム**lv_thin01**のサイズを超えるような指定も可能です*6。**--thinpool**オプションの後ろに、「**<ボリュームグループ名>/<論理ボリューム名>**」の形式で、先ほど用意したdm-thin用の論理ボリュームを指定します。**lvs**コマンドで状態を確認すると、次のようになります。

```
# lvs
  LV        VG         Attr       LSize   Pool      Origin Data%  Meta%  Move Log Cpy%Sync
Convert
  lv_thin01 vg_data01 twi-aotz--  10.00g                   0.00   0.65
  vol01     vg_data01 Vwi-a-tz-- 100.00g lv_thin01         0.00
```

「Data%」はデータ用デバイス領域の使用量で、「Meta%」はメタデータ用デバイス領域の使用量を表します。どちらかの使用量が100%に達すると、論理デバイスへの書き込みができなくなるので注意が必要です。必要な際は、**lvextend**コマンドで、論理ボリューム**vg_thin01**を拡張して対応してください。また、作成した論理デバイスは、「**/dev/<ボリュームグループ名>/<論理デバイス名>**」というデバイスファイルを通してアクセスします。次は、XFSファイルシステムでフォーマットして、ディレクトリー**/thinvol**にマウントする例になります。

```
# mkfs.xfs /dev/vg_data01/vol01 ↵
# mkdir /thinvol ↵
# mount /dev/vg_data01/vol01 /thinvol ↵
```

当然ながら、dm-thin用の論理ボリューム**lv_thin01**の上には、複数の論理デバイスを作成することが可能です。

CoW方式のスナップショット作成

dm-thinの論理デバイスに対して、**lvcreate**コマンドでCoW方式のスナップショットが作成できます。次は、先ほど作成した論理デバイス**vol01**から、**snap01**という名前でスナップショットを作成する例になります。

```
# umount /thinvol ↵
# lvcreate -s vg_data01/vol01 -n snap01 ↵
# mount /dev/vg_data01/vol01 /thinvol ↵
```

*6 このような指定をした場合は、その旨を示す警告メッセージが表示されます。

このとき作成されたスナップショットは、バックアップした内容を保護するために、自動では有効化されません。スナップショットをマウントする際は、次のコマンドで明示的に有効化する必要があります。

```
# lvchange -ay -K vg_data01/snap01 ↵
```

もしくは、次のコマンドで自動有効化の禁止を解除すると、システムの再起動後は自動で有効化されるようになります。

```
# lvchange -kn vg_data01/snap01 ↵
```

また、スナップショットをマウントする際は、XFSファイルシステムのUUIDを更新しておく必要があります。この点は、差分領域を用いたスナップショットと同様です。

```
# xfs_admin -U generate /dev/vg_data01/snap01 ↵
```

このように、dm-thinのスナップショットを利用する際は、少し面倒な手順が必要となります。RHEL7には、このような手順を簡単にするスナップショット管理ツール「Snapper」が含まれているので、ここでその使い方を簡単に説明しておきます。はじめに、snapperのRPMパッケージを導入します。

```
# yum install snapper ↵
```

ここでは、先ほどXFSファイルシステムでフォーマットした論理デバイス**vol01**が、ディレクトリー**/thinvol**にマウントされているものとします。Snapperで管理する論理デバイスは、常にマウントされていることが前提になるため、**/etc/fstab**にエントリーを追加して、システム起動時に自動でマウントされるようにしておきます。

次のコマンドを実行すると、この領域がSnapperの管理対象として登録されます。

```
# snapper -c thinvol create-config -f'lvm(xfs)' /thinvol ↵
```

-cオプションは、任意の設定名を指定します。**-f**オプションでは、LVMで作成した論理デバイスをXFSファイルシステムとして使用していることをSnapperに伝えています。これにより、UUIDの変更など、XFSファイルシステムに固有の処理も自動的に行われるようになります。次のコマンドを実行すると、スナップショットが作成されます。

```
# snapper -c thinvol create ↵
```

このコマンドを実行するごとに、新しいスナップショットが作成され、それぞれに管理番号が割り当てられます。作成したスナップショットの一覧は、次のコマンドで確認します。

```
# snapper -c thinvol list
種類   | # | 前 # | 日付                           | ユーザー | 整理     | 説明     | ユーザーデータ
-------+---+------+--------------------------------+----------+----------+----------+-------------
single | 0 |      |                                | root     |          | current  |
single | 2 |      | 2016年03月02日 14時52分46秒 | root     |          |          |
single | 3 |      | 2016年03月02日 14時53分03秒 | root     |          |          |
single | 4 |      | 2016年03月02日 15時01分01秒 | root     | timeline | timeline |
```

この例では、「timeline」と記載されたスナップショットがあります。これは、cronスケジューラーによって自動作成されたものです。デフォルトでは、1時間ごとにスナップショットを作成して、「時間／日／月／年」の単位でそれぞれ10世代分が保存されます。手動でスナップショットを削除する際は、管理番号（2列目の数字）を指定して、次のコマンドを実行します。

```
# snapper -c thinvol delete 2
```

また、次のコマンドで、指定の管理番号のスナップショットをマウント／アンマウントすることができます。

```
# snapper -c thinvol mount 2
# snapper -c thinvol umount 2
```

この例であれば、ディレクトリー**/thinvol/.snapshots/2/snapshot**に、読み込み専用モードでマウントされます。誤って削除したファイルをコピーして復元するなどの目的に使用できます。Snapperには、このほかにも、スナップショット間で変更があったファイルを検出するなどの機能が用意されています。詳細については、Red Hatの製品マニュアル[3]が参考になります。

最後に、Snapperの設定を解除する手順を説明しておきます。はじめに、次のコマンドで現在の設定一覧を確認します。

```
# snapper list-configs
環境設定 | サブボリューム
---------+---------------
thinvol  | /thinvol
```

削除対象の設定名を指定して、次のコマンドを実行します。

```
# snapper -c thinvol delete-config
```

Technical Notes

[3] ストレージ管理ガイド（第14章 Snapper）
URL https://access.redhat.com/documentation/ja-JP/Red_Hat_Enterprise_Linux/7/html/Storage_Administration_Guide/ch-snapper.html

これで、Snapperの設定が解除されました。この際、Snapperを用いて作成したスナップショットは、すべて削除されるので注意してください。

3.4 iSCSIの活用

3.4.1 SAN環境へのネットワーク技術の適用

SANの利用が始まった2000年ごろは、イーサネットワークの通信速度は100Mbpsが中心でしたが、FCケーブルによるSAN接続では、1Gbpsもしくは2Gbpsの速度が利用できました。現在ではさらに高速化されて、4Gbpsおよび8Gbpsが中心に利用されています。

その一方で、ギガビットイーサネットの技術により、イーサネットワークでは1Gbpsが標準的に利用されるようになり、最近では10Gbpsに対応した機器も利用されるようになりました。このようなイーサネットワークの高速化に伴い、イーサネットを利用してSANを構成する技術が注目されるようになりました。その中でも、現在最も広く利用されているのがiSCSIです。

iSCSIは、FCケーブルとFCスイッチの代わりに、IPネットワークを用いてSANを構築することを目指した技術です。一般に、FC関連のハードウェア製品よりも低価格なハードウェア製品で実現できることから、比較的小規模なSAN環境の構築に利用されています。LinuxでiSCSIに対応したストレージ装置を使用する場合は、iSCSI接続専用のアダプターカードを使用する場合と、通常のネットワークカード(NIC)を用いる場合があります。専用のアダプターカードは、それ自身のハードウェア機能でiSCSIの処理を行うため、「ハードウェアイニシエーター」と呼ばれます。通常のNICを用いる場合は、Linuxの機能でソフトウェア的にiSCSIの処理を行うので、「ソフトウェアイニシエーター」と呼ばれます。

また、RHEL7では、LinuxサーバーをiSCSIのストレージ装置として動作させる機能が、Linuxカーネルに組み込まれています。本番環境の業務用サーバーでは、性能や信頼性の観点から専用のストレージ装置を使用することが多いものの、検証環境などで一時的にiSCSIストレージが必要な際は、手軽な代替手段として利用できます。この機能は、「ソフトウェアターゲット」と呼ばれます。

ここでは、iSCSIの基本的な考え方を説明した後に、ソフトウェアターゲットとソフトウェアイニシエーターの使用手順を説明します。

■ iSCSIの基礎

IPネットワークによる接続環境で、Linuxサーバーがリモートのストレージを使用する方法の1つにNFS(Network Filesystem)があります。あるいは、Windowsサーバーであれば、CIFSによるWindowsファイル共有が利用できます。NFSやCIFSによるファイル共有機能を提供する、専用のアプライアンス製品がNAS(Network Attached Storage)です。最近は、コンシューマー向けのNASが家電量販店でも販売されており、NASの利用はかなり一般的になりました。NASに関して押さえておくべきポイントは、NASを利用するサーバーは、NASに対してファイルレベルでの読み書きを行うということです。ファイルを格納するファイルシステムは、NASのハードウェア側で作成・管理されています。

一方iSCSIは、IPネットワークを通じて、疑似的なSCSI接続を実現する技術です。SCSI接続は、物理的なディスク装置をサーバーに接続するものですので、LinuxサーバーにiSCSIで接続されたディスク領域は、内蔵ハードディスクやSAN接続のLUNと同じように、/dev/sdaなどのデバイスファイルからアクセスする物理ディスクとして認識されます。したがって、Linuxサーバー側でファイルシステムを作成して利用する形になります。また、NAS（NFSやCIFS）のように、1つの領域を複数のサーバーで同時にアクセスできるわけではありません。iSCSIのストレージ装置は、使い方としては、NASよりもSANストレージに近いものだと考えてください。最近は、iSCSI接続も可能なNASがあるので混乱しそうになりますが、これは、内部的にNFSのディスク領域とiSCSIのディスク領域を分けて管理しています。同じ領域をNFSとiSCSIで同時にアクセスできるわけではありません。

図3.19は、iSCSIストレージ装置に2台のサーバーを接続する例です。通常のIPネットワーク用のNICとは別に、ストレージ装置に接続するための専用のNICを用意して、2個のネットワークスイッチを経由して接続しています。これは、ストレージ装置が冗長化のためにコントローラーを2個持っている場合の接続方法です。**図3.3**に示した、SANストレージのマルチパス接続と似ていることがわかります。ネットワークスイッチとストレージ装置の間の接続が少し複雑ですが、この部分はストレージ装置ごとにベンダーから推奨される接続方法が決められています。

既存のIPネットワークを用いて、iSCSIストレージ装置を接続することも可能ですが、業務用サーバーでは、通常はストレージ装置専用のネットワークを用意します。これは、ストレージへのアクセスと通常のネットワーク通信がお互いのネットワーク帯域を圧迫することを回避する効果と、ネットワークに障害が発生した際の影響範囲を制限する効果があります。通常のネットワーク接続とストレージ接続の両方に、同時に障害が発生するという状況を避けることができます。

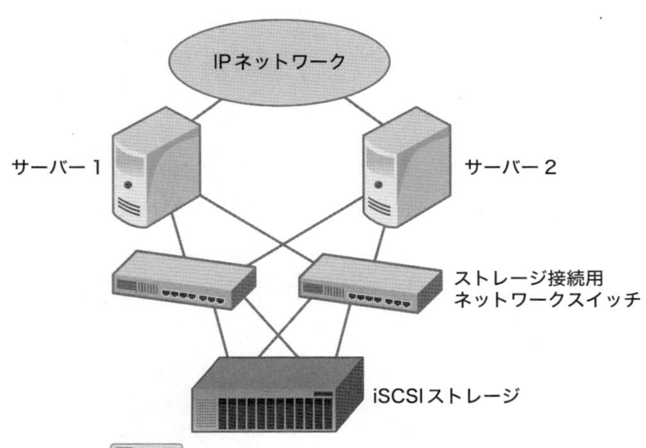

図3.19 iSCSIストレージ装置のマルチパス接続例

ハードウェアイニシエーターとソフトウェアイニシエーター

SCSI規格の用語で、ディスク装置などのアクセス要求を受け取る機器を「ターゲット」、サーバーに搭載されたアダプターカードなどのアクセス要求を出す機器を「イニシエーター」と呼びます。iSCSIの場合は、iSCSIストレージ装置がターゲットに相当します。イニシエーターについては、ハードウェアイニシエーターとソフトウェアイニシエーターの2種類があります。

ハードウェアイニシエーターは、iSCSI接続専用のアダプターカードです（**図3.20**）。イーサネットのポートが搭載されていますが、通常のネットワーク通信に用いるものではありません。対応するデバイスドライバーを導入すると、LinuxからはSCSIアダプターとして認識されます。LinuxからSCSIプロトコルによるアクセス要求が出ると、アダプターカードの機能でiSCSIのアクセス要求に変換して、IPネットワークを経由したiSCSIストレージ装置へのアクセスが行われます。SCSIとiSCSIの変換をアダプターカードのハードウェア機能で行うので、ハードウェアイニシエーターと呼ばれます。マルチパス接続を行う際のアクセス経路の切り替えなどは、使用するストレージ装置が提供する、専用のマルチパスドライバーが必要な場合があります。IPアドレスなどの設定についても、専用のツールを使用することがあります。

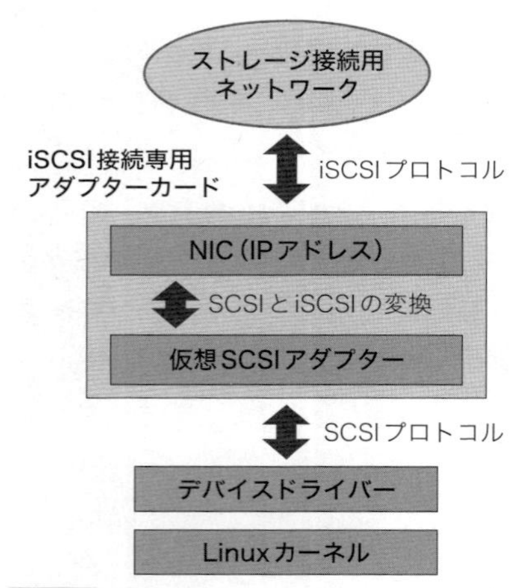

図3.20 ハードウェアイニシエーターの仕組み

もう一方のソフトウェアイニシエーターは、Linux自身の機能で、SCSIとiSCSIの変換を行う方法です。通常のNICを用いて、iSCSIストレージ装置へのアクセスを行うことができます。IPアドレスなどは、Linux上で通常のNICと同様に設定します。Linux上のソフトウェアの機能でSCSIとiSCSIの変換を行うことから、ソフトウェアイニシエーターと呼ばれます。Linuxの「チームデバイス」を用いることで、NIC障害時のアクセス経路の切り替えが可能です[*7]。ただし、チームデバイスが提供す

*7 チームデバイスは、RHEL7で新しく採用されたNIC冗長化の仕組みです。詳細は、「4.2.2 チームデバイスによるNICの二重化」で解説しています。

るのは、NICとネットワークスイッチの接続が切れた際に、アクセスに使用するNICを切り替えるという機能だけです。ネットワークスイッチとストレージ装置の接続が切れた場合などは、ストレージ装置の機能やネットワークスイッチの機能を組み合わせて、経路を切り替える必要があります。この部分は、使用するストレージ装置によって推奨される設定方法が異なるので注意が必要です。

ソフトウェアターゲットとソフトウェアイニシエーターの使用手順

RHEL7でiSCSIを使用する例として、2台のサーバーでiSCSI接続の環境を構成します。1台のLinuxサーバーは、ソフトウェアターゲットの機能を用いて、iSCSIストレージとして使用します。もう1台は、ソフトウェアイニシエーターの機能を用いて、iSCSIデバイスを接続します。それぞれのサーバーのiSCSI接続に使用するIPアドレスは、**図3.21**に記載のとおりとします。ソフトウェアターゲットとするサーバーでは、LVMで作成した論理ボリューム**/dev/vg_data01/lv_data01**と**/dev/vg_data01/lv_data02**をiSCSIディスクとして公開します。一方、ソフトウェアイニシエーターとなるサーバーには、内蔵ハードディスク**/dev/sda**が搭載されており、接続したiSCSIデバイスは、**/dev/sdb**、**/dev/sdc**として認識されるものとします。

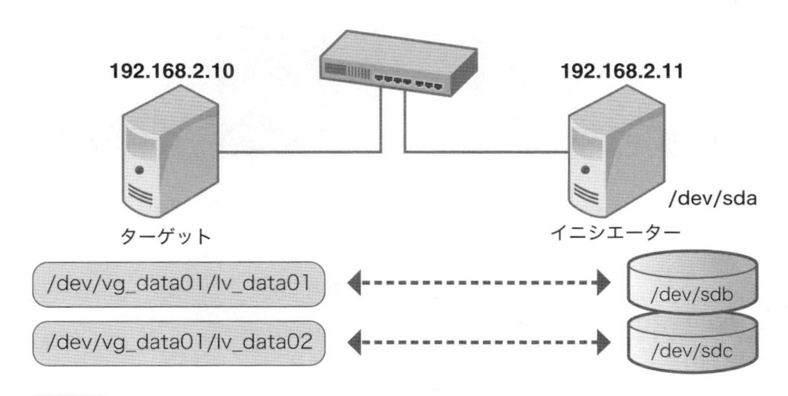

図3.21 ソフトウェアターゲットとソフトウェアイニシエーターによるiSCSIの利用例

まず、ソフトウェアターゲットとなるサーバーを構成します。iSCSIターゲットを構成するツールであるtargetcliのRPMパッケージを導入して、targetサービスを起動します。併せて、システム起動時の自動起動も有効化しておきます。

```
# yum install targetcli ↵
# systemctl enable target.service ↵
# systemctl start target.service ↵
```

iptablesサービスでパケットフィルタリングを行っている場合は、設定ファイル**/etc/sysconfig/iptables**に**図3.22**のエントリーを追加して、iptablesサービスを再起動しておきます。

```
-A INPUT -p tcp -m state --state NEW -m tcp --dport 22 -j ACCEPT
-A INPUT -p tcp -m state --state NEW -m tcp --dport 3260 -j ACCEPT ←―― この行を追加
-A INPUT -j LOG -m limit --log-prefix "[INPUT Dropped] "
```

図3.22 /etc/sysconfig/iptablesの追加部分

```
# systemctl restart iptables.service ↵
```

もしくは、firewalldサービスを使用している場合は、次のコマンドでiSCSI接続に必要なパケットの受信を許可します。

```
# firewall-cmd --add-service=iscsi-target ↵
# firewall-cmd --add-service=iscsi-target --permanent ↵
```

続いて、iSCSIディスクとして公開する論理ボリュームを用意します。ここでは、物理ボリューム**/dev/sdb**を用いて、5GBの論理ボリュームを2つ作成します。

```
# pvcreate /dev/sdb ↵
# vgcreate vg_data01 /dev/sdb ↵
# lvcreate -L 5G -n lv_data01 vg_data01 ↵
# lvcreate -L 5G -n lv_data02 vg_data01 ↵
```

ここからは、**targetcli**コマンドを用いて、これらの論理ボリュームをiSCSIディスクとして公開する設定を行います。**targetcli**コマンドは、引数なしで実行すると、コマンドプロンプトが出て対話的な設定が可能になります。あるいは、引数を指定して、個々の項目を個別に設定することもできます。ここでは、**表3.2**の項目を個別に設定していきます。

▼**表3.2** iSCSIターゲットの設定項目

項目	説明
バックエンドデバイス	iSCSIディスクとして公開するデバイス
IQN (iSCSI Qualified Name)	iSCSIイニシエーターに付ける固有名
ポータル	iSCSIイニシエーターのIPアドレスとポート番号
ACL	iSCSIディスクの接続を許可するクライアントの指定

iSCSIターゲットに関する設定は、疑似的なディレクトリー構造にまとめられていて、次のように**ls**サブコマンドで確認できます。

```
# targetcli ls / ↵
Warning: Could not load preferences file /root/.targetcli/prefs.bin.
o- / ..................................................................... [...]
  o- backstores .......................................................... [...]
  | o- block .............................................. [Storage Objects: 0]
  | o- fileio ............................................. [Storage Objects: 0]
  | o- pscsi .............................................. [Storage Objects: 0]
  | o- ramdisk ............................................ [Storage Objects: 0]
  o- iscsi ........................................................ [Targets: 0]
  o- loopback ..................................................... [Targets: 0]
```

今は、まだ何も設定が存在しない状態になります。最初の警告メッセージは、はじめて**targetcli**コマンドを実行した際に表示されるものなので無視してかまいません。まず、先ほど作成した論理ボリュームをバックエンドデバイスとして登録します。**name**オプションでは、任意の登録名を指定します。

```
# targetcli /backstores/block create name=data01 dev=/dev/vg_data01/lv_data01 ↵
# targetcli /backstores/block create name=data02 dev=/dev/vg_data01/lv_data02 ↵
```

続いて、iSCSIターゲットのIQNを設定します。これは、任意に設定してかまいませんが、IQNとして規定されたフォーマットに従う必要があります。ここでは、「**iqn.2016-03.com.example:host01**」をIQNとします。

```
# targetcli /iscsi create iqn.2016-03.com.example:host01 ↵
```

このとき、設定したIQNに対して、ポータル（接続を受け付けるサーバー側のIPアドレスとポート番号）が自動的に割り当てられます。デフォルトでは、すべてのIPアドレスで接続を受け付けて、ポート番号には、TCP3260番を使用します。そして、先ほど登録したバックエンドデバイスをIQNにひも付けて、外部から接続可能にします。

```
# targetcli /iscsi/iqn.2016-03.com.example:host01/tpg1/luns create /backstores/block/data01 ↵
# targetcli /iscsi/iqn.2016-03.com.example:host01/tpg1/luns create /backstores/block/data02 ↵
```

ただし、すべてのイニシエーターから自由に接続できるのは問題があるので、接続可能なクライアントを指定するACLを定義します。ここでは、クライアントが持つイニシエーターのIQNにより、接続可能なクライアントを指定します。

```
# targetcli /iscsi/iqn.2016-03.com.example:host01/tpg1/acls create iqn.2016-03.com.example:client01 ↵
```

この例では、「**iqn.2016-03.com.example:client01**」というIQNのイニシエーターからの接続を許可しています。クライアント側のIQNの設定は、この後の手順で行います。ここまでの設定内容を確認すると次のようになります。

```
# targetcli ls / ↵
o- / ......................................................................... [...]
  o- backstores .............................................................. [...]
  | o- block .................................................. [Storage Objects: 2]
  | | o- data01 ....... [/dev/vg_data01/lv_data01 (5.0GiB) write-thru activated]
  | | o- data02 ....... [/dev/vg_data01/lv_data02 (5.0GiB) write-thru activated]
  | o- fileio ................................................. [Storage Objects: 0]
  | o- pscsi .................................................. [Storage Objects: 0]
  | o- ramdisk ................................................ [Storage Objects: 0]
  o- iscsi ............................................................ [Targets: 1]
  | o- iqn.2016-03.com.example:host01 ...................................... [TPGs: 1]
  |   o- tpg1 ................................................ [no-gen-acls, no-auth]
  |     o- acls ........................................................... [ACLs: 1]
  |     | o- iqn.2016-03.com.example:client01 ................. [Mapped LUNs: 2]
  |     |   o- mapped_lun0 ............................ [lun0 block/data01 (rw)]
  |     |   o- mapped_lun1 ............................ [lun1 block/data02 (rw)]
  |     o- luns ........................................................... [LUNs: 2]
  |     | o- lun0 .................. [block/data01 (/dev/vg_data01/lv_data01)]
  |     | o- lun1 .................. [block/data02 (/dev/vg_data01/lv_data02)]
  |     o- portals ..................................................... [Portals: 1]
  |       o- 0.0.0.0:3260 .................................................... [OK]
  o- loopback ......................................................... [Targets: 0]
```

以上で、iSCSIターゲットの設定は完了です。最後に、設定内容を保存しておきます。

```
# targetcli saveconfig ↵
```

なお、設定内容を削除してやり直す場合は次の手順に従います。まず、すべての設定を削除するときは次のコマンドを実行します。

```
# targetcli clearconfig confirm=True ↵
```

特定の項目を削除する場合は、次の例のように、先ほどの`create`サブコマンドを`delete`サブコマンドに置き換えて実行します。

```
# targetcli /iscsi/iqn.2016-03.com.example:host01/tpg1/acls delete iqn.2016-03.com.example:client01 ↵
```

設定を削除／修正した場合も、最後に設定内容を保存しておいてください。

```
# targetcli saveconfig ↵
```

続いて、ソフトウェアイニシエーターとなるサーバーを構成します。はじめに、iscsi-initiator-utils

のRPMパッケージを導入してiscsidサービスを起動します。併せて、システム起動時の自動起動も有効化しておきます。

```
# yum install iscsi-initiator-utils ↵
# systemctl enable iscsid.service ↵
# systemctl start iscsid.service ↵
```

iscsidサービスは、バックエンドでiSCSIイニシエーターの処理を行います。このほかに、システム起動時に、登録済みのiSCSIターゲットを自動認識するiscsiサービスがあります。こちらは、システム起動時に実行されるように、有効化だけ行っておきます。

```
# systemctl enable iscsi.service ↵
```

次に、iSCSIイニシエーターのIQNを設定します。設定ファイル**/etc/iscsi/initiatorname.iscsi**を開いて、既存の内容を**図3.23**のように変更します。ここでは、先ほど、iSCSIターゲットのほうでACLに設定したIQN「**iqn.2016-03.com.example:client01**」を設定しています。ここで、iscsidサービスを再起動して、設定変更を反映します。

```
InitiatorName=iqn.2016-03.com.example:client01
```

図3.23 /etc/iscsi/initiatorname.iscsiにおけるIQNの設定

```
# systemctl restart iscsid.service ↵
```

この後、次のコマンドを実行すると、指定のIPアドレス／ポート番号にアクセスしてiSCSIターゲットを検索します。iSCSIターゲットを認識すると、次のようにターゲットのIQNが表示されます。

```
# iscsiadm -m discovery -t st -p 192.168.2.10:3260 ↵
192.168.2.10:3260,1 iqn.2016-03.com.example:host01
```

表示されたIQNを指定して、iSCSIターゲットに対するログイン処理を行います。

```
# iscsiadm -m node -T iqn.2016-03.com.example:host01 -p 192.168.2.10:3260 -l ↵
Logging in to [iface: default, target: iqn.2016-03.com.example:host01, portal: 192.168.2.10,3260]
(multiple)
Login to [iface: default, target: iqn.2016-03.com.example:host01, portal: 192.168.2.10,3260] successful.
```

ログイン処理に成功すると、iSCSIディスクが接続されて利用可能になります。次のように、**/dev/sdb**、**dev/sdc**として、iSCSIディスクが認識されていることがわかります。

```
# lsblk -S ↵
NAME HCTL       TYPE VENDOR   MODEL             REV TRAN
sda  0:0:0:0    disk ATA      WDC WD1602ABKS-1 02.0 ata
sdb  4:0:0:0    disk LIO-ORG  data01            4.0  iscsi
sdc  4:0:0:1    disk LIO-ORG  data02            4.0  iscsi
```

接続したiSCSIディスクの認識を解除する際は、次の手順に従います。はじめに、次のコマンドで、認識しているiSCSIターゲットのIQNとIPアドレス/ポート番号を確認します。

```
# iscsiadm -m node ↵
192.168.2.10:3260,1 iqn.2016-03.com.example:host01
```

確認したIQNとIPアドレス/ポート番号を指定して、iSCSIターゲットからログアウトします。

```
# iscsiadm -m node -T iqn.2016-03.com.example:host01 -p 192.168.2.10:3260 --logout ↵
Logging out of session [sid: 3, target: iqn.2016-03.com.example:host01, portal: 192.168.2.10,3260]
Logout of [sid: 3, target: iqn.2016-03.com.example:host01, portal: 192.168.2.10,3260] successful.
```

最後に、iSCSIターゲットの認識を解除します。

```
# iscsiadm -m node -o delete -T iqn.2016-03.com.example:host01 -p 192.168.2.10:3260 ↵
```

これでiSCSIディスクの接続が解除されました。次のコマンドで、認識中のiSCSIターゲットを確認すると、「No records found」と表示されるはずです。

```
# iscsiadm -m node ↵
iscsiadm: No records found
```

第4章

Linuxの ネットワーク管理

4.1 IPネットワーク

4.1.1 IPネットワークの基礎

Linuxサーバーを構築・運用する上で、ネットワークの知識は必須です。既存のネットワークにただ接続するだけであれば、用意されたネットワークの口(ポート)にサーバーを接続して、割り当てられたIPアドレス、ネットマスク、デフォルトゲートウェイの3点セットを設定すれば終わりです。そのほかには、DNSサーバーのIPアドレスと、NICの通信速度設定に注意する程度です。

しかしながら、最近の業務用サーバーの環境では、複数ネットワークへの接続、NICの二重化、VLANの利用などが普通に行われるようになりました。これらは、Linux自身のネットワーク機能とネットワークスイッチなどのネットワーク機器の機能を連携する必要があります。つまり、ネットワークとLinuxサーバーの両方の知識を持ったエンジニアでないと、正しい設計ができないことになります。ネットワーク担当者とサーバー担当者の間で、意思疎通がうまくいかずに、ネットワーク接続の問題が起きることは意外とよくあります。

Linuxサーバーの管理者として身に付けるべき知識には、Linuxサーバーに特化しないIPネットワークの一般的な知識と、Linuxサーバーに固有の設定に関する知識があります。ここでは、まず、IPネットワークの一般的な知識を整理します。

ネットワークの物理接続図と論理接続図

ネットワークスイッチには、L2スイッチとL3スイッチがありますが、これらの違いを正しく説明できるでしょうか？ 基本的には、ルーターの機能を持つのがL3スイッチで、ルーターの機能を持たないのがL2スイッチです。IPネットワークの通信では、同じサブネットのIPアドレスを持つ機器どうしは、ルーターを経由せずに直接にパケットを交換します。一方、異なるサブネットとの通信では、一般に複数のルーターを経由してパケットが転送されていきます。このとき、隣接するサブネットの間でパケットを転送するのがルーターの役割です。

したがって、**図4.1**に示すように、同じサブネットの機器は、ルーターの機能を持たないL2スイッチで相互接続します。その上で、複数のサブネットをルーターの機能を持つL3スイッチが相互接続する形になります。**図4.1**の「サブネット1」と「サブネット2」のように、ルーターを介さずに直接に接続されたひと続きの「島」が、サブネットだと考えてください。

そして、**図4.1**のL3スイッチの内部を見ると、論理的に分割された2つのネットワークが、仮想ルーターで相互に接続されています。このように、スイッチの内部で論理的にネットワークを分割する機能を「VLAN」といいます。VLANの機能は、L2スイッチでも利用することが可能です。VLANの詳細については、この後で説明します。

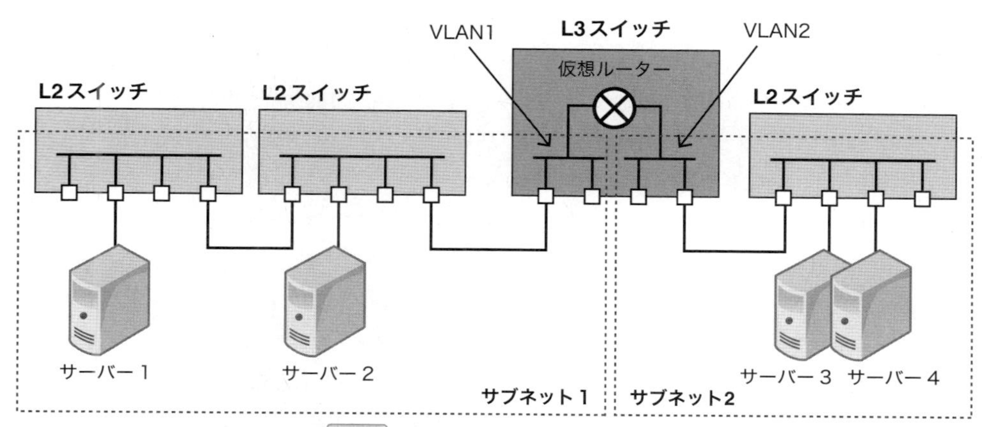

図4.1 ネットワークの物理接続図の例

図4.1を模式的に表したものが、**図4.2**の論理接続図になります。**図4.1**と**図4.2**を頭の中で相互に変換して、一方からもう一方を自然に想像できるように練習しておいてください。**図4.2**には、各サーバーと仮想ルーターのIPアドレス、そして、それぞれのサブネットのネットワークアドレスが記載されています。仮想ルーターは複数のサブネットに接続されていますが、それぞれの接続部分が、該当のサブネットのIPアドレスを持っている点に注意してください。仮想ルーターのIPアドレスは、L3スイッチの内部で設定されています。

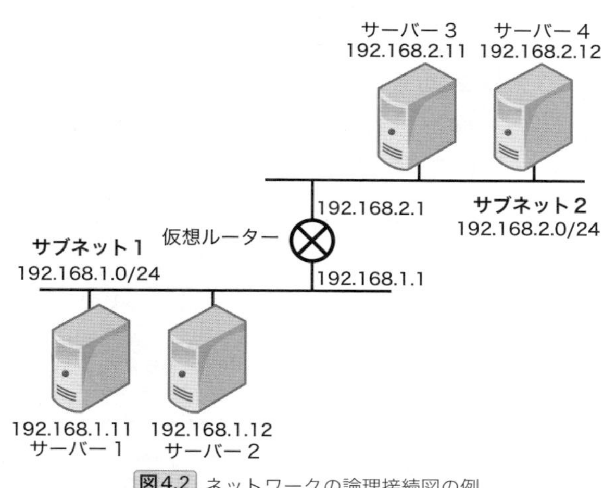

図4.2 ネットワークの論理接続図の例

ここで、サブネットの「ネットワークアドレス」を説明しておきます。サーバーにIPアドレスを設定する際は、IPアドレスとネットマスクを指定します。これらは、一般に「192.168.1.10/255.255.255.0」あるいは「192.168.1.10/24」のように表記します。「/」の後ろの数字がネットマスクで、IPアドレスの前半部分のどこまでがネットワークアドレスなのかを示しています。この例における「/24」は、頭から

24ビット分という意味です。IPアドレスは、ドット区切りで8ビットの数字が4つ並んでいますので、24ビットということは、3つ目の数字（192.168.1）までがネットワークアドレスということです。このネットワークアドレスを「192.168.1.0/24」と表記します。**図4.2**の例では、サブネット1に接続したサーバーのIPアドレスは、すべて同じネットワークアドレス「192.168.1.0/24」を持っています。これが、サブネット1のネットワークアドレスになります。

ちなみに、1つのサブネットに、異なるネットワークアドレスを持ったサーバーを接続するとどうなるのでしょうか？　結論からいうと、そのような接続はIPネットワークの規約上許されていません。ここではサーバーのIPアドレスから先に考えましたが、実際には、サブネットに固有のネットワークアドレスを事前に決めておき、そこに属する範囲のIPアドレスをサーバーに割り当てていきます。

たとえば、サブネットのネットワークアドレスを「192.168.1.0/24」と決めると、このサブネットに接続するサーバーのIPアドレスは、「192.168.1.1/24」～「192.168.1.254/24」の範囲に決まります。サブネットの範囲の最初と最後にあたる「192.168.1.0/24」と「192.168.1.255/24」は、特別な意味を持つIPアドレスなので、サーバーのIPアドレスには使用できません。最初の「192.168.1.0」は、サブネット自体のネットワークアドレスで、最後の「192.168.1.255」は、ブロードキャストアドレスになります。

なお、ネットマスクの「/255.255.255.0」は、「/24」と同じ意味になります。255は2進数で「1111 1111」という8ビットの値ですので、「255.255.255.0」を2進数で書くと「1111 1111.1111 1111.1111 1111.0000 0000」となります。先頭から24個の1が並んでおり、これは、先頭から24ビット分がネットワークアドレスという意味になります。「/24」をプレフィックス形式、「/255.255.255.0」をビットマスク形式と呼びます。

それでは、ここで簡単な練習問題です。IPアドレス「192.168.100.5/255.255.255.240」が属するサブネットのネットワークアドレスは何でしょうか？　――これは、**図4.3**のような図を描くと答えがわかります。240は2進数で「1111 0000」ですので、ネットマスクは2進数で「1111 1111.1111 1111.1111 1111.1111 0000」です。先頭から28個の1が並んでおり、先頭から28ビット分がネットワークアドレスになります。これは、「/28」と同等です。そこで、IPアドレス「192.168.100.5」の先頭から28ビット分を取り出します。最後の5は、2進数で「0000 0101」ですので、最後の4ビットを消すと「0000 0000」（10進数で0）です。したがって、答えは、「192.168.100.0/28」になります。

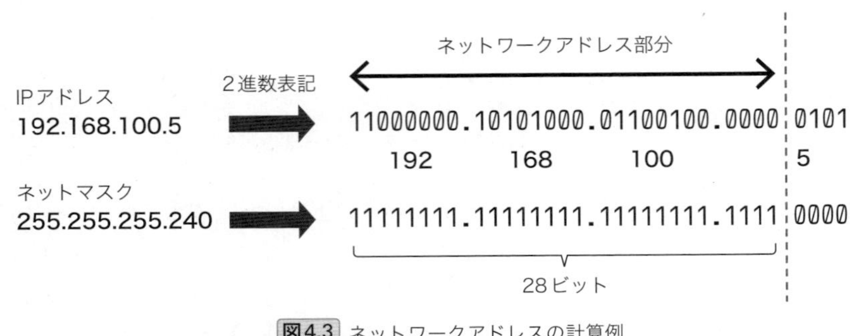

図4.3 ネットワークアドレスの計算例

もう1つ考えてみましょう。IPアドレス「192.168.100.24/255.255.255.240」が属するサブネットのネットワークアドレスは何でしょうか。先ほどと同じ考え方で、「192.168.100.24」の先頭から28ビット分を取り出します。最後の24は、2進数で「0001 1000」ですので、最後の4ビットを消すと「0001 0000」(10進数で16)です。したがって、答えは「192.168.100.16/28」です。先の例とは、ネットワークアドレスが異なることがわかります。

これらの例からわかるように、ネットマスクが「255.0.0.0」「255.255.0.0」「255.255.255.0」以外の場合、2つのIPアドレスのネットワークアドレスが同じかどうかはひと目ではわかりません。ネットワークアドレスをもとにIPアドレスを選択する際は、注意が必要です。

「許されていない」の本当の意味

本文では、「1つのサブネットに、異なるネットワークアドレスのIPアドレスを持ったサーバーを接続することは許されない」と書きました。このような説明をすると、「その設定が許されないのはわかりましたが、実際にやったらどうなりますか?」という質問を受けることがあります。この手の質問への由緒正しい回答は、「わかりません」です。屁理屈のようですが、知識がなくてわからないのではなくて、「わからない」ということがわかっているのです(ちなみに、この例であれば、本当はどうなるかはだいたいわかっているのですが、ここではあえていいません。負け惜しみではないですよ!)。

ネットワークに限らず、ITの世界では、ハードウェアやソフトウェアに関するさまざまな標準規約があります。このような規約では、「〜でなければならない」という条件が最初にあって、この条件を満たすときに、その規約に従うハードウェアやソフトウェアがどのように動作するべきかが指定されています。

「〜でないときは、エラーを出して停止する」という決まりがあれば、冒頭の質問にも明確に回答できるのですが、このような決まりがない場合、実際に何が起きるかはその製品を設計した人が自由に決めることになります。ものによっては、「〜でないときは、結果は不定である」という、厳密なのか厳密でないのかよくわからない規約もあります。個人的には、これを「不定の規約」と呼んでいます。これもまた、実装する人が自由に決めてよいという意味です。

実際に製品を設計した人に聞いてみるなり、実機で検証するなりすれば、ある程度の結果はわかります。しかしながら、検証でうまくいったからといって、このような「許されない」設定を採用してはいけません。たまたま、その環境で期待する動作が得られたとしても、将来、別の機器で同じ設定を採用したときにどうなるか、まさに「誰にもわからない」ことになります。極端な場合、ネットワーク機器が故障して、同じ型番の製品に入れ替えたとしても、同じ動作をする保証はありません。同じ型番の製品であれば同じ動作をするはずと、誰しも期待をするのですが、「不定の規約」に関しては、製品メーカーが独自の判断で仕様を変えることも実際にあり得ます。

ソフトウェアの開発でも同じような問題に出会います。LinuxとUnixの両方で動作するプログラムを開発する際に、同じ規約に従っていて、互換性が保証されているライブラリーを使って安心していると、LinuxとUnixでソフトウェアの動きが違うことがあります。これは、「規約にないライブラリーの使い方」をしていることが原因です。「不定の規約」に関しては、LinuxとUnixで同じ結果が得られなくても誰にも文句はいえません。

ハードウェアでもソフトウェアでも、製品が標準規約に従っているからといって手放しに安心するのではなく、きちんと規約の中身を理解して、お作法どおりの設計/開発をすることが大切です。とりわけ、ネットワークに関しては、ネットワークの専門家には当たり前のことが、Linuxサーバーの管理者には残念ながらよく知られていないことがあります。プロのLinuxサーバー管理者として、必ずネットワークは基礎から学んでおいてください。参考書は、[1]がお勧めです。

Technical Notes

[1]『[改訂新版]3分間ネットワーク基礎講座』網野衛二(著). 技術評論社(2010)

サブネット内の通信

同じサブネットに所属するサーバー間で、ネットワーク通信する際の処理の流れを説明します。まず、重要なポイントとして、L2スイッチはIPアドレスの概念を理解しません。イーサネット（L2ネットワーク）を流れるパケットは、**図4.4**のように先頭に宛先と送信元のMACアドレスがあり、その後ろに宛先と送信元のIPアドレスが記載されています[*1]。MACアドレスは、NICのポートごとに割り当てられた48ビットの値で、「04-A3-43-5F-43-23」のように表記します。工場でNICを生産する際に、そのカードに固有の値が設定されます。

図4.4 イーサネットフレームの構造

サーバーからパケットを受け取ったL2スイッチは、パケットの先頭のMACアドレスを見て、このパケットを送出する物理ポートを決定します。L2スイッチから見ると、**図4.4**の「イーサネットのヘッダー」部分が封筒に書かれた住所で、後ろの「IPパケット」部分は封筒の中身になります。封筒の中身に何が書かれているかは、L2スイッチには無関係だと考えてください。

具体例として、**図4.2**のサーバー1が、サーバー2のIPアドレスに向けてパケットを送信する場合を考えます。サーバー1のLinuxは、自身のIPアドレスと宛先のIPアドレスが同じネットワークアドレスを持っていることから、宛先のサーバーは同じサブネットにあると判断します[*2]。そこで、L2スイッチにパケットの転送を依頼するために、宛先サーバーのMACアドレスを調べます。Linuxは、「ARPテーブル」と呼ばれる、宛先サーバーのIPアドレスとMACアドレスの対応表をメモリー上に保持しており、ARPテーブルからMACアドレスがわかる場合は、それを利用します。

一方、ARPテーブルに該当のIPアドレスのエントリーがない場合、Linuxは、MACアドレスを知りたいIPアドレスが記載された「ARP要求パケット」を送出します（**図4.5**）[*3]。このパケットの宛先MACアドレスにはブロードキャストアドレス「FF-FF-FF-FF-FF-FF」が記載されており、このパケットを受け取ったL2スイッチは、すべてのポートからこのパケットを送出します。L2スイッチが連結されているときは、隣のL2スイッチも同様にすべてのポートに転送します。結果として、同じサブネットのすべてのサーバーがARP要求パケットを受信します。その中で、問い合わせ対象のIPアドレスを持っているサーバーが、対応するNICのMACアドレスを「ARP応答パケット」で返答します。最初のARP要求パケットに、問い合わせもとのサーバーのMACアドレスが書かれているので、これがARP応答パケットの宛先MACアドレスに指定されます。ARP応答パケットを受け取ったサーバー1は、その結果をARPテーブルに記録しておきます。

*1 IPパケットにイーサネットのヘッダーが付いたものは、正確には「イーサネットフレーム」と呼びます。ここでは、簡単のためにあえて「パケット」と呼んでいます。

*2 この判断は、この後で説明するルーティングテーブルを用いて行われます。

*3 本章の図に記載するMACアドレスは、簡単のために、末尾の8ビットの値だけを記載します。

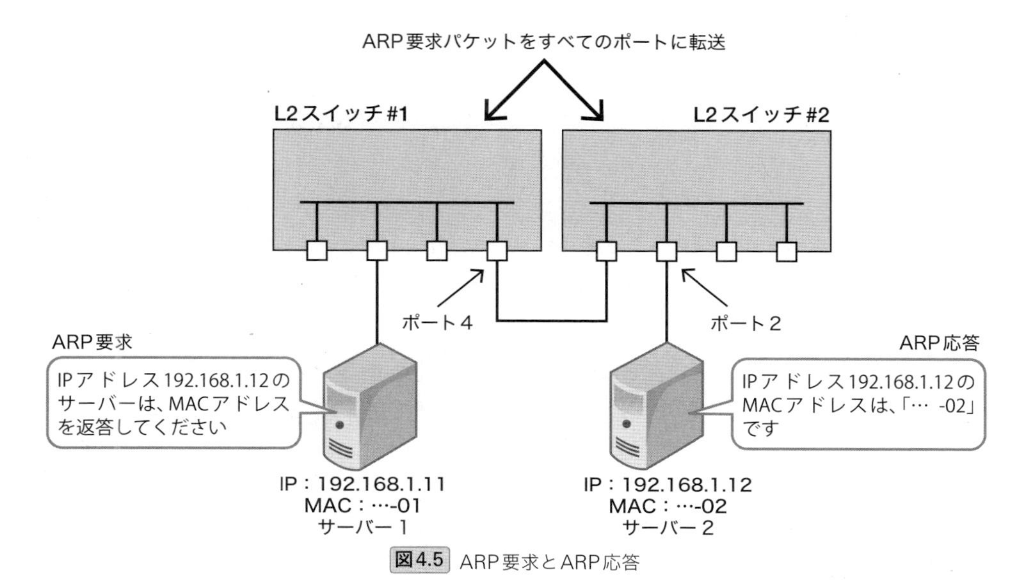

図4.5 ARP要求とARP応答

図4.6は、ARP要求／応答パケットに含まれる情報です。L2スイッチは、封筒に書かれた住所であるイーサネットのヘッダー部分を見て、これらのパケットを転送します。この封筒の中身であるARPパケットは、MACアドレスを問い合わせる質問用紙といえるでしょう。

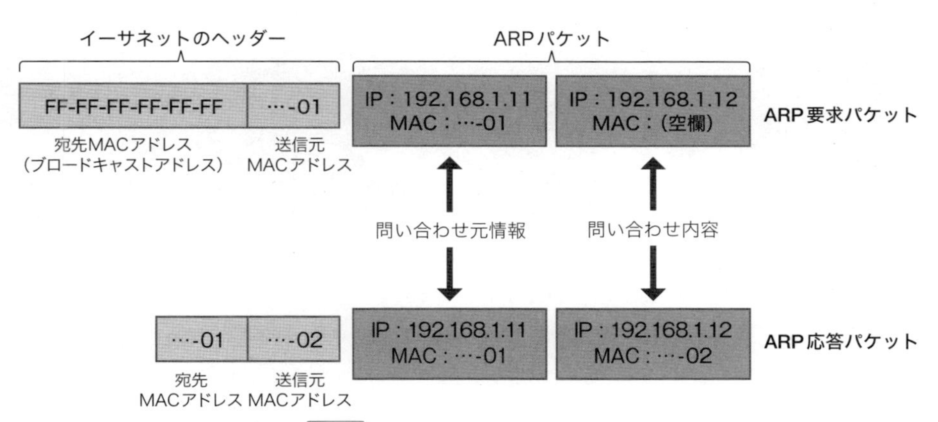

図4.6 ARPパケットに含まれる情報

少し長くなりましたが、このようにして宛先のMACアドレスが決定すると、サーバー1は本当に送りたいパケットを送出します。L2スイッチは、宛先のMACアドレスを持ったサーバーが、どのポートの先に存在するかという情報を内部の「MACテーブル」に記録しています。L2スイッチがMACテーブルを参照して、適切なポートからパケットを送出すると、無事にサーバー2にパケットが到達します。

L2スイッチがMACテーブルに情報を記録する方法は、次のようになります。L2スイッチが、あるポートでパケットを受け取ると、そのパケットに記載された送信元MACアドレスを見て、このポートの先にはこのMACアドレスを持つサーバーがあるものと認識して、これをMACテーブルに記録します。先ほどの通信の流れでは、**図4.5**で、サーバー2がARP応答パケットを送信した際に、L2スイッチ#2のMACテーブルに対して、ポート2の先にサーバー2のMACアドレスがあることが記録されます。同じく、L2スイッチ#1では、ポート4の先にあるものと記録されます。ARPテーブルとMACテーブルは異なる働きをするものなので、これらを混同しないようにしてください。

なお、L2スイッチ上で、宛先のMACアドレスがMACテーブルに見つからない場合は、すべてのポートからパケットを送出します。大部分のポートの先には、そのパケットを受け取るサーバーはありませんが、このようなパケットはそこで破棄されることになります。

また、ARPテーブルやMACテーブルに記録された情報は、永遠に正しいとは限りません。サーバーのIPアドレスを変更したり、サーバーを接続するスイッチのポートを変更したりすると、これらの情報は古くなってしまいます。このような問題に対応するために、ARPテーブルやMACテーブルの情報は、一定時間経過すると自動的に破棄されるようになっています。さらに、L2スイッチの場合は、あるポートのケーブルを抜き差ししたタイミングで、そのポートのMACテーブルの情報をすべて破棄します。あるいは、Linuxでは、自身が受け取ったパケットの送信元IPアドレスと送信元MACアドレスのペアーをチェックして、これがARPテーブルに記録された情報と異なる場合は、ARPテーブルを新しいペアーで更新します。

Linuxサーバーの ARPテーブルの内容は、ipコマンド(nサブコマンド)で確認します。

```
# ip n ↵
192.168.2.12 dev eno2 lladdr 52:54:00:03:9a:a5 REACHABLE
192.168.2.11 dev eno2 lladdr 52:54:00:8c:c5:bc REACHABLE
192.168.1.12 dev eno1 lladdr b0:c7:45:5f:4b:ac REACHABLE
192.168.1.1 dev eno1 lladdr 68:05:ca:01:72:35 REACHABLE
```

先頭部分がIPアドレスで、対応するMACアドレスのほかに、このMACアドレス宛のパケットを送出するべきNICも記録されています。

このLinuxサーバー自身が持つNICのMACアドレスは、同じく、ipコマンド(lサブコマンド)で確認します。「link/ether」の後ろの部分がMACアドレスになります。

```
# ip l ↵
1: lo: <LOOPBACK,UP,LOWER_UP> mtu 65536 qdisc noqueue state UNKNOWN mode DEFAULT
    link/loopback 00:00:00:00:00:00 brd 00:00:00:00:00:00
2: eno1: <BROADCAST,MULTICAST,UP,LOWER_UP> mtu 1500 qdisc pfifo_fast state UP mode DEFAULT qlen 1000
    link/ether 52:54:00:1b:ca:3f brd ff:ff:ff:ff:ff:ff
3: eno2: <BROADCAST,MULTICAST,UP,LOWER_UP> mtu 1500 qdisc pfifo_fast state UP mode DEFAULT qlen 1000
    link/ether 52:54:00:b2:f2:2e brd ff:ff:ff:ff:ff:ff
```

これらのipコマンドで用いたサブコマンドnとlは、それぞれ「neighbour」と「link」の頭文字になります。以前のバージョンでは、このような情報は**arp**コマンドおよび**ifconfig**コマンドで確認していましたが、RHEL7では、これらのコマンドを提供するnet-toolsのRPMパッケージがデフォルトではインストールされなくなっており、代替として**ip**コマンドを使用するようになっています。詳細については、筆者のBlog記事[2]を参考にしてください。また、RHEL7では、NICのデバイス名についてもネーミングルールが変更されており、上記の例にある「eno1」など、従来の「eth0」などとは異なるデバイス名が用いられることがあります。この点については、この後の「4.2.1 ネットワークの基本設定」で解説します。

ルーティングの仕組み

続いて、異なるサブネットとの通信の流れを説明します。ここでは、Linuxのルーティングテーブルを理解する必要があります。まず、Linuxサーバーのルーティングテーブルは、**ip**コマンド(**r**サブコマンド)で確認します。**r**は「route」の頭文字です。

```
# ip r ↵
default via 192.168.1.1 dev eno1  proto static  metric 100
192.168.1.0/24 dev eno1  proto kernel  scope link  src 192.168.1.11  metric 100
```

これは、**図4.2**のサーバー1における出力例です。各行の先頭部分が宛先のネットワークアドレスを表します。2行目は、ネットワークアドレスが「192.168.1.0/24」のIPアドレスに向けたパケットは、NIC「eno1」から送出することを示します。「scope link」は、同じサブネットなので、ルーターを介さずにパケットを送るという意味です。**図4.2**のサーバー1が、同じサブネットのサーバー2にパケットを送る際は、このエントリーがマッチします。

一方、先頭部分に「default」と記載された1行目は、どのエントリーにもマッチしない場合のデフォルトのエントリーです。「via 192.168.1.1 dev eno1」は、NIC「eno1」からルーターのIPアドレス「192.168.1.1」にパケットを送信して、その後の配送は、その先のネットワークに任せることを示します。これがいわゆる「デフォルトゲートウェイ」になります。

具体例として、**図4.2**のサーバー1が、サーバー3宛のパケットをデフォルトゲートウェイの「192.168.1.1」に送信する際の処理の流れを説明します(**図4.7**)。サーバー1は、ゲートウェイへのパケット転送をL2スイッチに依頼する必要がありますが、先に説明したように、L2スイッチはMACアドレスで転送先を決定します。そこでサーバー1は、ARPパケットを利用して、IPアドレス「192.168.1.1」に対応するルーターのNICのMACアドレス「………-0A」を取得します*4。その後、サーバー1は、宛先MACアドレスに「………-0A」をセットしたパケットをL2スイッチに渡すことで、ルーターにパケットが転送されます。

*4 L3スイッチ内部の仮想ルーターは、それぞれのIPアドレスに対応する仮想MACアドレスを持っています。

Technical Notes

[2] RHEL7/CentOS7でipコマンドをマスター
URL http://enakai00.hatenablog.com/entry/20140712/1405139841

続いて、このパケットを受け取ったルーターは、パケットの先頭の宛先MACアドレスと送信元MACアドレスを破棄して、その後ろにある宛先IPアドレスを確認します。先の封筒のたとえでいうと、ルーターは、封筒を開けて中身を確認する機能を持っていることになります。そして、ルーター自身が持っているルーティングテーブルを参照して、次にパケットを転送するべきゲートウェイを決定します。**図4.7**の場合、このルーターは、直接サーバー3にパケットを転送できます。そこで、ARPパケットを利用して、サーバー3のIPアドレス「192.168.2.11」に対応するMACアドレス「………-03」を取得した後に、これを宛先MACアドレスとしたパケットをサブネット2の側にあるL2スイッチに渡します。

図4.7を見るとわかるように、パケットを転送する過程において、宛先MACアドレスと送信元MACアドレスは、通過するサブネットに合わせて変化していきます。一方、宛先IPアドレスと送信元IPアドレスには、本来の宛先と送信元のIPアドレスが固定的に記録されています。これは、ルーターを通過するごとに、封筒の中身が新しい封筒に詰め替えられると考えられます。ルーターによるパケット転送の各ステップでは、封筒の中身に記載された、最終目的地の「宛先IPアドレス」をもとにして、ルーティングテーブルから次の転送先が決められます。

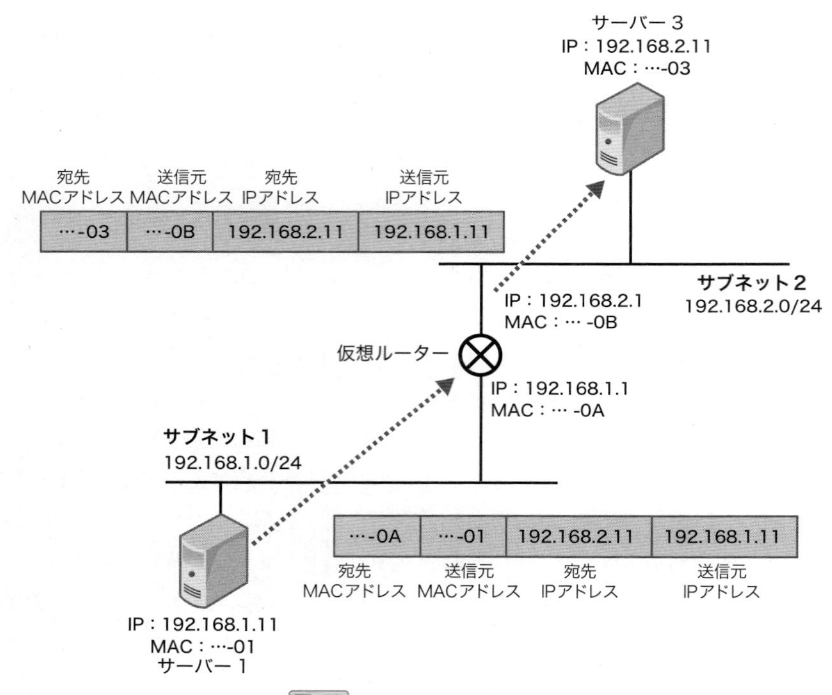

図4.7 IPパケットの転送処理

複数ネットワークへの接続

ルーティングテーブルの理解を深めるために、少し複雑な例を紹介します。まずは、**図4.8**をじっくりと見てください。サーバー1はNICが2枚あり、それぞれ、異なるサブネット「192.168.1.0/24」と「192.168.11.0/24」に接続されています。最近は、サービス提供用のネットワークと管理用のネットワークを分けることも多く、このような構成のサーバーが普通に使われるようになりました。

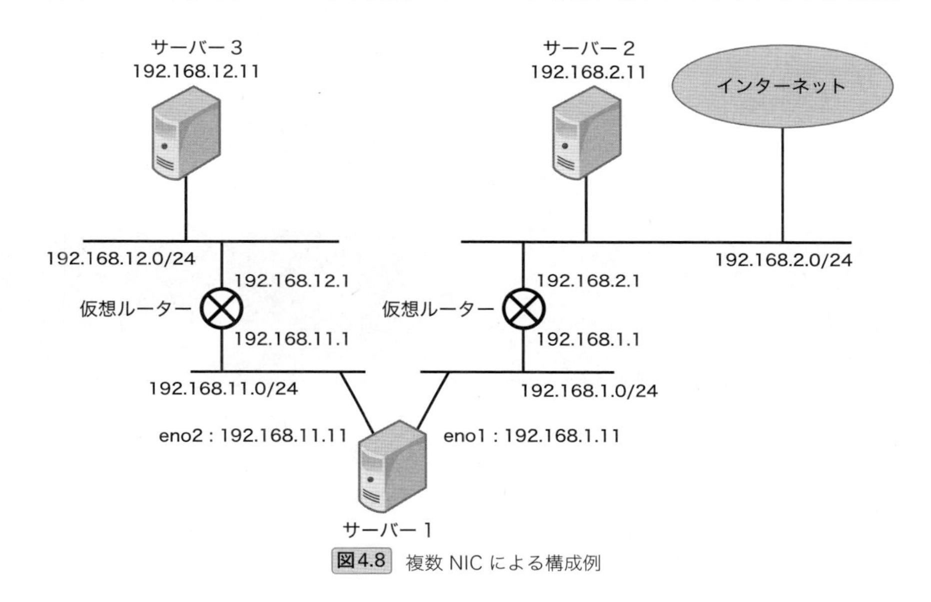

図4.8 複数 NIC による構成例

図4.8の場合、サーバー1から見ると、サーバー2と通信する場合と、サーバー3と通信する場合で、使用するゲートウェイのアドレスが「192.168.1.1」と「192.168.11.1」で異なります。以前、このような構成において、「eno1のデフォルトゲートウェイとeno2のデフォルトゲートウェイを個別に設定できますか?」という質問を受けたことがありますが、残念ながらそれはできません。デフォルトゲートウェイは、ルーティングテーブルに適合するエントリーがなかった場合の最終選択肢なので、それが2つあるとLinuxはどちらを選んでよいかわからなくなります。ルーティングテーブルは、「宛先IPアドレス」だけをもとにして、次の転送先（ゲートウェイ）を決める仕組みですが、Linuxは、宛先IPアドレスが「eno1」と「eno2」のどちらの先にあるかという情報は持っていません。

このようなときに利用するのが「スタティックルート」です。これは、特定のサブネットに対するゲートウェイを明示的に指定するものです。**図4.8**の場合、次の2つの選択が可能です。

① サブネット「192.168.12.0/24」に対して、ゲートウェイ「192.168.11.1」をスタティックルートで指定して、デフォルトゲートウェイを「192.168.1.1」に設定する
② サブネット「192.168.2.0/24」に対して、ゲートウェイ「192.168.1.1」をスタティックルートで指定して、デフォルトゲートウェイを「192.168.11.1」に設定する

どちらがよいかは、ネットワーク全体の構成に依存します。**図4.8**のように、サブネット「192.168.2.0/24」の先にインターネットが接続されており、サーバー1はインターネットとも通信する場合、①を選択するのが賢明です。インターネット上には無数のサブネットがありますが、これらを宛先IPアドレスにしたパケットは、すべてデフォルトゲートウェイの「192.168.1.1」から転送されていきます。仮に②の設定を選んだ場合、デフォルトゲートウェイからはインターネットに出られませんので、インターネット上のすべてのサブネットに対してスタティックルートを追加することになります。これは現実的な設定とはいえません。

次は、①の設定を行った、実際のルーティングテーブルの例になります。最後の行が、サブネット「192.168.12.0/24」に対するスタティックルートの設定を示します。ルーティングテーブルの設定方法は、「4.2.1 ネットワークの基本設定」で説明します。

```
# ip r ↵
default via 192.168.1.1 dev eno1  proto static  metric 100
192.168.1.0/24 dev eno1  proto kernel  scope link  src 192.168.1.11  metric 100
192.168.11.0/24 dev eno2  proto kernel  scope link  src 192.168.11.11  metric 100
192.168.12.0/24 via 192.168.11.1 dev eno2  proto static  metric 100
```

さらに複雑なネットワーク構成に対応する場合は、複数のサブネットに共通のゲートウェイをまとめてスタティックルートに指定する方法や、周囲のルーターから情報を受け取って、ルーティングテーブルを自動的に設定するダイナミックルーティングの仕組みなどがあります。これらの高度なルーティングについては、[3]が参考になるでしょう。

4.1.2 ネットワークアーキテクチャー

ここでは、IPネットワークの一般的な知識の中でも、ネットワーク全体の設計にかかわる考え方として、ネットワークスイッチの二重化とVLANについて説明します。

はじめに、データセンター内の具体的なネットワーク構成をイメージしておきます。**図4.1**では、L2スイッチで接続された複数のサブネットをL3スイッチで相互接続する構成を紹介しました。たとえば、**図4.9**のように、データセンターのフロアーをいくつかの区画に分けて、各区画にL2スイッチを配置してサブネットを作ります。これらをフロアーに1台用意したL3スイッチで相互接続します。さらに、L3スイッチを経由して外部のネットワークに接続します。以降の説明は、この具体的なネットワーク構成をイメージしながら読んでください。

Technical Notes

[3]『[改訂新版] 3分間ルーティング基礎講座』網野衛二（著）. 技術評論社（2013）

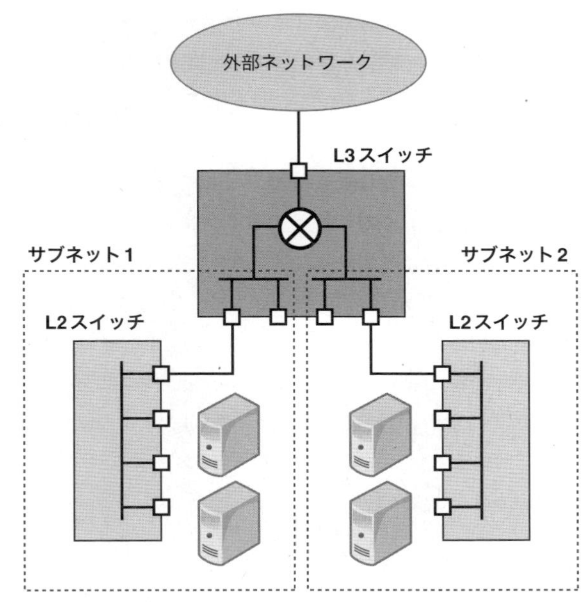

図4.9 データセンターのフロアーネットワークの例

ネットワークスイッチの二重化

図4.9のサブネットを1つ取り出して、L2スイッチとL3スイッチの関係を模式化したものが**図4.10**の左図になります。L2スイッチが故障するか、もしくは、L2スイッチとL3スイッチの間のケーブルが切断すると、このサブネットは外部と通信ができなくなります。そこで、L2スイッチを二重化したものが、**図4.10**の右図です。この接続方法の場合、1つのサブネットがループ状に接続されるため、スパニングツリー機能を使用する必要があります。

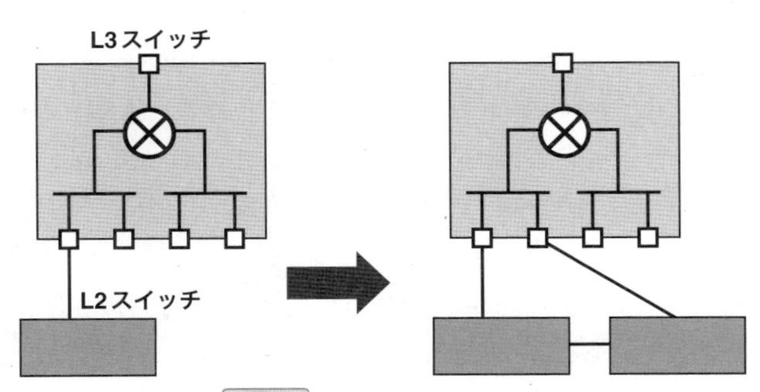

図4.10 L2 スイッチの二重化

サブネットをループ状に接続するとどのような問題が起きるかは、たとえば、ARP要求パケットの転送を考えるとわかります。これは、宛先MACアドレスがブロードキャストアドレスのため、このパケットを受け取ったスイッチは、受け取ったポート以外のすべてのポートから、同じパケットを送出します。その結果、このパケットは、サブネット内を永遠にループし続けることになります。

スパニングツリーは、このようなループ状の接続を発見して、一部の接続を強制的にブロックすることでループを解消する機能です。簡単に説明すると、スイッチの1台を「ルートブリッジ」として、これを起点に残りのスイッチが枝分かれしていく形の接続経路を決定します。この経路を用いれば、ルートブリッジを介して、すべてのスイッチが1つのルートで接続されるので、残りの余計なルートをブロックすることができます。

たとえば、L3スイッチをルートブリッジとして、**図4.11**の左図のように、2個のL2スイッチに2本の枝が伸びた形が選択されたとします。このとき、L2スイッチ間の接続が余計になるので、ここをブロックします。そして、障害が発生して既存の接続が切れると、枝分かれ状の経路を作り直します。**図4.11**の右図では、左側の接続が切れたため、L3スイッチから1本の枝で2個のL2スイッチを接続した形に変化しています。このように、スパニングツリーで新しい経路を作り直すことを「経路の再計算」と呼びます。

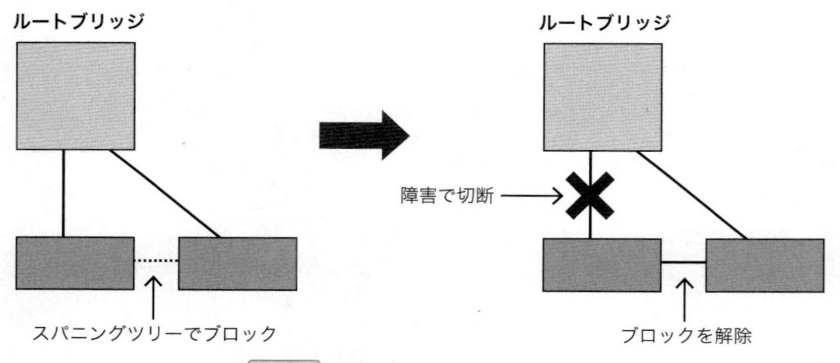

図4.11 スパニングツリーの動作の例

スパニングツリーを設定したスイッチ群では、ポートのリンクアップ／リンクダウンが発生すると、スイッチ群全体で経路の再計算が行われます。再計算の処理中は、一時的に通信が停止するので注意が必要です。スパニングツリーのプロトコルにはいくつかの種類がありますが、旧来のスパニングツリープロトコル（STP）では、約60秒の停止が発生します。ラピッドスパニングツリープロトコル（RSTP）では、1秒程度になります。

ただし、サーバーを接続するポートについては、リンクアップ／リンクダウンに伴う経路の再計算は不要です。そこで、そのようなポートは「PortFast」モードに設定して、再計算の対象外にしておきます*5。これを忘れると、サーバーをL2スイッチに接続しただけで経路の再計算が発生して、サブ

*5 「PortFast」は、CISCO社のネットワーク機器に固有の名称です。同様の機能はほかのネットワーク機器ベンダーの製品にもありますが、設定用の名称は異なる場合があります。

ネット全体で一時的に通信が停止します。サーバーを接続した直後は通信ができなくて、60秒ほど待つと通信できるようになる場合は、スパニングツリーで経路の再計算が発生していないかを疑ってください。

また、L2スイッチと同様に、L3スイッチも二重化が可能です。**図4.12**のように2個のL3スイッチに対して、二重化された2個のL2スイッチのそれぞれから接続します。L3スイッチは、内部に仮想ルーター機能を持っていますが、HSRP(Hot Standby Routing Protocol)もしくはVRRP(Virtual Router Redundancy Protocol)と呼ばれる機能を用いて、アクティブ・スタンバイ構成にします。通常はどちらか一方の仮想ルーターだけが稼働しており、これが障害で停止すると、もう一方の仮想ルーターに経路が切り替わります。

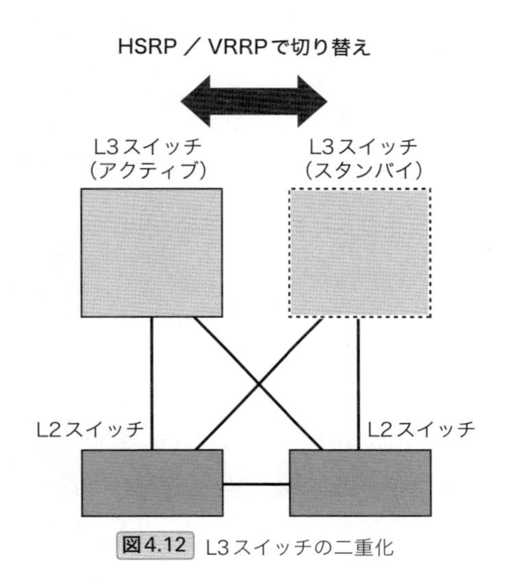

図4.12 L3スイッチの二重化

そして、L2スイッチの二重化に対応して、サーバーのNICもチームデバイスを利用して、二重化する必要があります。この方法については、「4.2.2 チームデバイスによるNICの二重化」で説明しますが、接続のイメージを先に示しておきます。**図4.13**の左図は、通常のサーバーに2枚のNICを搭載して、それぞれのポートから2個のL2スイッチに接続する形態です。例として、2台のサーバーを接続しています。

一方、**図4.13**の右図はブレード型のサーバーと接続する例です。一般にブレード型のサーバーでは、専用のシャーシ内に複数のブレードサーバーとネットワークスイッチなどを搭載しています。シャーシ内部のネットワーク接続は製品によって異なる部分もありますが、典型的には、この例のようになります。シャーシに搭載された2個のネットワークスイッチに対して、それぞれのブレードサーバーが持つ2個のNICポートがシャーシ内部で接続されています。したがって、二重化された外部のネットワークスイッチにブレードサーバーを接続する場合は、シャーシ内の2個のスイッチと外部の2個のスイッチをそれぞれ相互接続する形になります。

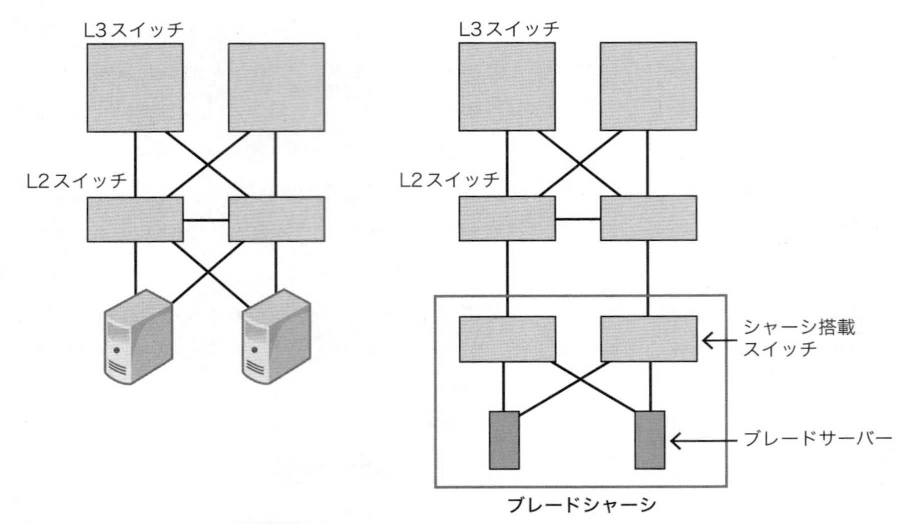

図4.13 二重化されたネットワークの全体像

VLAN

VLANは、ネットワークスイッチの内部に複数のサブネットを構成する技術です。スイッチ内部のサブネットをVLAN(Virtual LAN)と呼び、各VLANには異なるVLAN番号が割り当てられます。先に示した**図4.1**では、L3スイッチ内部にVLANが構成されていました。これを見ると、物理ポートごとに接続するVLANが決まっているので、「物理ポートに対してVLANを定義する」という見方をするかもしれませんが、実はその考え方は正しくありません。VLANを正しく理解するには、次のように考えてください。

はじめに、スイッチ内部に任意の数のVLAN、すなわち仮想的なサブネットを定義します。そして、それぞれのVLANにどの物理ポートから接続するか、という設定を行います。このとき、**図4.14**のように、1つのVLANだけに接続する物理ポートに加えて、複数のVLANに接続する物理ポートを設定することができます。

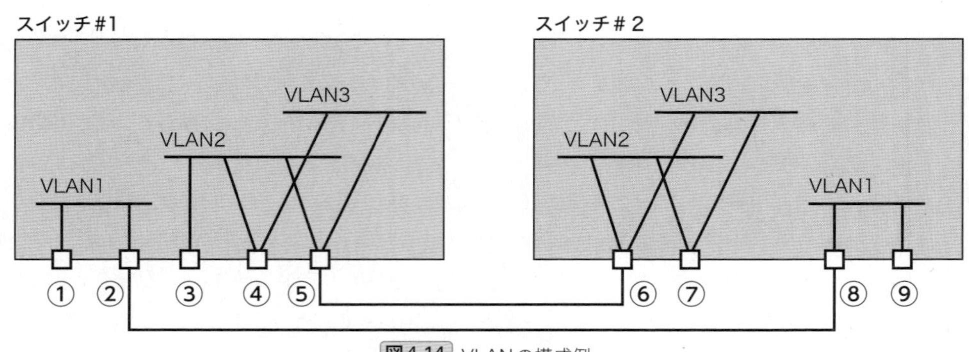

図4.14 VLANの構成例

1つのVLANだけに接続する物理ポートを「ポートVLAN」、もしくは「アクセスポート」と呼びます。一方、複数のVLANに接続する物理ポートを「タグVLAN」、もしくは「トランクポート」と呼びます。ポートVLANを使用する場合は、物理ポートを「アクセスモード」に設定して、対応するVLAN番号をセットします。一方、タグVLANを使用する場合は、物理ポートを「トランクモード」に設定して、そのポートで使用する複数のVLAN番号をセットします。

「ポートVLAN」と「タグVLAN」の区別は、VLANに対するものではなく、VLANに接続したポートに対するものなので注意してください。1つのVLANに対して、ポートVLANとタグVLANの両方のポートから接続することも可能です。なお、トランクポートには「CISCO ISLプロトコル」や「IEEE802.1Q標準プロトコル」など、いくつかの種類があります。トランクポートにLinuxサーバーを接続する場合は、IEEE802.1Q標準プロトコルを使用する必要がありますので、ここではIEEE802.1Q標準プロトコルを使用する前提で説明を続けます。

ここで、あまり現実的な構成ではありませんが、説明のために**図4.14**の例で考えてみます。スイッチ#1とスイッチ#2には、それぞれ、VLAN1～VLAN3が定義されており、それぞれのVLANは、複数のポートに接続されています。ポート①②③⑧⑨はアクセスポートで、ポート④⑤⑥⑦はトランクポートです。VLANでのパケットのやり取りを考える際は、外部からスイッチにパケットを送り込む処理と、スイッチから外部にパケットを送り出す処理を分けて考えるとわかりやすくなります。

外部からパケットを送り込む場合、アクセスポートではそのパケットが流れこむVLANは一意に決まります。一方、トランクポートにパケットを送る場合は、使用するVLANを指定する「VLANタグ」をパケットに付けておきます。パケットを受け取ったスイッチは、VLANタグに応じて、スイッチ内部の対応するVLANにパケットを流します。そして、このパケットが送出されるポートは、同じVLAN番号がセットされたアクセスポートか、もしくは、同じVLAN番号がセットされたトランクポートのどれかになります。トランクポートから送出する場合は、VLANタグを付けてパケットが送出されます。

たとえば、ポート①からポート⑨にパケットを転送する場合を考えます。ポート①にタグなしパケットを入れると、ポート②からタグなしが出てきます。これは、そのままポート⑧に入って、最後にポート⑨からタグなしパケットが出てきます。このように、アクセスポートだけを使用する場合は、VLANタグを考える必要はありません。

一方、ポート③からポート⑦にパケットを転送する場合を考えてみます。ポート③にタグなしパケットを入れると、スイッチ#1のVLAN2を通って、ポート⑤からはVLAN2のタグが付いたパケットが出てきます。このパケットは、再度ポート⑥に入って、スイッチ#2のVLAN2に入ります。最後に、ポート⑦からVLAN2のタグが付いたパケットが出てきます。このように、トランクポートに出入りするパケットは、基本的にタグ付きパケットになると考えてください。トランクポートにLinuxサーバーのNICを接続する場合は、Linuxサーバー側で、タグ付きパケットを送受信できるようにVLANデバイスを構成する必要があります。LinuxのVLANデバイスの設定方法は、「4.2.1 ネットワークの基本設定」で説明します。

なお、トランクポートでは、接続するVLANの1つを「ネイティブVLAN」に指定する必要があります。このネイティブVLANに対しては、タグなしでパケットが扱われます。たとえば、ポート④⑤⑥⑦で、VLAN3をネイティブVLANに指定したものとします。ポート④にタグなしパケットを入れると、スイッチ#1のVLAN3に流れていき、ポート⑤からタグなしで送出されます。このパケットはポート⑥に入った後、スイッチ#2のVLAN3を通って、ポート⑦からタグなしパケットとして出てきます。ネイティブVLANは、VLANタグを扱えない機器をトランクポートに接続する際に必要となる機能です。

ネットワークケーブルの乱れは運用の乱れ?

本章の冒頭では、ネットワークとLinuxサーバーの両方の知識を持ったエンジニアの重要性を説明しました。現実のサーバー運用にあたっては、一般的なネットワークの勉強をするだけではなく、実際に管理しているサーバーのネットワーク構成にどれだけ興味を持っているかが、いざという時の底力になります。

特に、ネットワーク設計書だけではわからない、現場の「土地勘」が大切です。筆者は、いわゆる方向音痴で、地図を見て道順を確認することはできるのですが、なぜか、確認した道順どおりに歩けないという得意技を持っています。そのため、はじめての場所にいくときは、道に迷うことを前提にスケジュールを立てます。本当に重要な待ち合わせの際は、事前に現地の下見をすることもあります。

……という習慣と関係するかどうかはわかりませんが、新しくサーバーの管理を任された際は、まずはサーバーラックの背面を開けて、ネットワークケーブルのラベルを確認することにしています。きちんと管理されたネットワークであれば、サーバー側とネットワークスイッチ側の終端がマッチングできるように、ネットワークケーブルにラベルが付いています。これを見ながら、ネットワーク設計書と現場の物理配線の対応を頭に入れていきます。地図だけが頭に入っていても道に迷うのはよくあることなので、万一の際に自分が困らないための作業です。実際にネットワーク通信の問題が発生した場合、最初はさまざまな管理ツールを用いて問題を切り分けていきますが、最後は物理的なスイッチを見て現状を確認することもよくあります。

「ネットワークは生き物だ」といった知り合いのネットワークエンジニアがいますが、日々の運用の中では、さまざまな理由でネットワークの構成が変わっていきます。あまり好ましいことではありませんが、ネットワーク設計書と実際の設定が一致しなくなっていることもあります。二重化されたスイッチが切り替わった際に、ネットワークの構成変更が原因で、一部のサーバーだけ通信が再開しなかったという例もあります。障害が起きてから、あわてて床下をはいまわってケーブルの接続状態を確認するようなことにならないよう、きちんと「現場が見える運用」を実現したいものです。

4.2 Linuxのネットワーク設定

4.2.1 ネットワークの基本設定

ここでは、Linuxサーバーの基本的なネットワーク設定の手順を説明します。RHEL7では、NetworkManagerサービスによってネットワークの設定が管理されており、**nmcli**コマンドを用いて設定を行います。併せて、NICのデバイス名のネーミングルールも解説します。

NICのネーミングルール

以前のLinuxでは、NICのデバイス名は伝統的に「eth0」「eth1」という名称が用いられていました。この場合、Linuxサーバーを起動すると、LinuxカーネルがNICを認識した順番でデバイス番号が振られていきます。したがって、どのNICにどのデバイス名が割り当てられるかは、サーバーの構成によって変わります。

一方、RHEL7では、「Predictable Network Interface Names（予測可能なインターフェース名）」と呼ばれる仕組みが導入されて、NICの物理的な場所に応じて、固定的なデバイス名が割り当てられるようになりました。具体例としては、「eno1」「enp0s25」「wlp2s0」などのデバイス名になります。最近のサーバーハードウェアは、システムBIOS（あるいはUEFI）がサーバーに搭載されたNICの論理番号を提供するようになっており、これはシステム構成によって変わることはありません。そこで、Linuxの側でもこの論理番号を用いて、NICのデバイス名を割り当てます。あるいは、論理番号が提供されないNICに対しては、Linuxカーネルが認識したPCIスロットの番号などを利用して、固定的なデバイス名を割り当てます。

具体的なルールは、**図4.15**のようになります。最初の2文字でイーサネット「en」とワイヤレスデバイス「wl」を区別します。後半部分には大きく2種類のパターンがあり、前述の論理番号が提供される場合は、その情報に基づいて「o1（オンボードの1番目）」「s6（PCIカードの6番目）」などになります。論理番号が提供されない場合は、「p0s25（PCIバス0番の25番スロット）」などになります。複数のポートを持つNICのカードでは、カード上でのポートの位置を示す番号などがさらに続きます。

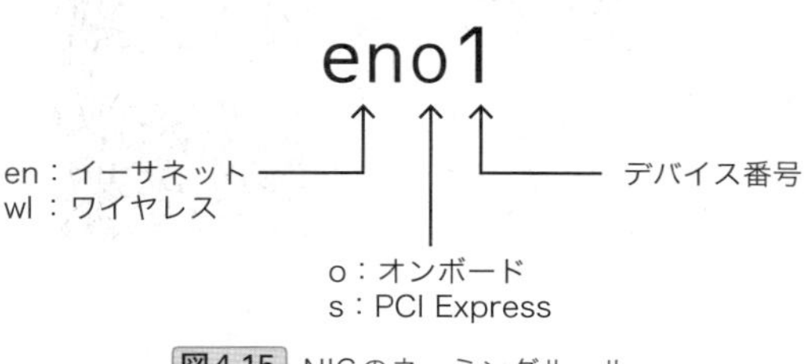

図4.15 NICのネーミングルール

また、仮想マシン環境では、使用する仮想化ハイパーバイザーの種類や仮想NICのエミュレーション形式によって、適用されるネーミングルールが変わります。Linux KVMの仮想マシンに対して、標準的なVirtIOタイプの仮想NICを接続した場合は、従来型の「eth0」「eth1」といったデバイス名が割り当てられます。

NetworkManagerによるネットワーク管理

NetworkManagerによる、ネットワークの設定／管理の考え方を説明します。NetworkManagerでは、それぞれのNICを表す「デバイス」と、それに適用する設定内容を示す「接続」を別々に定義するという特徴があります。「デバイス」に「接続」をひも付けることで、設定内容がデバイスに適用されます（**図4.16**）。複数の接続を事前に定義しておいて、デバイスに対するひも付けを変更することにより、あるデバイスのネットワーク設定を切り替えるといった使い方も可能です。これは、ノートPCのLinuxデスクトップ環境など、ネットワーク接続が頻繁に変わる環境での利用を想定した機能になります。また、このようなネットワーク設定の変更は、サーバーの稼働中に実施できます。設定変更を反映するために、サーバーを再起動する必要はありません。

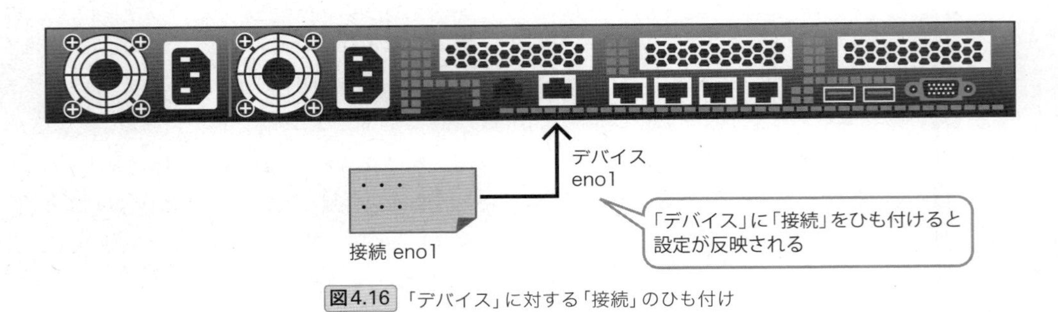

図4.16 「デバイス」に対する「接続」のひも付け

現在、定義済みのデバイスは、次のコマンドで確認します。

```
# nmcli d ↵
デバイス  タイプ     状態      接続
eno1      ethernet  接続済み  eno1
eno2      ethernet  接続済み  --
lo        loopback  管理なし  --
```

1列目の「デバイス」はNICのデバイス名に対応しており、最後の列の「接続」はこれにひも付けられた接続の名前を示します。この例では、デバイス「eno1」に対して、同じ名前の接続「eno1」がひも付けられています。インストーラーでネットワークの設定を行った場合は、このようにデバイス名と同じ名前の接続が用意されます。ただし、デバイス名と接続名は必ずしも一致する必要はありません。

一方、定義済みの接続は、次のコマンドで一覧表示することができます。

```
# nmcli c ↵
名前   UUID                                   タイプ            デバイス
eno1  a629d0ed-bbf8-451f-801d-4aaa86775408  802-3-ethernet  eno1
```

1列目の「名前」が接続名で、最後の列の「デバイス」はこれがひも付けられたデバイスを示します。**nmcli**コマンドの後ろの**d**と**c**は、それぞれ、**device**と**connection**の短縮形です。このような**nmcli**コマンドに付与するサブコマンドは、ほかのサブコマンドと区別できる場合は最初の数文字だけ入力してもかまわないようになっています。

そして、特定のデバイスの設定内容を確認する際は、次のコマンドを使用します。

```
# nmcli d show eno1 | grep ipv4 ↵
ipv4.method:                            manual
ipv4.dns:                               8.8.8.8
ipv4.dns-search:
ipv4.addresses:                         192.168.1.11/24
ipv4.gateway:                           192.168.1.1
ipv4.routes:
ipv4.route-metric:                      -1
ipv4.ignore-auto-routes:                no
ipv4.ignore-auto-dns:                   no
ipv4.dhcp-client-id:                    --
ipv4.dhcp-send-hostname:                yes
ipv4.dhcp-hostname:                     --
ipv4.never-default:                     no
ipv4.may-fail:                          yes
```

多数の設定項目が表示されるため、ここではIPv4に関する設定のみを**grep**コマンドで抽出しています。これらは、このデバイスにひも付けられた接続を通して設定された内容です。接続の設定内容を直接に確認する際は、次のコマンドを使用します。

```
# nmcli c show eno1 ↵
```

出力結果は長くなるので省略します。ここで指定する「eno1」は、デバイス名ではなく接続名である点に注意してください。

物理NICの基本設定

新しく追加したNICに対して、新規の接続をひも付けてIPアドレスを設定する方法を説明します。先ほど**nmcli**コマンドで確認した環境の場合、デバイス「eno2」には対応する接続がありませんでした。そこで、接続「eno2-con」を作成して、これにひも付ける例を示します。接続の名前はデバイスと同じ「eno2」でもかまいませんが、デバイス名と接続名が別のものであることを確認するために、あえてこのような例を用います。

新たな接続を定義するには、**nmtui**コマンドでテキストベースの設定ツールを利用する方法と、**nmcli**コマンドで直接に定義する方法があります。ここではまず、**nmtui**コマンドから説明します。

テキスト端末で**nmtui**コマンドを実行すると、**図4.17**の設定ツールが表示されます。この画面では、キーボード操作で対話的に設定を進めることができます。はじめに、①の画面で「接続の編集」を選択して、②の画面の「追加」から、「新規の接続」に「Ehternet」を選択して「作成」を押します。③の設定画面では、「プロファイル名」の部分に接続名である「eno2-con」、「デバイス」の部分にこれをひも付けるデバイス名「eno2」を入力します。その後、「IPv4設定」の部分を表示して、必要な設定項目を入力していきます。「アドレス」の部分は、図のようにプレフィックス形式のネットマスクを併せて記載します。デフォルトゲートウェイの設定が必要な場合は、「ゲートウェイ」の部分に記載します。「OK」を押して②の画面に戻ったら、「終了」を押して設定ツールを終了します。これで、新たに作成した接続「eno2-con」がデバイス「eno2」にひも付けられて、設定が有効化されます。

①「接続の編集」を選択

②「追加」から「Ethernet」を選択する

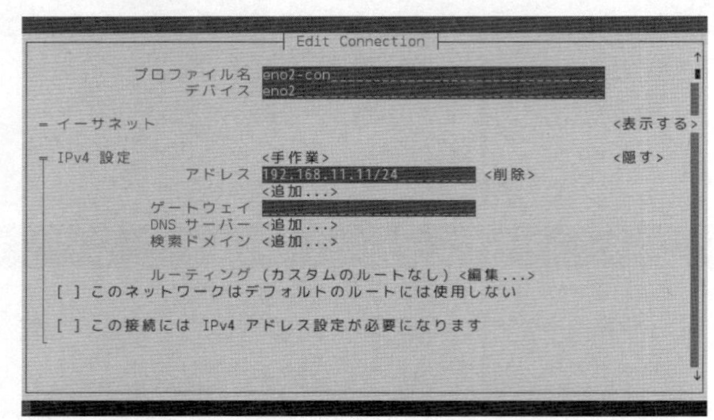

③ 必要な設定項目を入力して終了する

図4.17 nmtuiコマンドによる設定

このとき、接続の設定を記載したファイルが**/etc/sysconfig/network-scripts/ifcfg-eno2-con**として用意されます。以前のLinuxでは、デバイスごとに設定ファイルが用意されていましたが、ここでは、デバイスではなく接続に対して設定ファイルが用意される点に注意が必要です。**図4.18**

は、インストール時に作成された接続「eno1」に対する設定ファイルの例です[*6]。「NAME」が接続名で、「DEVICE」は、接続を有効化した際にデフォルトでひも付けるデバイス名です。「ONBOOT」は、システム起動時に自動で有効化するかどうかを示します。そのほかには、「IPADDR」(IPアドレス)、「PREFIX」(ネットマスク)、「GATEWAY」(デフォルトゲートウェイ)、「DNS1」(DNSサーバーのIPアドレス)などが指定されています。DNSサーバーを複数指定する場合は、「DNS2」「DNS3」などの設定を追加します。

/etc/sysconfig/network-scripts/ifcfg-eno1

```
TYPE="Ethernet"
BOOTPROTO="none"
DEFROUTE="yes"
NAME="eno1"
UUID="a629d0ed-bbf8-451f-801d-4aaa86775408"
DEVICE="eno1"
ONBOOT="yes"
IPADDR="192.168.1.11"
PREFIX="24"
GATEWAY="192.168.1.1"
DNS1=8.8.8.8
```

図4.18 接続の設定ファイルの例(主要部分の抜粋)

nmtuiコマンドで接続を定義して、対応する設定ファイルが用意された後は、設定ファイルを直接に変更することも可能です。設定ファイルを変更した場合は、次のコマンドで変更した内容を読み込みます。

```
# nmcli c reload ↵
```

この後、変更対象の接続を再有効化すると、設定変更が反映されます。接続「eno2-con」の設定を変更した場合であれば、接続の再有効化は次のコマンドで行います。

```
# nmcli c up eno2-con ↵
```

続いて、**nmcli**コマンドを用いて同じ設定を実施する方法を説明します。はじめに、次のコマンドで新しい接続「eno2-con」を定義します。

```
# nmcli c add type eth ifname eno2 con-name eno2-con ↵
```

ここでは、接続名(**con-name**)「eno2-con」に加えて、接続のタイプ(**type**)に「eth」(イーサネッ

*6 設定項目の内容が「"」でくくられているものと、そうでないものがありますが、空白などを含まない設定値についてはどちらでもかまいません。**nmtui**コマンドあるいは**nmcli**コマンドから設定した場合は、この例のように「"」が付くときと付かないときがあります。

ト)、デフォルトでひも付けるデバイス(**ifname**)に「eno2」を指定しています。接続名の指定を省略した場合は、NetworkManagerが自動で接続名を決めるようになっており、この例であれば、「ethernet-eno2」という接続名が割り当てられます。

続いて、接続「eno2-con」に対して必要な設定を追加します。これは次のコマンドで行います。

```
# nmcli c mod eno2-con ipv4.method manual ipv4.address "192.168.11.11/24" ↵
# nmcli c mod eno2-con ipv4.dns "8.8.8.8" ↵
```

この例では、IPアドレスとDNSサーバーの設定を行っています。一般に、「**nmcli c mod <接続名>**」の後ろには、設定項目と設定内容のペアーを複数指定することができるので、IPアドレスとDNSサーバーの設定をまとめて指定してもかまいません。次のコマンドで接続を有効化すると、設定変更が反映されます。

```
# nmcli c up eno2-con ↵
```

接続に対する主な設定項目は、**表4.1**のとおりです。**ipv4.method**には、**auto**(DHCPによる自動設定)、**manual**(固定IPアドレス)、**disabled**(IPアドレスを設定しない)のいずれかを指定します。**manual**を指定する際は、**ipv4.address**でIPアドレス/サブネットを同時に設定する必要があります。このとき、サブネットはプレフィックス形式で指定します。

▼**表4.1** 接続に対する主な設定項目

設定項目	説明
ipv4.method	IPアドレスの設定方法(auto/manual/disabled)
ipv4.address	IPアドレス/サブネット
ipv4.gateway	デフォルトゲートウェイ
ipv4.dns	DNSサーバーのIPアドレス
ipv4.dns-search	DNS検索のドメイン名
ipv4.routes	スタティックルート

ipv4.dnsと**ipv4.dns-search**で指定した内容は、名前解決用の設定ファイル**/etc/resolv.conf**における、**nameserver**と**search**のエントリーに反映されます。複数指定する際は、次のようにスペース区切りで指定します。

```
# nmcli c mod eno2-con ipv4.dns "8.8.8.8 4.4.4.4" ↵
# nmcli c mod eno2-con ipv4.dns-search "example.com example.co.jp" ↵
```

もしくは、次のように+記号を用いて設定を追加することもできます。

```
# nmcli c mod eno2-con ipv4.dns "8.8.8.8" ↵
# nmcli c mod eno2-con +ipv4.dns "4.4.4.4" ↵
# nmcli c mod eno2-con ipv4.dns-search "example.com" ↵
# nmcli c mod eno2-con +ipv4.dns-search "example.co.jp" ↵
```

以上の設定を行った場合、対応する設定ファイル**ifcfg-eno2-con**の内容は、**図4.19**のようになります。DNSサーバーについては、**DNS1**、**DNS2**のように、通し番号で複数のエントリーが設定されていることがわかります。

/etc/sysconfig/network-scripts/ifcfg-eno2-con

```
TYPE=Ethernet
BOOTPROTO=none
DEFROUTE=yes
NAME=eno2-con
UUID=72dd6356-929d-4222-ad39-989bcd8afd95
DEVICE=eno2
ONBOOT=yes
DNS1=8.8.8.8
DNS2=4.4.4.4
DOMAIN="example.com example.co.jp"
IPADDR=192.168.11.11
PREFIX=24
```

図4.19 接続の設定ファイルの例（主要部分の抜粋）

これと同様に、IPアドレスについても複数設定することが可能です。1つのNICに複数のIPアドレスを割り当てる際、以前は「IPエイリアス」と呼ばれる仕組みを用いていました。NetworkManagerでは、セカンダリIPアドレスと呼ばれる機能で同じことを実現します。設定方法は簡単で、次のようにカンマ区切りで複数のIPアドレスを指定するだけです。

```
# nmcli c mod eno2-con ipv4.method manual ipv4.address "192.168.11.11/24,192.168.11.12/24" ↵
```

もしくは、**+**記号を用いて設定を追加することもできます。

```
# nmcli c mod eno2-con ipv4.method manual ipv4.address "192.168.11.11/24" ↵
# nmcli c mod eno2-con +ipv4.address "192.168.11.12/24" ↵
```

このとき、対応する設定ファイル**ifcfg-eno2-con**には、**図4.20**のような形式で設定が書き込まれます。セカンダリIPアドレスについては、番号付きでIPアドレス（**IPADDR1**）とネットマスク（**PREFIX1**）が指定されており、「2」以降の通し番号を用いて、3つ目以降のIPアドレスを追加することも可能です。接続を再有効化して設定変更を反映した後、**ip**コマンドで確認すると、2つのIPアドレスが設定されていることがわかります。

/etc/sysconfig/network-scripts/ifcfg-eno2-con

```
IPADDR=192.168.11.11
PREFIX=24
IPADDR1=192.168.11.12 ┐
PREFIX1=24            ┘ セカンダリIPアドレス
```

図4.20 セカンダリIPアドレスの設定例

```
# nmcli c up eno2-con ↵
# ip a show eno2 ↵
3: eno2: <BROADCAST,MULTICAST,UP,LOWER_UP> mtu 1500 qdisc pfifo_fast state UP qlen 1000
    link/ether 18:03:73:b3:07:c0 brd ff:ff:ff:ff:ff:ff
    inet 192.168.11.11/24 brd 192.168.11.255 scope global eth1
       valid_lft forever preferred_lft forever
    inet 192.168.11.12/24 brd 192.168.11.255 scope global secondary eth1
       valid_lft forever preferred_lft forever
    inet6 fe80::1a03:73ff:feb3:7c0/64 scope link
       valid_lft forever preferred_lft forever
```

最後に、スタティックルートの設定方法を説明します。次は、**図4.8**に合わせて、サブネット「192.168.12.0/24」に対するゲートウェイを「192.168.11.1」に設定する例になります。

```
# nmcli c mod eno2-con ipv4.routes "192.168.12.0/24 192.168.11.1" ↵
```

複数のスタティックルートを設定する際は、先ほどと同様に、+記号を用いて設定を追加することもできます。

```
# nmcli c mod eno2-con +ipv4.routes "192.168.13.0/24 192.168.11.1" ↵
```

これらの設定に対応する設定ファイルは、`/etc/sysconfig/network-scripts/route-eno2-con`になります。`ifcfg-eno2-con`とは別のファイルになるので注意してください。上記の設定を行った場合の内容は、**図4.21**になります。追加した経路ごとに、通し番号で、宛先サブネットのネットワークアドレス（ADDRESS）、ネットマスク（NETMASK）、ゲートウェイ（GATEWAY）が記載されています。ネットマスクについては、`nmcli`コマンドに指定する際はプレフィックス形式を用いますが、設定ファイルには、ビットマスク形式で記録されます。

/etc/sysconfig/network-scripts/route-eno2-con

```
ADDRESS0=192.168.12.0
NETMASK0=255.255.255.0
GATEWAY0=192.168.11.1
ADDRESS1=192.168.13.0
NETMASK1=255.255.255.0
GATEWAY1=192.168.11.1
```

図4.21 スタティックルートの設定例

スタティックルートの設定を追加した場合も、接続を再有効化することで設定変更が反映されます。今の設定の場合、ルーティングテーブルは次のようになります。

```
# nmcli c up eno2-con ↵
# ip r ↵
default via 192.168.1.1 dev eno1  proto static  metric 100
192.168.1.0/24 dev eno1  proto kernel  scope link  src 192.168.1.11  metric 100
192.168.11.0/24 dev eno2  proto kernel  scope link  src 192.168.11.11  metric 100
192.168.12.0/24 via 192.168.11.1 dev eno2  proto static  metric 100
192.168.13.0/24 via 192.168.11.1 dev eno2  proto static  metric 100
```

以上が**nmcli**コマンドによる、ネットワークの基本設定になります。なお、既存の設定を破棄して最初からやり直す場合は、次のコマンドで接続の定義を削除します。

```
# nmcli c del eno2-con ↵
```

これを実行すると、対応する設定ファイル**ifcfg-eno2-con**、**route-en2-con**も一緒に削除されます。

VLANデバイス

図4.14のような、VLANを構成したネットワークスイッチに対して、LinuxサーバーのNICを接続することを考えます。接続先のポートがアクセスポートであれば、通常の「タグなしパケット」をやり取りしますので、Linuxの側では特別な設定は不要です。一方、トランクポートに接続する場合は「タグ付きパケット」をやり取りするため、Linux側にはVLANデバイスを作成する必要があります。

ここでは、**図4.22**のように、「eno1」に対応するNICをトランクポートに接続して、VLAN10とVLAN20の2つのサブネットと通信する場合を考えます。それぞれのネットワークアドレスは、「192.168.10.0/24」と「192.168.20.0/24」とします。この場合、「eno1」の上にVLAN10とVLAN20に対応するVLANデバイス「vlan10」と「vlan20」を作成して、それぞれに対応するサブネットのIPアドレスを割り当てます。

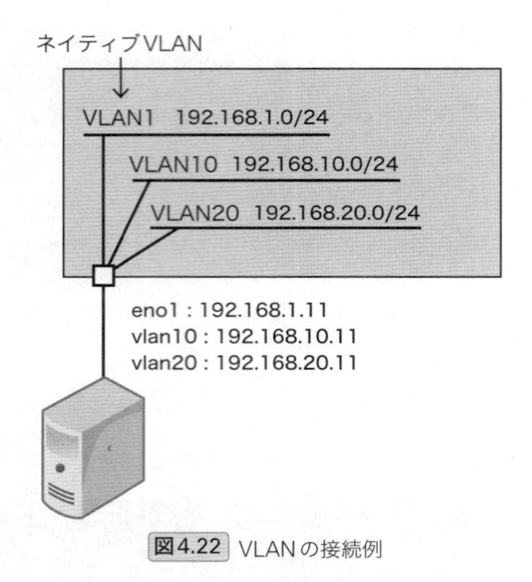

図4.22 VLANの接続例

ここでいう「VLANデバイス」は、仮想的なNICと考えてください。「vlan10」から送出されるパケットは、VLAN10のタグが付与された後に、「eno1」に対応する物理NICからネットワークスイッチに送出されます。あるいは逆に、VLAN10、もしくはVLAN20のタグが付与されたパケットを「eno1」に対応する物理NICで受信すると、それぞれ、「vlan10」および「vlan20」にパケットが転送されます。

VLANデバイスを作成する際に、「eno1」などの物理NICに対応するデバイスにIPアドレスを割り当てるかどうかは任意です。IPアドレスを割り当てた場合、このデバイスではタグなしパケットをやり取りするため、接続先のトランクポートのネイティブVLANと通信することになります。**図4.22**の場合、「eno1」にIPアドレスを割り当てるのであれば、VLAN1のサブネット「192.168.1.0/24」のIPアドレスを使用することになります。

それでは、具体的な設定手順を説明します。物理NIC「eno1」の設定がすでに行われているものとして、この上にVLANデバイス「vlan10」を追加して、IPアドレス「192.168.10.11/24」を設定する手順は次のようになります。

```
# nmcli c add type vlan ifname vlan10 con-name vlan-vlan10 dev eno1 id 10 ↵
# nmcli c mod vlan-vlan10 ipv4.method manual ipv4.address "192.168.10.11/24" ↵
# nmcli c up vlan-vlan10 ↵
```

はじめのコマンドでは、「**type vlan**」を指定することでVLANデバイスを作成しています。**ifname**（VLANデバイスの名前）、**con-name**（対応する接続の名前）、**dev**（VLANデバイスを割り当てる物理NIC）、**id**（VLAN ID）を併せて指定します。その後、対応する接続に対してIPアドレスの設定を行った後に、接続を再有効化することで設定変更を反映します。

これと同様に、VLANデバイス「vlan20」を追加して、IPアドレス「192.168.20.10/24」を設定する手順は次になります。

```
# nmcli c add type vlan ifname vlan20 con-name vlan-vlan20 dev eno1 id 20 ↵
# nmcli c mod vlan-vlan20 ipv4.method manual ipv4.address "192.168.20.11/24" ↵
# nmcli c up vlan-vlan20 ↵
```

デフォルトゲートウェイやスタティックルートの設定などは、物理デバイスの場合と同様に、対応する接続を指定して行います。また、VLANデバイスの稼働状況は、procファイルシステムの**/proc/net/vlan/config**、および**/proc/net/vlan/<VLANデバイス名>**から確認できます。たとえば、次の出力から、VLAN IDが10と20の2つのVLANデバイスがあることがわかります。


```
# cat /proc/net/vlan/config ↵
VLAN Dev name    | VLAN ID
Name-Type: VLAN_NAME_TYPE_RAW_PLUS_VID_NO_PAD
vlan10         | 10  | eno1
vlan20         | 20  | eno1
```

次の出力からは、VLANデバイス「vlan10」を通して送受信されたデータ量がわかります。

```
# cat /proc/net/vlan/vlan10 ↵
vlan10  VID: 10    REORDER_HDR: 1  dev->priv_flags: 1
         total frames received           6039
          total bytes received         344057
      Broadcast/Multicast Rcvd             12

      total frames transmitted          83112
       total bytes transmitted        4305254
Device: eno1
INGRESS priority mappings: 0:0  1:0  2:0  3:0  4:0  5:0  6:0 7:0
 EGRESS priority mappings:
```

最後に、構成したVLANデバイスを削除する際は、VLANデバイスに対応する接続を削除します。今の例であれば、次のコマンドになります。

```
# nmcli c del vlan-vlan10 ↵
# nmcli c del vlan-vlan20 ↵
```

◘ NICの通信速度の設定

物理NICの通信速度の設定について説明します。最近では、1Gbpsのギガビットイーサネットが標準的に用いられるようになり、通信速度について特別な設定を行う場面は少なくなりました。これは、対向のネットワークスイッチが1Gbpsに対応したものであれば、デフォルトのオートネゴシエーションにより、自動的に1Gbpsに設定されるためです。

現在設定されている通信速度は、**図4.23**の**ethtool**コマンドで確認できます。この実行例では、オートネゴシエーションにより、1000Mb/s(1Gbps)、Full(全二重モード)に設定されていることがわかります。何らかの理由で、100Mbps、10Mbpsなどの速度で利用する場合は、**ethtool**コマンドで設定を変更します。次は、デバイス「eno1」に対応するNICに対して、オートネゴシエーションを使用せずに、100Mbps／全二重モードに固定的に設定する例になります。

```
# ethtool -s eno1 autoneg off speed 100 duplex full
```

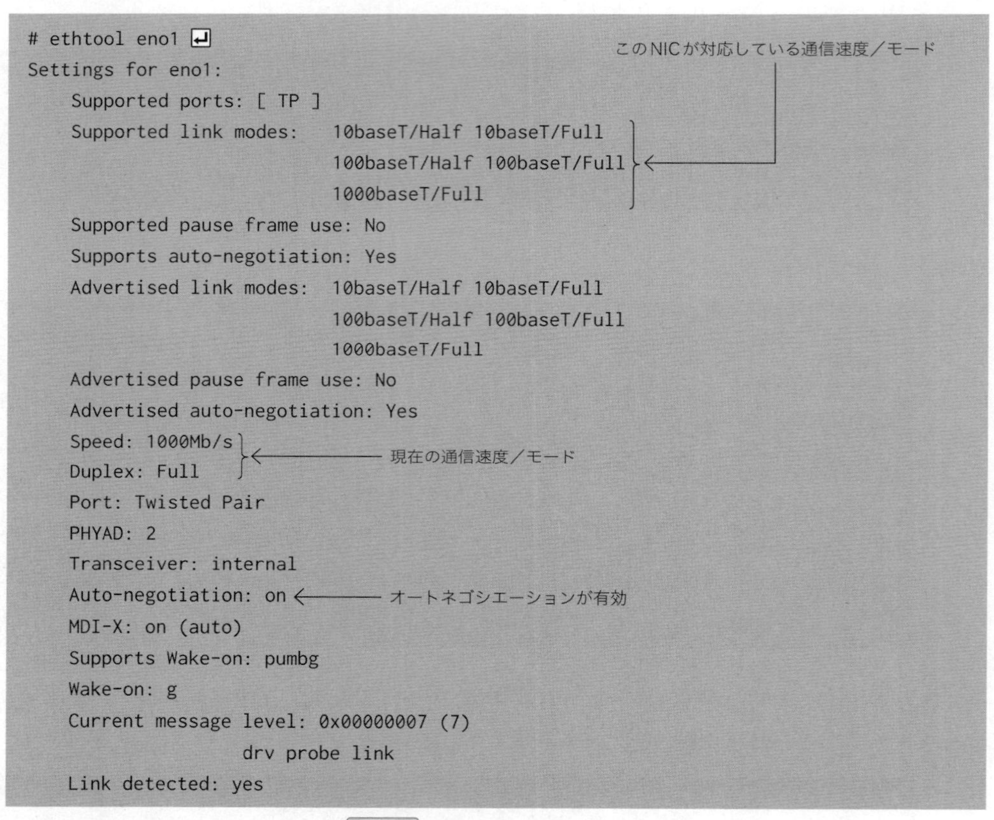

```
# ethtool eno1
Settings for eno1:
    Supported ports: [ TP ]
    Supported link modes:   10baseT/Half 10baseT/Full
                            100baseT/Half 100baseT/Full
                            1000baseT/Full
    Supported pause frame use: No
    Supports auto-negotiation: Yes
    Advertised link modes:  10baseT/Half 10baseT/Full
                            100baseT/Half 100baseT/Full
                            1000baseT/Full
    Advertised pause frame use: No
    Advertised auto-negotiation: Yes
    Speed: 1000Mb/s
    Duplex: Full
    Port: Twisted Pair
    PHYAD: 2
    Transceiver: internal
    Auto-negotiation: on
    MDI-X: on (auto)
    Supports Wake-on: pumbg
    Wake-on: g
    Current message level: 0x00000007 (7)
                           drv probe link
    Link detected: yes
```


図4.23 ethtoolコマンドの実行例

ただし、デバイスにひも付いた接続を再有効化したり、サーバーを再起動したりすると、この設定は失われます。そこで、NetworkManagerの機能を利用して、接続が有効化されたタイミングで**ethtool**コマンドを自動で実行するようにしておきます。ディレクトリー**/etc/NetworkManager/dispatcher.d**の下に実行可能なスクリプトを配置しておくと、接続が有効化もしくは無効化された際に、NetworkManagerはスクリプトを自動的に実行します。この際、変数**$1**にデバイス名、**$2**に「**up**」(有効化)、もしくは「**down**」(無効化)という文字列がセットされるので、これを利用して適切なコマンドを実行します。

リスト4.1は、デバイス「eno1」が有効化された際に、先ほどの**ethtool**コマンドを実行するスクリプトの例になります。次のコマンドで、事前に実行権限を付けておいてください。

```
# chmod u+x /etc/NetworkManager/dispatcher.d/00-linkspeed ↵
```

```
#!/bin/bash

if [[ $1 == "eno1" && $2 == "up" ]]; then
    /sbin/ethtool -s $1 autoneg off speed 100 duplex full
fi
```

リスト4.1 /etc/NetworkManager/dispatcher.d/00-linkspeed

同じディレクトリーに複数のスクリプトがある場合は、ファイル名でソートした順に実行されるので、ファイル名の先頭を数字にすることで、スクリプトの実行順序を制御します。ここでは、このスクリプトが最初に実行されるように、**00-linkspeed**というファイル名を付けています。

ethtoolコマンドによる設定例には、**表4.2**のようなものがあります。「設定値」には、「**-s <デバイス名>**」の後ろに指定する項目を記載しています。これらの設定にあたり、オートネゴシエーションの指定に関する注意点があります。サーバー側のNICでオートネゴシエーションを使用する場合は、対向のスイッチポートも同様にオートネゴシエーションに設定されている必要があります。一方がオートネゴシエーションで、もう一方が固定的な設定の場合、オートネゴシエーションに失敗して、最も遅い通信速度に設定されてしまいます。対向のスイッチポートが通信速度／モードを固定的に設定している場合は、サーバー側も同じ設定を指定してください。

なお、1Gbpsの通信速度を用いる場合は、デフォルトのオートネゴシエーションを使用します。ギガビットイーサネットの仕様上、1Gbpsではオートネゴシエーションが必須になるためです。1Gbpsの固定設定というものはありません。

▼**表4.2** ethtoolコマンドの主な設定例

設定値	設定内容
autoneg on speed 100 duplex full	100Mbps オートネゴシエーション
autoneg off speed 100 duplex full	100Mbps 全二重（固定）
autoneg off speed 100 duplex half	100Mbps 半二重（固定）
autoneg off speed 10 duplex full	10Mbps 全二重（固定）
autoneg off speed 10 duplex half	10Mbps 半二重（固定）

4.2.2 チームデバイスによるNICの二重化

「チームデバイス」は、イーサネットアダプターのNICチーミング機能を提供します。これは、複数の物理NICをまとめた論理デバイスを作成するもので、NICの冗長化や負荷分散を実現します。これまで、同様の機能はBondingドライバーによって提供されており、RHEL7でも引き続きBondingドライバーを使用することは可能です。ただし、今後の機能拡張などは、チームデバイスに対して行われていることが決まっているので、ここではチームデバイスを用いた設定方法を解説していきます。

図4.24の例では、「eno1」と「eno2」をまとめたチームデバイス「team0」を作成して、これにIPアドレスを設定しています。「eno1」と「eno2」は、異なるネットワークスイッチに接続されており、NIC自身、あるいはネットワークケーブル、ネットワークスイッチなどの障害で、一方の通信経路が使用できなくなった場合に、もう一方の経路でネットワーク通信を継続することが可能になります。

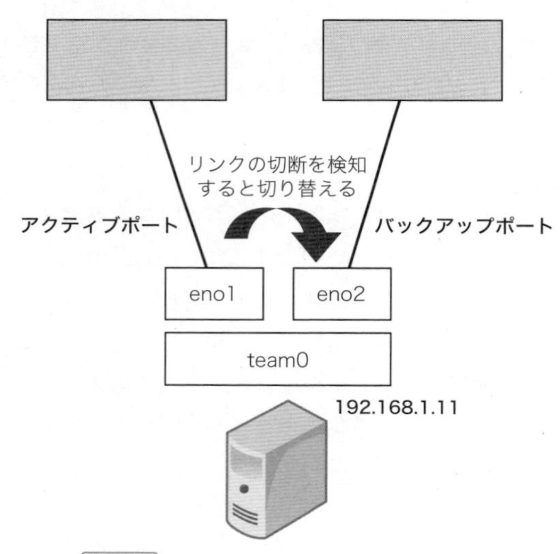

図4.24 チームデバイスによるNICの二重化

チームデバイスには、いくつかの動作モードがあり、**図4.24**に示した「アクティブ・バックアップ」モードの場合は、普段はどちらか一方のNICを使用して、障害発生時にもう一方のNICに切り替えます。通信に使用するNICをアクティブポート、もう一方をバックアップポートと呼びます。あるいは、「ラウンドロビン」モードの場合は、それぞれのNICから交互にパケットを送信することでネットワーク通信の負荷分散を行います。このほかに、「LACP」と呼ばれるモードでは、IEEE802.3adと呼ばれる標準規格に対応した負荷分散処理を行います。このモードを使用する場合は、対向のスイッチについても、IEEE802.3adに対応したものを使用する必要があります。ここでは、最もよく利用される「アクティブ・バックアップ」モードについて説明します。

リンク障害の検知方法

一般に、NICと対向のネットワークスイッチの接続が切れることを「リンク障害」と呼びます。チームデバイスでは、リンク障害を検知して、通信に使用するNICを切り替えます。この際、リンク障害の検知方法として、「ethtool監視」と「ARP監視」が選択できます。ethtool監視では、`ethtool`コマンドと同じ方法で、物理NICのデバイスドライバーからリンクの状態（リンクアップもしくはリンクダウン）を取得して、リンク障害を検知します。**図4.23**の`ethtool`コマンドの実行例で、最後に表示されているリンクの状態「Link detected: yes」と同じ情報を参照します。

もう一方のARP監視は、監視対象のNICが外部からのARPパケット（ARP要求パケットもしくはARP応答パケット）を受信することで、リンクの状態を確認します。一定時間、ARPパケットを受信しなかった場合に、リンク障害と判断します。この際、たまたまARPパケットを受信する機会がなかっただけでリンク障害と検知されては困るので、物理NICが受信するARPパケットを強制的に生成します。具体的には、事前に定義したIPアドレスに対して、アクティブ側のNICから、定期的にARP要求パケットを送信します。送信先のIPアドレスには、サーバーと同じサブネットのルーターが持つゲートウェイのIPアドレスなど、常時ARPリクエストに応答可能なIPアドレスを指定します。すると、アクティブ側のNICは、これに対するARP応答パケットを受信することで、もう一方のバックアップ側のNICは、アクティブ側のNICが送信したARP要求パケットを受信することで、それぞれリンク障害が発生していないものと認識されます。ARP要求パケットは、サブネット全体にブロードキャストされるので、バックアップ側のNICでも受信される点に注意してください。

ここで、大切な点が1つあります。ethtool監視とARP監視は、物理NICが故障した場合、あるいは物理NICと対向のネットワークスイッチの接続が切れた場合など、監視対象のNICが外部からのパケットを一切受信できない状況を検知する機能になります。対向のネットワークスイッチより先の障害など、それ以外の障害を検知するものではありません。「4.1.2 ネットワークアーキテクチャー」で説明したように、上位のネットワーク全体は、スパニングツリーなど、ネットワーク機器の機能で二重化を行います。

この点に関して、時々、ARP監視にまつわる誤解が起きます。ARP監視では、特定のIPアドレスにARP要求パケットを送信する設定を行うため、「上位のネットワーク機器の障害で、指定のIPアドレスとの通信ができなくなるとリンク障害を検知する」と考えてしまうことがあります。しかしながら、これは間違いです。チームデバイスのARP監視の場合、何らかのARPパケットを受信することでリンクの状態を確認します。指定のIPアドレスからARP応答パケットが返ってこない場合でも、ほかのサーバーから送信されたARPパケットを受信すれば、リンク障害とは判定されません。ARP要求パケットはサブネット全体にブロードキャストされるため、同じサブネットに多数のサーバーがある場合、これらからのARP要求パケットをすべて受信する点に注意してください[*7]。ethtool監視と

*7 逆にいうと、たまたまほかのサーバーからARPパケットが送信されていなければ、リンク障害と判定されることになります。つまり、指定のIPアドレスとの通信ができなくなると、状況によってリンク障害を検知したりしなかったりと動作が不安定になります。

ARP監視は、どちらも検知対象の障害の種類は同じといえますので、基本的には、ethtool監視の使用をお勧めします。

チームデバイスの作成手順

ここでは、具体例として、「eno1」にIPアドレスを設定して利用している状態から、**図4.24**の状態に構成を変更する手順を紹介します。はじめに、**nmcli**コマンドでチームデバイスの役割を持つ論理デバイス「team0」を作成して、これにIPアドレスを設定します。

```
# nmcli c add type team ifname team0 con-name team-team0 ↵
# nmcli c mod team-team0 ipv4.method manual ipv4.address "192.168.1.11/24" ↵
# nmcli c mod team-team0 ipv4.gateway "192.168.1.1" ipv4.dns "8.8.8.8" ↵
```

はじめのコマンドでは、「**type team**」を指定することで、チームデバイスに対応する論理デバイスを作成しています。**ifname**(チームデバイスの名前)と**con-name**(対応する接続の名前)を併せて指定します。その後、対応する接続に対して、IPアドレスに関連した設定を行っています。ここで設定するIPアドレスは、既存の「eno1」と同じものでもかまいません。

続いて、物理NICをチームデバイスの配下に組み入れます。これは次のコマンドで行います。

```
# nmcli c add type team-slave ifname eno1 con-name team-slave-eno1 master team-team0 ↵
# nmcli c add type team-slave ifname eno2 con-name team-slave-eno2 master team-team0 ↵
```

「**type team-slave**」は、チームデバイスに組み入れることを指定するもので、**ifname**(物理NICのデバイス名)、**con-name**(対応する接続の名前)、**master**(組み入れるチームデバイスの接続名)を併せて指定します。最後に、「eno1」の既存の接続設定を削除します。

```
# nmcli c del eno1 ↵
```

このとき、「eno1」に設定されていたIPアドレスが削除されるため、一時的にネットワーク接続が切断されますが、しばらくすると、チームデバイス「team0」に設定したほうのIPアドレスで通信できるようになります。この状態で、サーバーに設定された接続の内容を確認すると次のようになります。

```
# nmcli c ↵
名前              UUID                                  タイプ            デバイス
team-team0        91784b07-2e81-4e51-afa9-2cd78b3081cb  team              team0
team-slave-eth1   281146b9-01a4-47ab-8d74-1d0b752f17ed  802-3-ethernet    eth1
team-slave-eth0   9f674171-140d-4645-8e0a-42f9cc5bb42b  802-3-ethernet    eth0
```

ただし、この段階では、アクティブ・バックアップモードではなく、デフォルトのラウンドロビンモードに設定されています。チームデバイスの動作状況は、次の**teamdctl**コマンドで確認します。

```
# teamdctl <チームデバイス> state ↵ ←――サマリーを表示
# teamdctl <チームデバイス> state dump ↵ ←―詳細情報を表示
```

図4.25の実行例のように、「runner:」の部分に動作モードが示されています。そのほかには、それぞれの物理NICの状態(リンクアップ/リンクダウン)やリンク障害の検知方式などがわかります。現在は、ラウンドロビンモードで、ethtool監視の設定がなされています。

動作モードを変更する際は、JSON形式で記載した設定ファイルを用意して、これを**nmcli**コマンドで読み込みます。ここでは、アクティブ・バックアップモードの中でも、「自動切り戻しあり」と「自動切り戻しなし」の2種類の設定を紹介します。

```
# teamdctl team0 state ↵
setup:
  runner: roundrobin ←―― ラウンドロビンモード
ports:
  eno1
    link watches:
      link summary: up
      instance[link_watch_0]:
        name: ethtool ←┐
        link: up       │
        down count: 0  │
  eno2                 ├― リンク障害の検知方式
    link watches:      │
      link summary: up │
      instance[link_watch_0]:
        name: ethtool ←┘
        link: up
        down count: 0
```

図4.25 チームデバイスのデフォルトの設定状態

「自動切り戻しあり」の設定

自動切り戻しありの場合は、優先的にアクティブにするNICを決めておきます。たとえば、「eno1」を優先的にアクティブにする場合、普段は「eno1」で通信を行います。このNICにリンク障害が発生すると、「eno2」に通信が切り替わります。その後、リンク障害が回復した場合は、自動的に「eno1」に通信を切り戻します。

具体的な設定ファイルは、**図4.26**になります。ファイル名は任意ですが、ここでは**activebackup01.conf**というファイル名でカレントディレクトリーに作成するものとします。これを次のコマンドで読み込んで、接続を再有効化すると設定変更が反映されます。

```
# nmcli c mod team-team0 team.config activebackup01.conf ↵
# nmcli c up team-team0 ↵
```

activebackup01.conf

```
{
  "device": "team0",  ←――― チームデバイスのデバイス名
  "runner": {"name": "activebackup"},
  "link_watch": {
    "name": "ethtool",
    "delay_up": 3000,   } ←――― リンクアップ/ダウン処理の遅延時間(ミリ秒)
    "delay_down": 1000  }
  },
  "ports": {
    "eno1": {"prio": 1},  ← ┐
    "eno2": {"prio": 0}   ← ┘― アクティブにする優先度
  }
}
```

図4.26 「自動切り戻しあり」の設定例

読み込んだ設定内容は、接続の設定ファイル**/etc/sysconfig/network-scripts/ifcfg-team-team0**に反映されます。**teamdctl**コマンドで状態を確認すると、次のようになります。

```
# teamdctl team0 state ↵
setup:
  runner: activebackup
ports:
  eno1
    link watches:
      link summary: up
      instance[link_watch_0]:
        name: ethtool
        link: up
        down count: 0
  eno2
    link watches:
      link summary: up
      instance[link_watch_0]:
        name: ethtool
        link: up
        down count: 0
runner:
  active port: eno1
```

最後の「active port: eno1」という出力から、「eno1」がアクティブポートになっていることがわかります。ここで、「eno1」に接続したイーサネットケーブルを取り外すと、「eno2」がアクティブポートに切り替わり、再度イーサネットケーブルを接続すると、「eno1」がアクティブポートに戻ります。**図4.26**の`prio`オプションでアクティブにする優先度を設定しており、この値が大きいほうが優先的にアクティブになります。

図4.26の`delay_up`と`delay_down`は、リンク障害から回復した場合、あるいはリンク障害が発生した場合に、切り戻し／切り替えの処理を開始するまでの待ち時間をミリ秒の単位で指定します。これらを設定する理由は、この後であらためて説明します。

■「自動切り戻しなし」の設定

自動切り戻しなしの場合は、優先的にアクティブにするNICの指定は行いません。サーバー起動時に、先に有効化されたNICがアクティブポートになります。たとえば、「eno1」がアクティブポートになったとして、このNICにリンク障害が発生すると、「eno2」にアクティブポートが切り替わります。その後、リンク障害が回復してもアクティブポートの再変更は行われず、「eno1」はバックアップポートとして稼働します。この設定の場合、現在アクティブなNICにリンク障害が発生した場合にのみ、アクティブポートの切り替えが行われます。

具体的な設定ファイルは、**図4.27**になります。**図4.26**と比較すると、それぞれのNICをアクティブにする優先度が設定されていない点が異なります。ここでは、これを`activebackup02.conf`というファイル名で、カレントディレクトリーに作成するものとします。これを次のコマンドで読み込んで、接続を再有効化すると設定変更が反映されます。

```
# nmcli c mod team-team0 team.config activebackup02.conf ↵
# nmcli c up team-team0 ↵
```

activebackup02.conf

```
{
  "device": "team0",
  "runner": {"name": "activebackup"},
  "link_watch": {
    "name": "ethtool",
    "delay_up": 3000,
    "delay_down": 1000
  },
  "ports": {
    "eno1": {}, "eno2": {}
  }
}
```

図4.27 「自動切り戻しなし」の設定例

現在、アクティブポートとして使用されているNICは、先ほどと同様に**teamdctl**コマンドで確認します。アクティブポートを強制的に切り替える場合は、アクティブポートのNICを一時的にチームデバイスから切り離して、再度チームデバイスに組み入れます。次は、アクティブポートを「eno1」から「eno2」に切り替える例になります。

```
# teamdctl team0 port remove eno1 ↵
# teamdctl team0 port add eno1 ↵
```

この設定の場合、サーバー起動時にどちらのNICをアクティブポートにするかは指定できません。サーバー起動時の処理の中で、たまたま先に有効化されたNICがアクティブポートになります。サーバー起動時にアクティブポートを明示的に設定したい場合は、**/etc/rc.d/rc.local**から上記のコマンドを実行する方法があります。**/etc/rc.d/rc.local**は、サーバー起動時に自動で実行されるシェルスクリプトです。RHEL7の場合、デフォルトでは実行権限が設定されていないので、このスクリプトを利用する際は、次のコマンドで実行権限を設定しておいてください。

```
# chmod u+x /etc/rc.d/rc.local ↵
```

なお、**図4.26**、**図4.27**の設定では、リンク監視の方法としてethtool監視を使用しています。ARP監視を用いる場合は、**link_watch**の部分を**図4.28**のように変更します。**interval**は、ARP要求パケットを送信する間隔をミリ秒の単位で指定します。**missed_max**は、ARPパケット受信の失敗を許容する回数です。この例では、1秒ごとにARP要求パケットを送信して、2回までARPパケット受信の失敗を許容します。つまり、3秒以上ARPパケットを受信しなかった場合に、リンク障害が発生したと判断します。**target_host**は、ARP要求パケットを送信するIPアドレスを指定します。

```
{
  "device": "team0",
  "runner": {"name": "activebackup"},
  "link_watch": {
    "name": "arp_ping",
    "interval": 1000,
    "missed_max": 2,
    "target_host": "192.168.1.1",
    "delay_up": 3000,
    "delay_down": 1000
  },
  "ports": {
    "eno1": { "prio": 1 },
    "eno2": { "prio": 0 }
  }
}
```

ARP監視の設定部分（"name"～"target_host"）

図4.28 ARP監視の設定例

ARPテーブルとMACテーブルの更新について

これまでに説明した手順でチームデバイスを構成すると、チームデバイス「team0」とその配下にある物理NICのデバイス「eno1」「eno2」に対して、すべて同じMACアドレスが設定されます。本来、MACアドレスはそれぞれのNICに固有のものですが、物理NICに対しても、論理的なMACアドレスを上書きで設定する処理が行われます。これは、アクティブポートが切り替わった際に、通信相手のサーバーから見えるMACアドレスが変化しないための仕組みです。仮に、アクティブポートの切り替えに伴ってMACアドレスが変化したとすると、通信相手のARPテーブルに記録されたIPアドレスとMACアドレスの対応が不正になります。同じMACアドレスを設定することで、このような問題を避けています。

一方、ネットワークスイッチが保持しているMACテーブルの情報については、注意が必要です。MACテーブルは、ネットワークスイッチが各ポートの先に接続された機器のMACのアドレスを記憶する領域です。ネットワークスイッチは、MACテーブルを参照して、パケットを送出するポートを決定します。したがって、アクティブポートが切り替わると、同じMACアドレスを持ったNICが違うポートに移動するため、MACテーブルの情報が適切に更新されるまで、通信が再開されない恐れがあります。ネットワークスイッチは、切り替わる前のNICに向かって、パケットを送ろうとするからです。

そこで、チームデバイスでは、アクティブポートを切り替える際に、MACテーブルを更新するためのARPパケット（Gratuitous ARPパケット）を新しいアクティブポートから送出します。このパケットがサブネット全体に転送されることで、サブネット内の各ネットワークスイッチは、該当のMACアドレスに到達するための新しいポートを認識します。

ただし、「自動切り戻しあり」の設定でethtool監視を使用している場合は、さらに注意が必要です。NICがリンク障害から回復してアクティブポートの切り戻しが発生する際に、接続先のスイッチの状態が安定する前にGratuitous ARPパケットが送信されると、ARPパケットがサブネット全体に転送されず、MACテーブルの更新が適切に行われない場合があります。このため、**図4.26**の設定では、`delay_up`オプションを用いてリンクアップを検知した後、少し待ってからアクティブポートの切り戻し処理を開始するようにしています。この例では、リンクアップを検知した後、3秒後に切り戻し処理を開始します。

`delay_down`オプションは、逆に、リンクダウンに伴うアクティブポートの切り替え処理の開始を少し遅らせます。この例では、リンクダウンを検知した後、1秒後に切り替え処理を開始します。これは、リンクダウンの発生に伴って、対向のネットワークスイッチの状態が一時的に不安定になる可能性があるため、安全のために設定しています。このような冗長化の仕組みにおいては、一般に、周りの状態が安定するのを少し待ってから切り替え処理を開始するほうが安全です。そのため、**図4.27**の「自動切り戻しなし」の設定例においても、同様に`delay_up`、`delay_down`を設定しています。

なお、ARP監視を使用している場合は、ARP監視用のARPパケットによってMACテーブルが更新されるため、Gratuitous ARPパケットの送信は行われません。

ブレードサーバーで使用する際の注意点

ブレードサーバーでチームデバイスを使用する際は、特有の注意点があります。先に説明したように、チームデバイスというのは、物理NICと対向のネットワークスイッチの接続が切れたことを検知して、アクティブポートを切り替える仕組みです。対向のネットワークスイッチよりも先に離れた場所で発生したネットワーク障害を検知することはできません。

一方、ブレードサーバーにおいては、**図4.13**の右図のように、サーバーの物理NICに接続するネットワークスイッチはブレードシャーシに搭載されており、物理NICとネットワークスイッチの間は、シャーシ内部で接続されています。このような接続環境では、シャーシに搭載したネットワークスイッチと外部のネットワークスイッチの間で接続が切れたとしても、シャーシ内部の接続は切れていないため、アクティブポートの切り替えは発生しません。

この問題を回避するには、シャーシに搭載したネットワークスイッチの「トランクフェイルオーバー機能」を利用します。シャーシ内部と外部のネットワークスイッチの接続は、一般に、**図4.29**のように、複数のケーブルを論理的に束ねる「ポートトランキング」で冗長化されています。トランクフェイルオーバー機能は、この冗長化された接続がすべて切れると、シャーシ内部のポートを強制的にダウンさせます。これにより、シャーシ内部のサーバーの物理NICにもリンクダウンが発生して、アクティブポートの切り替えが行われます。

「ARP監視を利用すると、トランクフェイルオーバー機能を使わなくてもアクティブポートの切り替えが発生する」と考える人がいますが、これは誤りです。ARP監視が検知するのは、あくまでも物理NICそのもののリンク障害です。ARP監視であったとしても、内部接続が切れない限りは、リンク障害を正しく検知することはできません。

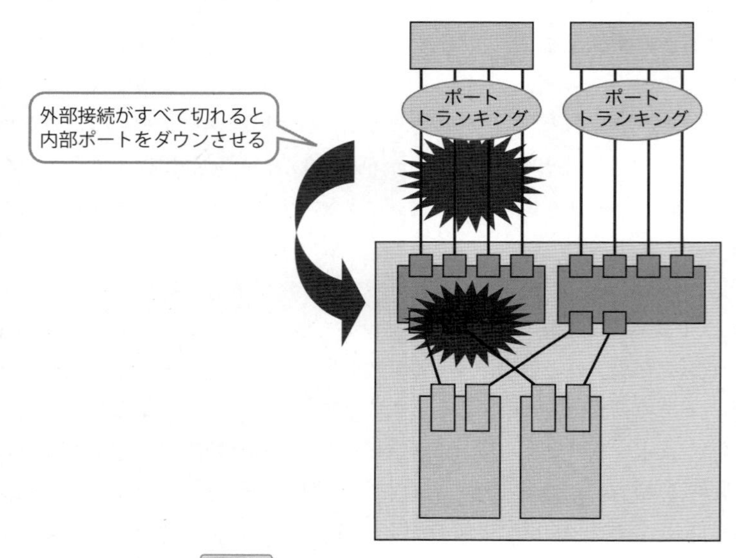

図4.29 トランクフェイルオーバー機能

4.3 高度なネットワーク設定

4.3.1 ソケット通信

「4.1.1 IPネットワークの基礎」では、IPネットワーク上でパケットが転送される仕組みを説明しましたが、IPネットワークそのものには、パケットが宛先のアドレスまで届いたことを保証する仕組みはありません。たとえば、転送経路上のルーターが停止している場合、パケットはそこで失われます。また、サーバー上のアプリケーションと通信する場合、宛先のIPアドレスを指定するだけでは、通信先のサーバーは決まるものの、そのパケットがどのアプリケーションに向けて送信されたのかはわかりません。

このような問題を解決するのが「ソケット通信」です。ソケット通信は、IPネットワークを通して、アプリケーションどうしで通信するための仕組みで、「TCP」と「UDP」の2種類のプロトコルがあります。特に、ソケット通信では、サーバーアプリケーションとクライアントアプリケーションが区別されます。サーバーアプリケーションのプロセスは、ネットワークからの接続を常時受け付けており、これに対してクライアントアプリケーションが接続しにいく形になります。

ソケット通信の仕組みは、基本的にはアプリケーションプログラマーが理解するべき内容で、Linuxサーバーの管理者が意識することはそれほど多くはありません。しかしながら、ネットワークに起因するアプリケーションの問題が発生した際は、Linux上でソケット通信の状態を確認する必要があります。この後で説明する、TCP接続に関するカーネルパラメーターの確認が必要な場合もあるでしょう。ここでは、Linuxサーバーの管理者として理解しておくべき、ソケット通信の基本事項を説明します。

ソケット通信の概要

ソケット通信において、通信先のアプリケーションを特定するための仕組みが「ポート番号」です。ソケット通信を行うサーバーアプリケーションのプロセスは、それぞれ、固有のポート番号でクライアントからの接続を受け付けます。TCPとUDPのどちらを使用するかは、アプリケーションによって異なります。有名な例では、SSHサーバーは、TCPの22番ポートで接続を受け付けます。DNSサーバーは、TCPの53番ポートとUDPの53番ポートの両方で接続を受け付けます。

サーバーアプリケーションに接続するクライアントアプリケーションは、クライアントのマシン上で未使用のポート番号を1つ選んだ上で、接続先のIPアドレスとポート番号を指定して、通信を開始します。このとき、「サーバーのIPアドレスとポート番号、および、クライアントのIPアドレスとポート番号」のペアーで、お互いの通信相手が特定されます。一般に、「IPアドレスとポート番号」の組を「ソケット」と呼びます。

TCPとUDPの違いは、通信を開始する前に「セッション」を確立するかどうかです。簡単にいうと、

UDPで通信するクライアントアプリケーションは、サーバーアプリケーションが稼働しているかどうかを確認せずに、単純にIPアドレスとポート番号を指定してパケットを送信します。アプリケーションからの応答がなかった場合、ネットワークの問題でパケットが到達しなかったのか、アプリケーションの問題で応答がなかったのかは区別できません。応答がない場合にパケットを再送するなどの処理は、それぞれのアプリケーションで実装する必要があります。

一方、TCPで通信する場合は、この後で説明する方法で、事前にサーバーアプリケーションとクライアントアプリケーションの間でセッションを確立します。TCPセッションが確立すると、各送信パケットには、「シーケンスナンバー」と呼ばれる番号が割り当てられます。パケットの受信側は、何番の番号までパケットを受信したかという、受信確認の「ACKパケット」を送信します。これにより、パケットが確実に受信されたことが保証されます。また、送信側において一定時間「ACKパケット」を受け取らなかった場合は、同じパケットを再送します。このようなTCPセッションの仕組みは、Linuxが提供するTCPレイヤーの機能で行われるので、TCPで通信するアプリケーションは、パケットの再送処理などを気にする必要がなくなります。

TCP通信におけるソケットは、電源用のテーブルタップをイメージするとよいでしょう（**図4.30**）。サーバーのポート番号ごとにテーブルタップが用意されており、複数のクライアントと接続することができます。接続待ちのソケットにクライアントが接続すると、新たに接続待ちのソケットが追加されます。サーバーアプリケーションは、1つのポート番号で複数の接続を行いますが、クライアントアプリケーションは、接続ごとに自分自身のポート番号を用意します。

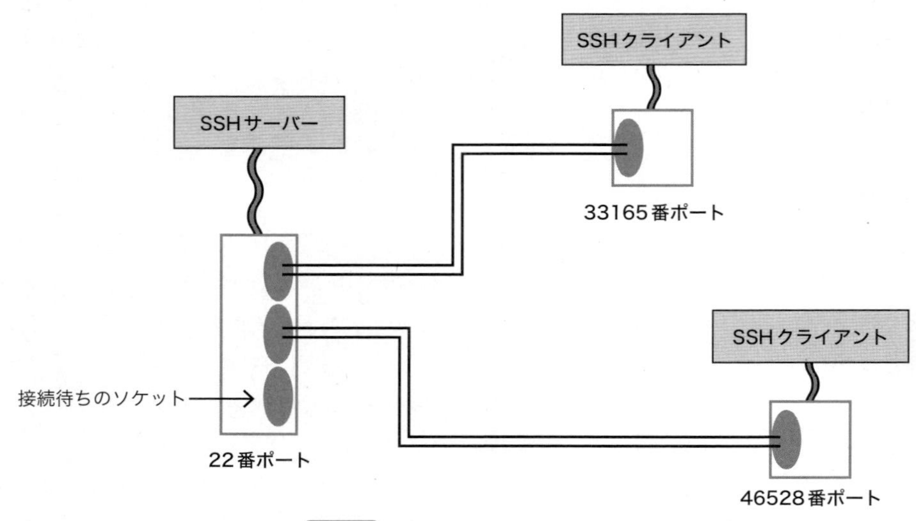

図4.30 TCPソケットのイメージ図

TCPセッションの状態遷移

TCP通信では、セッションの確立状態に応じて、サーバー側とクライアント側のそれぞれにいくつかの状態が存在します。これは、次の3つのフェーズに大きく分類できます。

①TCPセッションの確立
②TCPデータの転送
③TCPセッションの切断

図4.31に従って、各フェーズの状態遷移を説明します。図に記載された「SYN」「ACK」「FIN」は、TCPパケットのヘッダーに含まれるフラグです。複数のフラグを同時に指定することもできます。

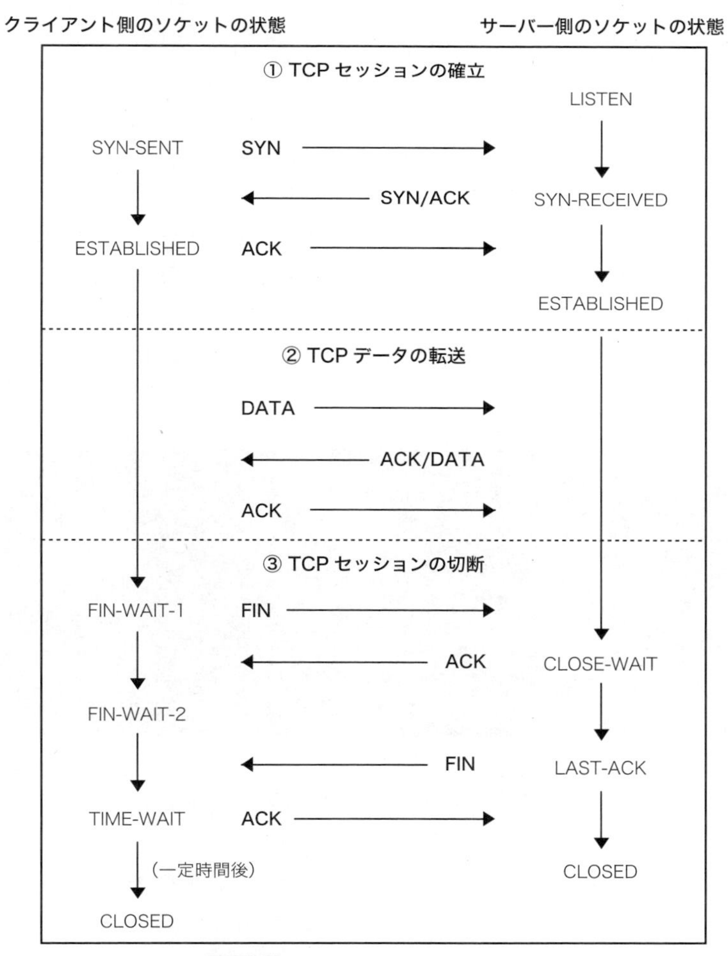

図4.31 TCPセッションの状態遷移

①の「TCPセッションの確立」では、サーバー側のソケットは「LISTEN」の状態で、クライアントからの接続を待っています。この接続待ちソケットに対して、クライアントはSYNパケットを送信してセッションの確立を要求します。続いて、サーバーは受信確認のSYN/ACKパケットを返送します。最後に、クライアントはさらにその受信確認となるACKパケットを送ります。この3つのパケットの交換が成功するとTCPセッションが確立して、②のフェーズに移行します。このとき、クライアントとサーバーのそれぞれのソケットは、「ESTABLISHED」の状態になります。3つのパケットを交換することから、この一連の処理は、「スリーウェイハンドシェイク」と呼ばれます。

②の「TCPデータの転送」では、クライアントとサーバーは、どちらもデータパケットを送信できます。データパケットを受信した側は、その受信確認となるACKパケットを返送します。このとき、新規のデータパケットにACKフラグを立てることで、受信確認と新規のデータパケットの送信を兼用することも可能です。

③の「TCPセッションの切断」では、切断を希望する側がFINパケットを送信します。**図4.31**では、例として、クライアント側から切断を行っています。FINパケットを受信した側は、受信確認となるACKパケットを返送した後、自分自身もFINパケットを送信します。切断を希望する側がFINパケットを受け取って、その受信確認のACKパケットを送信すると、お互いのTCPソケットがクローズされます。ただし、最初にFINパケットを送信した側は、最後にソケットをクローズする前に、一定時間「TIME-WAIT」の状態にとどまります。これは、相手側が最後のACKを受信できずに、FINパケットを再送する可能性があるためです。

Linux上のTCPセッションの状態は、`ss`コマンドで確認します。次のように`-nat`オプションを指定すると、サーバー上のすべての状態のTCPソケットが表示されます。

```
# ss -nat ↵
State      Recv-Q Send-Q  Local Address:Port          Peer Address:Port
LISTEN     0      128                *:22                        *:*
LISTEN     0      100        127.0.0.1:25                        *:*
ESTAB      0      0       192.168.1.11:22           192.168.1.12:39426
TIME-WAIT  0      0       192.168.1.11:80          192.168.1.120:80
LISTEN     0      128               :::80                       :::*
LISTEN     0      128               :::22                       :::*
LISTEN     0      100              ::1:25                       :::*
```

「State」の列が、**図4.31**に示した「ソケットの状態」を示します[*8]。「Local Address:Port」と「Peer Address:Port」は、それぞれローカル側とリモート側のソケットの「IPアドレス:ポート番号」です。状態が「LISTEN」のソケットは、クライアントからの接続を待っているため、ローカルのソケットのみが表示されています。また、サーバーが複数のIPアドレスを持つ場合、特定のIPアドレスに対

*8 「ESTAB」は「ESTABLISHED」を表します。

する接続だけを待ち受けることが可能です。そのような場合は、「Local Address」に接続を受け付けるIPアドレスが表示されます。「*:22」や「:::22」などの表記は、任意のIPアドレスに対する接続を受け付けるという意味です。出力の最後の3行にある「:」が並んだアドレスは、IPv6に対応したアプリケーションの場合に表示される、IPv6のアドレスです。

クライアントの使用ポート

ソケット通信で使用するポート番号は、0〜65535の値を使用します。0〜1023の値は、主要なサーバーアプリケーションの接続受け付け用ポート番号として予約されており、Well-known（ウェルノウン）ポートと呼ばれます。Linuxでは、Well-knownポートで接続を待ち受けるプロセスは、root権限で起動する必要があります。

設定ファイル`/etc/services`には、アプリケーション名とポート番号の対応が記載されています。先ほどの`ss`コマンドで`-n`オプションを付けない場合は、ポート番号の代わりに、このファイルに記載されたアプリケーション名が表示されます。

クライアントアプリケーションが使用するポート番号は、1024〜65535の中から選択する必要があります。Linuxでは、カーネルパラメーター`net.ipv4.ip_local_port_range`で、実際にクライアントアプリケーションが使用する範囲が設定されています。デフォルトでは、32768〜61000が指定されています。

カーネルパラメーターの変更方法については、「6.1.4 コマンドによる情報収集」で説明します。現在の設定値を確認する場合は、次のコマンドを使用してください。

```
# sysctl -a ↵ ←―――すべてのパラメーターを表示
# sysctl <カーネルパラメーター> ↵ ←―――指定のパラメーターを表示
```

4.3.2 TCPセッションのタイムアウト時間

TCP通信では、**図4.31**のように、サーバー間で交換されるパケットについて、ACKパケットによる受信確認が行われます。一定時間内にACKパケットを受信しない場合は、パケットの再送を行います。さらに、一定回数の再送に連続して失敗すると、通信エラーと判断して通信を切断します。パケットを再送するまでの待ち時間は、RTO（Retransmission timeout）と呼ばれ、通信の状況に応じて動的に変更することがIETFの規格で決まっています。デフォルト値は1秒で、0.2秒〜120秒の間で変化します。RTOの値は、TCPセッションごとに割り当てられます。

ここでは、**図4.31**の①〜③の各フェーズについて、RTOの変化と、それに基づいた、TCPセッションのタイムアウト時間について説明します。アプリケーションの要件で、これらのタイムアウト時間を変更したいという要望を受けることもあるため、タイムアウト時間を変更するためのカーネルパラメーターについても説明します。

■「TCPセッション確立」フェーズのタイムアウト

図4.31の①の「TCPセッションの確立」では、接続元サーバーは、SYNパケットを送信してSYN-SENT状態に移行した後、接続先サーバーからSYN/ACKパケットが返送されるのを待ちます。このときのRTOは、初期値である1秒なので、1秒間SYN/ACKパケットを受信しないと、再度SYNパケットを送信します。SYNパケットを再送するごとに、RTOは（最大値である120秒に達するまで）2倍に増加します。最終的にTCPセッションの確立に失敗したと判断するまでの再送回数は、カーネルパラメーター`net.ipv4.tcp_syn_retries`で指定します。デフォルトでは6が指定されているため、**表4.3**のように、TCPセッションの確立に失敗するまで127秒かかります。

▼**表4.3** TCPセッション確立のタイムアウト時間

時間（秒）	RTO	イベント
0	1	SYNパケット送信
1	2	1回目再送
3	4	2回目再送
7	8	3回目再送
15	16	4回目再送
31	32	5回目再送
63	64	6回目再送
127		TCP接続エラー発生

接続先のサーバーは、SYNパケットを受信した後にSYN/ACKパケットを返送して、その後、接続元サーバーからのACKパケットが返送されるのを待ちます。このときも同様に、RTOは初期値の1秒から、SYN/ACKパケットの再送ごとに（最大値である120秒に達するまで）2倍に増加します。TCP接続の確立に失敗したと判断するまでの再送回数は、カーネルパラメーター`net.ipv4.tcp_synack_retries`で指定します。デフォルト値は5です。

RTOの値はユーザー側では変更できませんので、これらの接続失敗までの時間を変更したい場合は、再送回数のカーネルパラメーターを変更して対応します。たとえば、`net.ipv4.tcp_syn_retries`を大きくしていくと、TCPセッションの確立に失敗するまでの時間は、最初は指数的に増加します。RTOが最大値である120秒に達したところで、以後は直線的な増加になります。

なお、接続先サーバーが同一のサブネットに存在する場合は、SYNパケットを送信する前に、ARPリクエストによるMACアドレスの取得が行われます。ここで接続先サーバーの応答がない場合は、ARPリクエストのタイムアウトにより、接続エラーとなります。

■「TCPデータの転送」フェーズのタイムアウト

図4.31の②の「TCPデータの転送」では、RTOについて複雑な計算が行われます。IETFの規格では、1つのパケットの受信を確認（送信したデータに対するACKパケットを受信）するごとに、次の

計算式でRTOを算出すると決められています*9。

(1) RTTVAR ← (3/4) × RTTVAR + (1/4)|SRTT-R|
(2) SRTT ← (7/8) × SRTT + (1/8) × R
(3) RTO ← MAX(SRTT + 4 × RTTVAR, 1Sec)

Rは、データパケットの送信から対応するACKパケットの受信までの時間(round-trip time)です。SRTTは、Rの長時間平均値(smoothed mean round-trip time)で、(2)は直近のRの値を1/8の重みで加えることで平均値を修正しています。RTTVARは、|SRTT-R|(SRTTとRの誤差)の長時間平均値(Variation of RTT)で、(1)は直近の値を1/4の重みで加えることで平均値を修正しています。最後に、(3)よりRTOは、Rの長時間平均値であるSRTTに、SRTTとRの誤差の長時間平均値を4倍して加えたもの(ただし、これが1秒より小さくなる場合は、RTOは1秒とする)と決まります。まとめると、RTOはパケットの平均往復時間であるSRTTを基準として、個々のパケットでの誤差(の4倍)を加えて補正することになります。

しかしながら、この計算式には問題点があります。たとえば、ネットワーク負荷が突然減少してRが極端に小さくなった場合、それに応じてRTOも小さくなるべきですが、実際には誤差|SRTT-R|が突然大きくなるため、(3)で計算されるRTOは大きくなります。Linuxでは、この問題を回避するために、RTTVARの定義と計算アルゴリズムを独自に変更しています。ここでは詳しくは触れませんが、大きくは、RTTVARが増加する場合と、減少する場合を別々に取り扱う形になっています。また、RTOの最小値をIETFの規格である1秒よりも小さくしています。

そして、RTOの時間以内にパケットの受信確認ができない場合には、データパケットを再送します。このとき、RTOの値は(最大値である120秒に達するまで)2倍に増加します。ここでも、RTOの値はユーザー側では変更できないので、通信エラーが発生するまでの時間を調整する場合は、カーネルパラメーター`net.ipv4.tcp_retries2`でリトライ回数を指定します。これは、TCP接続を切断するまでの再送回数で、デフォルト値は15です。つまり、16回目の再送が行われるべき時刻に、再送をとりやめて通信を切断します。

実際に切断するまでの時間は、RTOの値に依存しますが、RTOが最小値の0.2秒から始まった場合で約15分、最大値の120秒から始まった場合で約30分に相当します。たとえば、0.2秒から始まった場合の計算例は、**表4.4**のようになります。この場合、TCP接続エラーの発生時間は、924.6秒(約15分)とわかります。

*9　計算式が苦手な方は、この説明を読み飛ばしても大丈夫です。

▼表4.4 TCPデータ転送のタイムアウト時間

時間(秒)	RTO	イベント
0	0.2	初回データ送信
0.2	0.4	1回目再送
0.6	0.8	2回目再送
1.4	1.6	3回目再送
3	3.2	4回目再送
6.2	6.4	5回目再送
12.6	12.8	6回目再送
25.4	25.6	7回目再送
51	51.2	8回目再送
102.2	102.4	9回目再送
204.6	120	10回目再送
324.6	120	11回目再送
444.6	120	12回目再送
564.6	120	13回目再送
684.6	120	14回目再送
804.6	120	15回目再送
924.6		TCP接続エラー発生

「TCPセッションの切断」フェーズのタイムアウト

図4.31の③の「TCPセッションの切断」では、双方のサーバーがお互いにFINパケットと、その確認のACKパケットを送信した後にソケットを切断します。FINパケットの送信後、ACKパケットを受け取るまでの待ち時間がRTOによって決まります。RTOの時間以内にACKパケットを受信しなかった場合は、FINパケットを再送すると同時に、RTOの値を(最大値である120秒に達するまで)2倍に増加します。

先にFINパケットを送信した側が、ACKパケットの受信をあきらめてソケットを強制的にクローズするまでのリトライ回数は、カーネルパラメーター`net.ipv4.tcp_orphan_retries`で指定します。デフォルト値は0になっていますが、これには少し特別な意味があり、通常は8と同じ動作になります[*10]。この場合、タイムアウトによるソケット切断までの待ち時間は、RTOによりおよそ100秒から18分になります。

カーネルのソースコードを読む!

第2章のコラムで、カッコ良く「Linuxサーバー管理者として、いつか、Linuxカーネルの仕組みをソースコードから理解したいと考えている読者も多いでしょう」と書きました。それでは、実際の業務ではどのようなときにソースコードを読んでいるのか、少しご紹介してみましょう。よくあるケースは、「どこにもドキュメントされていないLinuxの仕様を確認する場合」です。

Bondingドライバーの ARP監視の説明で、「指定のIPアドレスとの通信が切れると障害と検知する」という誤解を紹介しました[*11]。実は、筆者もBondingドライバーをはじめて使用した際は、同じ誤解をしていました。

2006年ごろまで、IBM製のサーバーに搭載されていたブロードコム社製のNIC(tg3)では、baspドライバーという専用のチーミングドライバーがあるため、Bondingドライバーを使用することはありませんでした。baspドライバーの提供が終了するということで、Bondingドライバー

---

*10 ただし、ネットワーク経路上の通信機器がICMPメッセージで通信障害を通知している場合は、リトライせずに即座にソケットを切断します。
*11 本コラムを執筆した本書の初版では、チームデバイスの前身となるBondingドライバーを解説していました。チームデバイスのARP監視では、ARPパケットを受信しなくなることでリンク障害を検知するのに対して、Bondingドライバーの ARP監視では、受信パケットカウントが増加しなくなることでリンク障害を検知します。

の検証を始めたのですが、ブレードサーバーの環境でARP監視を設定すると、不思議な現象が発生したのです。シャーシに内蔵のネットワークスイッチと外部のネットワークスイッチの間のケーブルを抜くと、プライマリーアダプターが定期的にアップ・ダウンを繰り返して、アクティブアダプターの切り替えが何度も発生するのです。

ARP監視の仕組みを理解した皆さんには、何が起きているのか想像できるでしょうか？　まず、シャーシ内のサーバーが送信するARP要求に対して、ARP応答パケットが戻らなくなるので、プライマリーアダプターのパケット受信カウントが更新されなくなります。そのため、リンク障害と判定されて、アクティブアダプターが切り替わります。ところが、同じシャーシに搭載されたほかのサーバーが、時々、ARP要求のブロードキャストパケットを送信していたのです。外部接続のケーブルが切断されていても、このパケットはシャーシ内部のネットワークスイッチを経由して、シャーシ内のすべてのサーバーに到達します。このパケットで受信カウントが更新されるため、時々、リンク障害が回復したものと判断されていたというわけです。

最初は、このような原因がまったくわからずに、独りでマシンルームで悩んだ末に「そもそもARP監視って、どうやってリンク障害を判断しているんだ？」と思い当たって、Bondingドライバーのソースコードを調べ始めました。当時は、このような基本的な仕組みを説明した、Bondingドライバーのドキュメントがなかったのです。カーネルドキュメントにも説明がありませんでした。ソースコードを追っていって、実は、受信パケットのカウントを見ていることがわかったときは、「なんでこんな基本的なことをカーネルドキュメントに書かないんだ」と脱力したことを覚えています。ここまでわかれば、後はtcpdumpコマンドでサーバーが受信するパケットを調べて、すぐ横のブレードサーバーからのブロードキャストパケットが原因だと気づくのは簡単でした。結局この問題は、本文で紹介したトランクフェイルオーバーの機能で解決しました。

ちなみに、ソースコードを読んでいくと、開発者がどういうことを考えて実装しているのかが想像できて面白いこともあります。RTOの計算式について、本文で「この計算式には問題がある」と説明しましたが、実は、ソースコードにも同じことがコメントされています。なかなかストレートなコメントで、開発者の人間味に触れた気持ちになります。

```
/*      The following amusing code comes from Jacobson's
 *      article in SIGCOMM '88.  Note that rtt and mdev
 *      are scaled versions of rtt and mean deviation.
 *      This is designed to be as fast as possible
 *      m stands for "measurement".
 *
 *      On a 1990 paper the rto value is changed to:
 *      RTO = rtt + 4 * mdev
 *
 * Funny. This algorithm seems to be very broken.
 * These formulae increase RTO, when it should be decreased, increase
 * too slowly, when it should be incresed fastly, decrease too fastly
 * etc. I guess in BSD RTO takes ONE value, so that it is absolutely
 * does not matter how to _calculate_ it. Seems, it was trap
 * that VJ failed to avoid. 8)
 */
```

また、TCPパケットの再送ごとにRTOが2倍に増加しますが、この処理を行う部分のソースコードには、次のコメントが書かれています。RTOの最大値は120秒ですが、なにやら「火星と通信するには、これでは足りない」と主張しているようです。

```
/* Increase the timeout each time we retransmit.  Note that
 * we do not increase the rtt estimate.  rto is initialized
 * from rtt, but increases here.  Jacobson (SIGCOMM 88) suggests
 * that doubling rto each time is the least we can get away with.
 * In KA9Q, Karn uses this for the first few times, and then
 * goes to quadratic.  netBSD doubles, but only goes up to *64,
 * and clamps at 1 to 64 sec afterwards.  Note that 120 sec is
 * defined in the protocol as the maximum possible RTT.  I guess
 * we'll have to use something other than TCP to talk to the
 * University of Mars.
 *
 * PAWS allows us longer timeouts and large windows, so once
 * implemented ftp to mars will work nicely. We will have to fix
 * the 120 second clamps though!
 */
```

4.3.3 利用可能なソケット数の上限

インターネットに公開したWebサーバーなど、多数のネットワーク接続が発生するシステムでは、サーバー上で同時に利用できるソケット数が上限に達して、それ以上クライアントの接続が受け付けられなくなることがあります。このような上限値を決めるパラメーターには、プロセスごとに設定される「ファイルディスクリプタ数」の上限と、サーバー全体で設定される「ファイルオブジェクト数」の上限があります。ここでは、これらのパラメーターの変更方法を説明します。

ファイルディスクリプタ数の上限

Linuxには、個々のプロセスが同時にオープンできるファイル数をulimitによって制限する機能があります。これは正確には、個々のプロセスが使用できるファイルディスクリプタ数の上限になります。

ファイルディスクリプタは、Linuxカーネルが管理する、各プロセスがオープン中のファイルを識別するラベルです。Linuxでは、仮想ファイルシステムの機能により、物理ディスク上のファイル以外に、標準入出力やTCPソケットなどのリソースも仮想的にファイルとして扱われます。つまり、これらのリソースを使用する際もファイルディスクリプタが必要となります。したがって、HTTPデーモンなどネットワーク通信を多用するプロセスでは、ulimitによるファイルディスクリプタ数の制限により、同時接続可能なクライアント数が制限される場合があります。多数のネットワーク接続が予想されるシステムでは、ulimitによるファイルディスクリプタ数の制限を増やしておく必要があります。設定可能な最大値は、カーネルパラメーター**fs.nr_open**で決められており、デフォルト値は1048576です。このカーネルパラメーターの設定可能な最大値は2147483584です。

ファイルディスクリプタ数の上限を変更する方法は複数あるので、目的に応じて選択します。使用するアプリケーションで変更方法が指定されている場合もあるので、各アプリケーションのドキュメントも確認するようにしてください。

まず、ユーザーのログインシェルに対して設定する場合は、設定ファイル**/etc/security/limits.conf**に**図4.32**の内容を記載します。soft（ソフトリミット）が実際の制限値で、hard（ハードリミット）は、個々のユーザーが**ulimit**コマンドで変更する際の変更可能な上限値です。これらは、実際に設定したい値に変更してください。ソフトリミットとハードリミットについては、「5.1.2 プロセスのリソース制限」でも説明しています。

```
*        hard       nofile            60000
*        soft       nofile            2000
```

図4.32 /etc/security/limits.conf の設定例

起動中のシェルの実際の設定値は、次のコマンドで確認します。それぞれ、ソフトリミットとハードリミットを表示します。

```
# ulimit -Sn ↵
# ulimit -Hn ↵
```

このシェルから起動したプロセスは、この設定値を引き継ぎます。また、各ユーザーは、ログインシェルから**ulimit**コマンドで設定値を変更できます。次のコマンドは、ソフトリミットを変更する例です。

```
# ulimit -Sn 4000 ↵
```

ただし、ハードリミットを超える値は指定できません。次のコマンドは、ハードリミットを変更する例ですが、rootユーザー以外はハードリミットの値を増加させることはできません。減少することだけが可能です。

```
# ulimit -Hn 10000 ↵
```

次のコマンドは、ソフトリミットとハードリミットを同時に変更する例です。

```
# ulimit -n 4000 ↵
```

ユーザーのログインシェル以外に、systemdが管理するサービスとして、サーバー起動時に自動起動するプロセスに設定する場合は、systemdの設定ファイルに設定値を記載します。該当サービスの設定ファイルの**[service]**セクションにおいて、「**LimitNOFILE=65536**」のように記載します。systemdの仕組みについては、「5.1.3 systemdによるプロセスの起動処理」で説明します。

最後に、専用の起動シェルスクリプトを持つプログラムに設定する場合は、先に説明した**ulimit**コマンドを起動シェルスクリプトに追加します。ただし、起動シェルスクリプトがroot以外のユーザーで起動される場合は、ハードリミットの増加はできません。ハードリミットの増加が必要な場合は、起動シェルスクリプト自身を起動するrootユーザー権限のシェルスクリプトを用意して、そこでハードリミットを増加するなどの方法が必要となります。

各プロセスが使用中のファイルディスクリプタを確認するには、プロセスIDを**<pid>**として次のコマンドを実行します。

```
# ls -l /proc/<pid>/fd ↵
```

このプロセスが使用中のファイルディスクリプタと、それに対応するファイルの一覧が表示されます。ファイルディスクリプタ番号0、1、2は、標準入出力のオープンに使用されます。次は、HTTPデーモンのプロセスに対する実行例です。

```
# ls -l /proc/1384/fd ↵
合計 0
lr-x------. 1 root root 64  4月 18 08:16 0 -> /dev/null
lrwx------. 1 root root 64  4月 18 08:16 1 -> socket:[17346]
l-wx------. 1 root root 64  4月 18 08:16 2 -> /var/log/httpd/error_log
lrwx------. 1 root root 64  4月 18 08:16 3 -> socket:[18057]
lrwx------. 1 root root 64  4月 18 08:16 4 -> socket:[18058]
lr-x------. 1 root root 64  4月 18 08:16 5 -> pipe:[17370]
l-wx------. 1 root root 64  4月 18 08:16 6 -> pipe:[17370]
l-wx------. 1 root root 64  4月 18 08:16 7 -> /var/log/httpd/access_log
```

標準入力（ファイルディスクリプタ番号0）は、`/dev/null`にリダイレクトされており、標準入力からは何も入力を受け付けていません。標準出力（ファイルディスクリプタ番号1）はソケット通信に使用されており、これはsystemdのログ管理機能であるjournaldに出力を送ります。標準エラー出力（ファイルディスクリプタ番号2）は、エラーログ`/var/log/httpd/error_log`に出力されています。そのほかには、ソケット通信やアクセスログ`/var/log/httpd/access_log`の出力などに利用されていることがわかります。

ファイルオブジェクト数の上限

前述のように、Linuxでは仮想ファイルシステムの機能により、さまざまなシステムリソースを仮想的なファイルとして取り扱います。Linuxカーネルは、内部的にファイルオブジェクトと呼ばれる変数を用意して、このような仮想ファイルの情報を格納します。このとき、ユーザープロセスが無尽蔵にファイルをオープンしたり非常に多くのネットワーク接続を行うと、カーネルが使用するファイルオブジェクトが増加していき、最終的にシステムメモリーの不足を招きます。

ファイルディスクリプタ数の制限には、このようなトラブルを防ぐ働きがありますが、Linuxでは個々のプロセスのファイルディスクリプタ数以外に、システム全体で使用可能なファイルオブジェクト数にも制限を設けています。ファイルオブジェクト数の上限は、カーネルパラメーター`fs.file-max`で設定します。実質的には、任意の大きさの値を設定することができますが、システムメモリーの不足を保護するためのパラメーターなので、極端に大きな値を設定することは避けてください。デフォルト値は、サーバーに搭載された物理メモリーの容量に応じて自動的に決まるようになっています。

カーネルが実際に使用している（メモリーに割り当てている）ファイルオブジェクトの数は、次のコマンドで確認します。

```
# sysctl fs.file-nr ↵
fs.file-nr = 7840        0        3272695
```

この例のように3つの値が表示されますが、最初の値が使用中のファイルオブジェクトの数を表します。

第 5 章

Linuxの内部構造

5.1 プロセス管理

5.1.1 プロセスシグナルとプロセスの状態遷移

アプリケーションの問題が発生した場合、Linuxの観点からは、プロセスの実行状態の確認が必要になることがあります。ここでは、プロセスシグナルやプロセスの状態遷移など、Linuxにおけるプロセス管理の基本事項を説明します。

プロセスシグナル

Linuxでは、実行中のプロセスに対して「プロセスシグナル」を送ることで、プロセスの動作を制御します。これには、`kill`コマンドでユーザーがシグナルを送る場合と、実行中のプロセスがkillシステムコールを利用して、ほかのプロセスにシグナルを送る場合があります。Linuxの主なプロセスシグナルは、**表5.1**のとおりです。

▼**表5.1** Linuxの主なプロセスシグナル

シグナル名	シグナル番号	デフォルトの処理内容
HUP	1	プロセスのリスタート
INT	2	プロセスの終了（通常終了）
KILL (*)	9	プロセスの終了（強制終了）
QUIT	3	プロセスの終了（coreダンプ出力）
TERM	15	プロセスの終了（通常終了）
STOP (*)	19	プロセスの一時停止
CONT	18	プロセスの一時停止からの復帰
CHLD	17	子プロセスの終了通知

たとえば、ログインシェルから時間のかかるコマンドを実行した場合、Ctrl+Cでコマンドを終了できます。これは、ログインシェル自身のプロセスから、実行中のコマンドのプロセスにINTシグナルを送信することで終了しています。同様にCtrl+Zでプロセスを一時停止する場合は、STOPシグナルが送信されます。その後、`fg`コマンドもしくは`bg`コマンドでプロセスを再開すると、CONTシグナルが送信されます。

実行中のプロセスのプログラムにおいて、シグナル番号に対応した「シグナルハンドラー」と呼ばれるサブルーチンが定義されている場合があります。この場合、シグナルを受け取ったプロセスは、**表5.1**の「デフォルトの処理内容」の代わりに、対応するシグナルハンドラーを実行します。これには、TERMシグナルを受け取った際に、特定の処理を実施してから終了させるなどの使い方があります。あるいは、HUPシグナルに対して、設定ファイルを読み直すシグナルハンドラーを用意しておくと、プロセスを停止せずにHUPシグナルを送ることで、設定ファイルの変更を反映させることができます。

ただし、**表5.1**で(*)の付いたKILLシグナルとSTOPシグナルについては、プログラマーが自由にシグナルハンドラーを用意することはできません。これらのシグナルを受け取ったプロセスは、必ず、デフォルトの処理を実施します。

killコマンドでシグナルを送る場合は、シグナル名もしくはシグナル番号と、シグナルを送信するプロセスの「プロセスID」を指定します。次のコマンドは、どちらもプロセスIDが3382のプロセスにHUPシグナルを送信します。

```
# kill -HUP 3382 ↵
# kill -1 3382 ↵
```

プロセスIDは、**ps**コマンドで確認します。**ps**コマンドは、オプションによりさまざまな情報が表示されますが、次の2種類のオプションを利用する場合がほとんどです。どちらも「PID」の列がプロセスIDになります。

```
# ps -ef ↵
# ps aux ↵
```

図5.1と**図5.2**の出力例では、長いコマンドの表示が画面の右端で切れていますが、次のようにオプション「**ww**」を追加するとすべて表示されます。

```
# ps -ef ↵
UID          PID    PPID  C  STIME  TTY       TIME  CMD
root           1       0  0  20:50  ?     00:00:00  /usr/lib/systemd/systemd --switc
root           2       0  0  20:50  ?     00:00:00  [kthreadd]
root           3       2  0  20:50  ?     00:00:00  [ksoftirqd/0]
root           4       2  0  20:50  ?     00:00:00  [kworker/0:0]
root           5       2  0  20:50  ?     00:00:00  [kworker/0:0H]
root           6       2  0  20:50  ?     00:00:00  [kworker/u4:0]
...（中略）...
root        2024       1  0  20:50  ?     00:00:00  /usr/libexec/postfix/master -w
postfix     2165    2024  0  20:50  ?     00:00:00  pickup -l -t unix -u
postfix     2167    2024  0  20:50  ?     00:00:00  qmgr -l -t unix -u
apache      2199    1047  0  20:50  ?     00:00:00  /usr/sbin/httpd -DFOREGROUND
apache      2200    1047  0  20:50  ?     00:00:00  /usr/sbin/httpd -DFOREGROUND
apache      2201    1047  0  20:50  ?     00:00:00  /usr/sbin/httpd -DFOREGROUND
apache      2202    1047  0  20:50  ?     00:00:00  /usr/sbin/httpd -DFOREGROUND
apache      2203    1047  0  20:50  ?     00:00:00  /usr/sbin/httpd -DFOREGROUND
root        2224    1046  2  20:51  ?     00:00:00  sshd: root@pts/0
root        2228    2224  0  20:51  pts/0 00:00:00  -bash
root        2241    2228  0  20:51  pts/0 00:00:00  ps -ef
```

図5.1 「ps -ef」の出力例

```
# ps aux
USER       PID  %CPU   %MEM    VSZ   RSS  TTY     STAT   START    TIME   COMMAND
root         1   0.3    0.1 191688  6916  ?       Ss     20:50    0:00   /usr/lib/system
root         2   0.0    0.0      0     0  ?       S      20:50    0:00   [kthreadd]
root         3   0.0    0.0      0     0  ?       S      20:50    0:00   [ksoftirqd/0]
root         4   0.0    0.0      0     0  ?       S      20:50    0:00   [kworker/0:0]
root         5   0.0    0.0      0     0  ?       S<     20:50    0:00   [kworker/0:0H]
root         6   0.0    0.0      0     0  ?       S      20:50    0:00   [kworker/u4:0]
...（中略）...
root      2024   0.0    0.0  91128  2028  ?       Ss     20:50    0:00   /usr/libexec/po
postfix   2165   0.0    0.0  91232  3828  ?       S      20:50    0:00   pickup -l -t un
postfix   2167   0.0    0.0  91300  3848  ?       S      20:50    0:00   qmgr -l -t unix
apache    2199   0.0    0.0 226128  2988  ?       S      20:50    0:00   /usr/sbin/httpd
apache    2200   0.0    0.0 226128  2988  ?       S      20:50    0:00   /usr/sbin/httpd
apache    2201   0.0    0.0 226128  2988  ?       S      20:50    0:00   /usr/sbin/httpd
apache    2202   0.0    0.0 226128  2988  ?       S      20:50    0:00   /usr/sbin/httpd
apache    2203   0.0    0.0 226128  2988  ?       S      20:50    0:00   /usr/sbin/httpd
root      2224   0.0    0.1 140772  5036  ?       Ds     20:51    0:00   sshd: root@pts/
root      2228   0.0    0.0 115376  1936  pts/0   Ss     20:51    0:00   -bash
root      2280   0.0    0.0      0     0  ?       S<     20:54    0:00   [kworker/1:2H]
root      2281   0.0    0.0 139492  1576  pts/0   R+     20:54    0:00   ps aux
```

図5.2 「ps aux」の出力例

```
# ps -efww
# ps auxww
```

なお、プロセスを強制停止する際に、「**kill -9**」(KILLシグナル) を使用することがよくありますが、これは、プログラマーが用意したシグナルハンドラーを無視して、プロセスを強制終了することになります。「**kill -15**」(TERMシグナル) であれば、終了処理のためのシグナルハンドラーが用意されていれば、きちんとそれを実行してから終了します。本来はこちらを先に利用するべきです*1。

プロセスの状態遷移

Linuxのプロセスは、必ず、ある親プロセスからフォーク (fork/分岐) した子プロセスとして生成されます。たとえば、ログインシェルから実行したコマンドのプロセスは、ログインシェルのプロセスからフォークします。親プロセスを持たない唯一のプロセスは、プロセスIDが1の「systemd」です。Linuxが起動すると、Linuxカーネルは最初にsystemdを起動します。そのほかのプロセスは、systemdからフォークして起動していきます。systemdによるプロセス起動処理は、この後で説明します。

*1 まったくの余談ですが、「Kill Dash Nine (kill -9)」というラップソングがあります (http://www.monzy.com/intro/killdashnine_lyrics.html)。この歌詞が理解できれば、プロセス管理の理解はなかなかのもの?!

図5.1の**ps**コマンドの出力例では、「PPID」の列が親プロセスのプロセスIDになります。親プロセスを持たないsystemdのPPIDには、0が表示されています。子プロセスが終了するより先に、親プロセスが終了した際は、systemdが残った子プロセスの新しい親プロセスとして設定されます。

psコマンドの「CMD」、もしくは「COMMAND」の列に表示されるプロセス名の中には、[kthreadd]のようにカッコでくくられているものがあります。これは、カーネルが生成した「カーネルスレッド」で、カーネルの処理の一部を実行する特別なプロセスです。カーネルと同じ権限で動作しているため、プロセスシグナルで操作することはできません。

親プロセスからフォークで起動したプロセスは、**図5.3**のさまざまな状態を遷移していきます。**図5.3**の「STAT」の記号は、**図5.2**の「STAT」の列の1文字目(R、D、S、T、Z)に対応します。これらの状態の説明は、**表5.2**のとおりです。

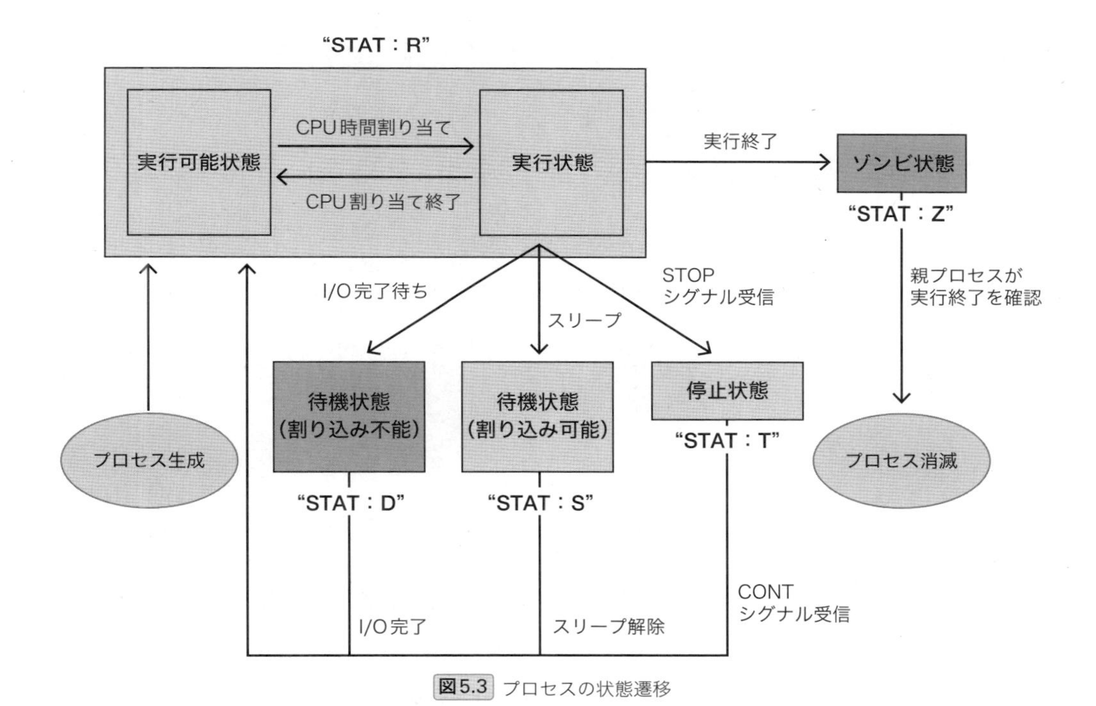

図5.3 プロセスの状態遷移

▼**表5.2** プロセスの状態

記号	意味	説明
R	実行可能状態／実行状態	CPUを使用中
D	割り込み不能な待機状態	ディスクI/Oの完了待ち
S	割り込み可能な待機状態	プログラムの指示で自発的にスリープしている
T	停止状態	STOPシグナルで一時停止している
Z	ゾンビ状態	実行を終了して、親プロセスによる終了確認を待っている

「R（実行可能状態／実行状態）」は、プロセスにCPU時間が割り当てられて、実行されている状態です。厳密には、複数のプロセスが順番にCPUを使用するために、実際にCPUを使用している瞬間（実行状態）と、CPUの割り当て待ちの瞬間（実行可能状態）があります。**ps**コマンドでは、これらをまとめて「R」と表示します。

「D（割り込み不能な待機状態）」は、プロセスがディスクアクセスの命令を発行した後に、ディスクI/Oが完了するのを待っている状態です。この状態のプロセスが多数存在する場合は、システム全体で、ディスクI/Oの負荷が高い可能性があります。また、この状態のプロセスは、シグナルによる強制終了ができません。デバイスドライバーの障害でI/Oが完了せず、しかもエラーにもならないような場合に、「D」状態のプロセスが停止できずに問題になることがあります。このような場合は、基本的にはシステムを再起動するしかありません。

「S（割り込み可能な待機状態）」は、プログラムが自発的にスリープしている状態です。Webサーバーのプロセスが、クライアントからのアクセスが来るまで、何もせずに待っているような状態です。

「T（停止状態）」は、STOPシグナルを受けて、一時停止している状態です。CONTシグナルを送ると、プロセスは実行状態に戻ります。

最後の「Z（ゾンビ状態）」は、プログラムの実行が終了した状態です。実行が完了したプロセスは、親プロセスにCHLDシグナルを送信して、この状態で停止します。その後、CHLDシグナルを受けた親プロセスが子プロセスの完了確認処理を実施すると、このプロセスは完全に消滅します。親プロセスが異常な状態になり、CHLDシグナルを正しく受信できない場合、ゾンビ状態のプロセスはそのまま残り続けます。ゾンビ状態のプロセスは、**ps**コマンドで、プロセス名の後ろに<defunct>と表示されます。長時間にわたってゾンビ状態のままのプロセスが発見された場合は、親プロセスに何らかの異常がある可能性があります。

なお、「D」状態のプロセスがシグナルを受け付けないのは、ディスク上のデータを保護することが目的です。ディスクI/Oの完了を待っている途中のプロセスがシグナルで停止すると、ディスク上のデータが中途半端な状態になって、データの不整合が発生する恐れがあります。このような問題を防止するための仕組みになります。先ほど説明した、「D」状態のプロセスが停止できなくて困る問題は、デバイスドライバーの障害など、非常にまれな状況のみで発生するものと考えられます。

ただし、NFSマウントした領域のファイルを読み書きしている場合、ネットワークの問題でNFSサーバーへのアクセスが中断すると、「D」状態のプロセスが残ってしまいます。デバイスドライバーの障害とは異なり、ネットワークの問題はより一般的に起こり得るものです。そこで、NFSサーバーへのアクセスで「D」状態になっているプロセスについては、特別にシグナルを受け付けるようになっています。

プロセスの優先度とNiceレベル

「R（実行可能状態／実行状態）」のプロセスには、順番にCPU時間が割り当てられていきます。このとき、各プロセスに割り当てるCPU時間を管理するために、内部的な優先度が設定されます。プロセスの優先度の値が小さいほど、実行の優先順位が高く、CPUの割り当て時間が長くなります。

プロセスの優先度は、プロセスの実行状況に応じてカーネルが自動的に調整するので、ユーザーレベルでの変更はできません。その代わりに、プロセスの「Niceレベル」を設定することで、間接的に優先度の変化を調整します。Niceレベルの範囲は、-20～19(-20が優先度最高、19が優先度最低)で、デフォルト値は0です*2。

プロセスの起動時に、**nice**コマンドでNiceレベルを指定します。あるいは、**renice**コマンドで稼働中のプロセスのNiceレベルを変更できます。次の例では、コマンド「**gzip data.txt**」をNiceレベル-5で実行し、PIDが2200のプロセスのNiceレベルを10に変更しています。

```
# nice -n -5 gzip data.txt ↵
# renice 10 2200 ↵
```

rootユーザー以外の一般ユーザーは、起動時のNiceレベルに負の値を指定することはできません。また、**renice**コマンドでは、自分が起動したプロセスのNiceレベルを上げる(優先度を下げる)ことしかできません。**renice**コマンドのオプション指定により、特定ユーザーのすべてのプロセスについて、Niceレベルをまとめて設定することも可能です。詳細は、manページrenice(1)を参照してください。

5.1.2 プロセスのリソース制限

Linuxでは、ulimitと呼ばれる仕組みによって、各プロセスが利用できるさまざまなリソースに一定の制限がかけられています。大量のリソースを消費するアプリケーションを実行する場合や、多数のユーザーがアクセスする環境では、このようなリソースの制限にも注意を払う必要があります。

ログイン中のユーザーに対する現在の設定は、次の**ulimit**コマンドで確認します。このユーザーから実行したプロセスに対して、これらの制限がかかります。

```
# ulimit -Ha ↵ ←——— 現在のハードリミットを表示
# ulimit -Sa ↵ ←——— 現在のソフトリミットを表示
```

それぞれのリソースの制限値には、ソフトリミットとハードリミットの2種類の値があります。ソフトリミットが現在有効な制限値で、これはハードリミットを超えない範囲で変更できます。つまり、ハードリミットは、ソフトリミットの変更可能な上限になります。一般ユーザーは、ハードリミットの値を減少させることはできますが、増加させることはできません。rootユーザーは、ハードリミットを増加することも可能です。次は、ソフトリミットの確認例になります。

*2 Niceレベルが大きいほど、CPUを優先的に使わない、ほかのプロセスに優しい「ナイス・ガイ」だと理解してください。

```
# ulimit -Sa ↵
core file size          (blocks, -c) 0
data seg size           (kbytes, -d) unlimited
scheduling priority             (-e) 0
file size               (blocks, -f) unlimited
pending signals                 (-i) 15092
max locked memory       (kbytes, -l) 64
max memory size         (kbytes, -m) unlimited
open files                      (-n) 1024
pipe size            (512 bytes, -p) 8
POSIX message queues     (bytes, -q) 819200
real-time priority              (-r) 0
stack size              (kbytes, -s) 8192
cpu time               (seconds, -t) unlimited
max user processes              (-u) 15092
virtual memory          (kbytes, -v) unlimited
file locks                      (-x) unlimited
```

特に注意が必要な設定には、次のものがあります。

- core file size：QUITシグナルを受信して終了した際に出力する、コアダンプのファイルサイズを制限します*3。単位は「KB」で、0の場合はコアダンプを出力しません
- file size：プロセスが作成可能なファイルのサイズを制限します。この制限を超過すると、「File size limit exceeded」のエラーが発生します
- open files：プロセスが同時にオープン可能なファイル数を制限します。「4.3.3 利用可能なソケット数の上限」で説明した、ファイルディスクリプタ数の上限のことです
- max user processes：このユーザーが起動可能なプロセスの数を制限します。プロセスに対する制限ではなく、ユーザーに対する制限になります

これらの設定値は、**ulimit**コマンドで変更します。先ほどの確認例の出力に記載されているオプションで、設定項目を指定します。次は、「core file size」をハードリミット2048KB、ソフトリミット1024KBに設定する例になります。オプションの**H**と**S**を省略した場合は、ハードリミットとソフトリミットに同じ値が設定されます。

```
# ulimit -Hc 2048 ↵
# ulimit -Sc 1024 ↵
```

ログインユーザーのデフォルト設定値は、設定ファイル**/etc/security/limits.conf**に記載しま

*3 コアダンプは、実行中のプロセスのメモリー内容をファイルに書き出したものです。プロセスが異常終了する場合の問題判別に使用します。コアダンプの取得方法は、「6.1.4 コマンドによる情報収集」で説明します。また、直前のulimitコマンドの出力には「(blocks, -c)」と記載されていますが、設定時の単位はKBになります。

す。**図5.4**の例では、ユーザー「nakai」に対して「max user processes」をハードリミット2048、ソフトリミット1024に設定し、「core file size」をハードリミット、ソフトリミットともに無制限に設定しています。設定方法の詳細は、設定ファイル内のコメントに記載があります。

```
nakai          hard    nproc              2048
nakai          soft    nproc              1024
nakai          hard    core               unlimited
nakai          soft    core               unlimited
```

図5.4 /etc/security/ulimit.confの設定例

ログイン中のユーザーに対する設定以外に、サーバー起動時にサービスとして自動起動するプロセスのリソース制限を変更したい場合もあります。このような場合は、「4.3.3 利用可能なソケット数の上限」で説明したように、systemdの設定ファイルを用いて設定してください。

5.1.3 systemdによるプロセスの起動処理

Linuxが起動した際に、最初に起動するプロセスが「systemd」です。systemdは、事前に用意された設定ファイルに従って、さまざまなプロセスを起動していきます。サーバー起動時に自動起動するプロセスは、基本的にはこの処理の中で起動することになります。

サーバー起動時のプロセス起動処理は、systemdが登場する以前は、SysVinitあるいはUpstartと呼ばれる仕組みで行われていました。ここでは、SysVinitの仕組みを簡単に復習した上で、それがsystemdによってどのように変わっているのかを説明します。

■ SysVinitの復習

SysVinitを用いたLinuxの環境では、プロセスIDが1の最初のプロセスとして、`/sbin/init`が実行されます。このプロセスは、設定ファイル`/etc/inittab`に従って、そのほかのプロセスの起動処理を進めます。**図5.5**はRHEL5における設定例で、基本的にはここで指定されたコマンドが上からに順に実行されます。

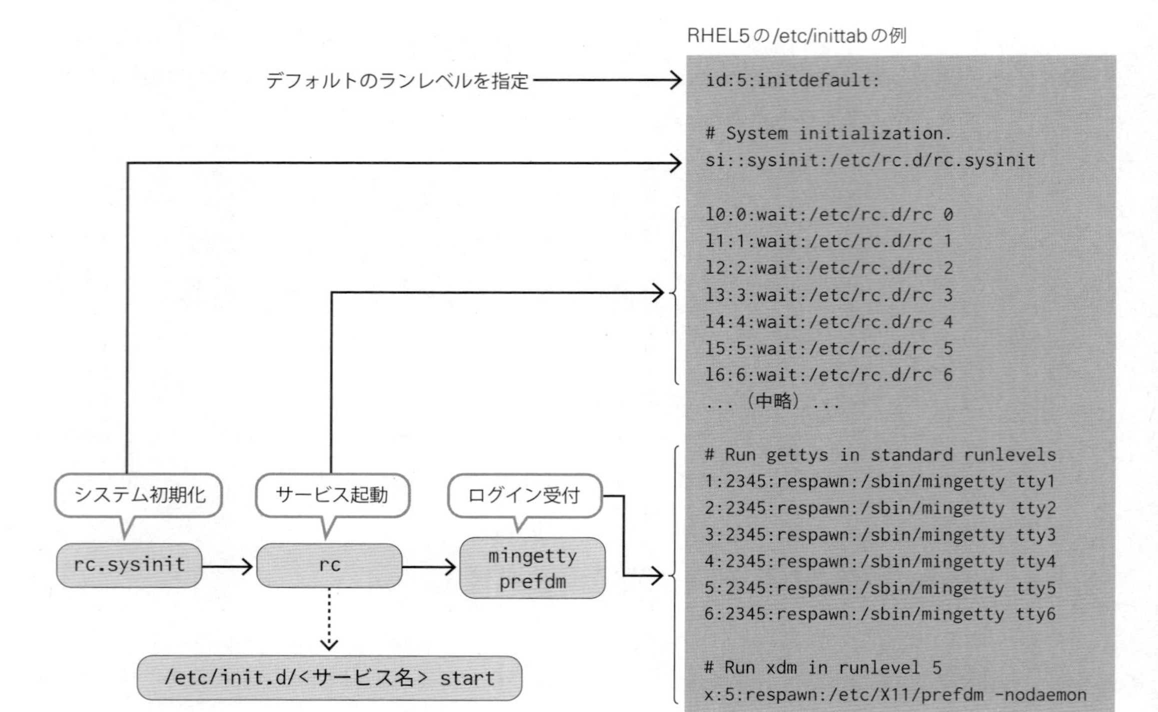

図5.5 SysVinitによる起動処理の流れ

もう少し正確にいうと、システム起動時に、システムの動作モードを指定する「ランレベル」の値が設定されるようになっており、ランレベルによって実行するコマンドが変化します。**図5.5**の例ではデフォルトのランレベルとして「5」が指定されており、この場合はGUI環境でLinuxを起動します。具体的には、設定ファイルの各行の2列目で、該当のコマンドを実行するランレベルが指定されます。今の場合、ランレベルの指定がない**/etc/rc.d/rc.sysinit**はすべてのランレベルで実行されて、そのほかは、2列目に「5」が含まれる行のコマンドが実行されます。

はじめの**/etc/rc.d/rc.sysinit**は、システムの初期化を行うシェルスクリプトです。**fsck**コマンドでファイルシステムの整合性をチェックして、ルートファイルシステムを読み書き可能モードに変更するほか、スワップ領域の有効化やルートファイルシステム以外のファイルシステムをマウントするなどの処理を行います。続いて、ランレベルの値を引数として、**/etc/rc.d/rc**が実行されます。これは、サービスの起動処理を行うシェルスクリプトです。自動起動が設定されたサービスについて、ディレクトリー**/etc/init.d**の下にある起動スクリプトを用いて、サービスを起動していきます。その後の**/sbin/mingetty**は、サーバーに接続されたコンソール上でログインを受け付けるコマンド、そして最後の**/etc/X11/prefdm**は、GUIのログイン画面を表示する処理を行います。

システムの初期化からサービスの起動に至る処理がシェルスクリプトによって実行されるという、比較的シンプルな流れになっています。

Unitを用いたシステム起動処理

systemdでは、**図5.5**と同様の起動処理を「Unit」によって実施します。SysVinitにおいてシェルスクリプトの中で実施されていたそれぞれの処理は、すべて個別のUnitとして定義されており、Unitごとに専用のプログラムが処理を行います。

Unitにはいくつかの種類があり、systemdが自動的に生成するものと、システム管理者が明示的に定義するものがあります。主なUnitの種類は**表5.3**のとおりで、Unit名の拡張子部分でUnitの種類が区別されます。システム管理者が主に設定・管理するのは、「service」タイプのUnitです。これは、sshd（SSHデーモン）やhttpd（HTTPデーモン）などのサービスを起動するためのUnitです。

▼**表5.3** 主なUnitの種類

拡張子	名称	機能
service	サービス	サービスを起動
target	ターゲット	複数のUnitをグループ化するために使用
mount	マウントポイント	ファイルシステムをマウント（/etc/fstabから自動作成）
swap	スワップ	スワップ領域を有効化（/etc/fstabから自動作成）
device	デバイス	ディスクデバイスを表す（システムがデバイスを認識すると自動作成）

Unitの定義ファイルは、`/usr/lib/systemd/system`（デフォルトの設定内容）と`/etc/systemd/system`（デフォルトから変更した内容）の2カ所のディレクトリーに保存されています。「`sshd.service`」「`httpd.service`」など、Unit名がそのまま設定ファイル名になっており、両方のディレクトリーに設定ファイルがある場合は、`/etc`以下のほうが優先されます。デフォルトの設定内容を変更する場合は、`/usr/lib`以下の設定ファイルを`/etc`以下のほうにコピーした上で変更を加えます。デフォルトの設定ファイルはそのまま残っているため、コピーしたファイルを削除すれば、簡単にデフォルトの設定に戻すことができます。

既存の設定に対して、一部の設定のみを追加／変更する場合は、`/etc/systemd/system`の下に`<Unit名>.d`というサブディレクトリーを作成して、そこに任意のファイル名で設定ファイルを保存する方法があります。たとえば、httpdサービスに対して、ulimitによるファイルディスクリプタ数の制限値を変更する設定を追加する例を考えます。httpdのRPMパッケージを導入すると、デフォルトの設定ファイル`/usr/lib/systemd/system/httpd.service`が用意されて、httpdサービスがsystemdの管理対象Unitとして登録されます。ここで、ディレクトリー`/etc/systemd/system/httpd.service.d`を作成して、この中に設定ファイル`limits.conf`を**図5.6**の内容で作成します。これにより、デフォルトの設定に対して**図5.6**の設定が追加されます。

/etc/systemd/system/httpd.service.d/limits.conf

```
[Service]
LimitNOFILE=65536
```

図5.6 ファイルディスクリプタ数の上限値を設定する例

Unit間の依存関係

systemdのシステム起動処理では、「target」タイプのUnitが重要な役割を果たします。これは、自分自身は何もしない特殊なUnitで、ほかのUnitをグループ化するために利用します。

まず、それぞれのUnitの設定ファイルにはUnit間の依存関係が設定されており、あるUnitを実行する際に、その前提となるUnitが指定されます。systemdは、はじめに「default.target」という名前のUnitの設定ファイルを見て、その前提となるUnitを順にたどることにより、システム全体として実行するべきUnitの一覧表を作成します。

このとき、Unit間の依存関係が複雑になりすぎないように、targetタイプのUnitで依存関係の骨組みを作っておき、実際に処理をするUnitは、targetタイプのUnitに依存させるという形をとります。この全体像は**図5.7**のようになります。このような依存関係で集められたUnitは、全体として**図5.5**と同等の起動処理を実現します。

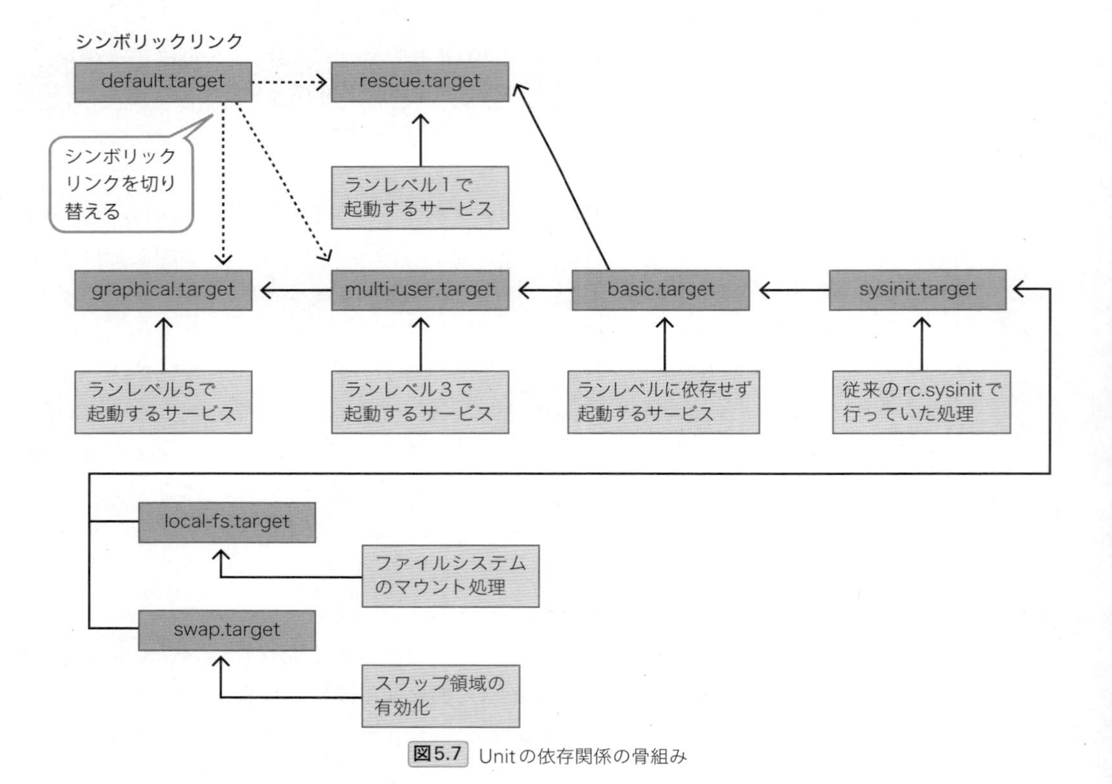

図5.7 Unitの依存関係の骨組み

systemdがはじめに確認する設定ファイル`default.target`は、実際には、`graphical.target`や`multi-user.target`など、ほかの設定ファイルへのシンボリックリンクになっており、このリンク先を変更することは、起動時のランレベルを変更することに相当します。次は、`default.target`のリンク先を`multi-user.target`から、`graphical.target`に変更する例になります。

```
# cd /etc/systemd/system ↵
# ls -l default.target ↵
lrwxrwxrwx. 1 root root 37  4月 28 17:53 default.target -> /lib/systemd/system/multi-user.target
# ln -fs /lib/systemd/system/graphical.target default.target ↵
# ls -l default.target ↵
lrwxrwxrwx. 1 root root 36  4月 29 11:17 default.target -> /lib/systemd/system/graphical.target
```

従来のランレベルとの対応は、**表5.4**のとおりですが、**default.target**からのリンク先として固定的に設定するのは、**graphical.target**か**multi-user.target**のどちらかになります。そのほかのtargetは、システム停止／再起動などの処理を行う際に内部的に呼び出されます。たとえば、次のコマンドを実行すると、対応するtargetに移行することで、該当の処理が実施されます。

```
# systemctl poweroff ↵ ←—— poweroff.targetに移行（システム停止）
# systemctl reboot ↵ ←—— reboot.targetに移行（システム再起動）
# systemctl rescue ↵ ←—— rescue.targetに移行（シングルユーザーモードで起動）
# systemctl emergency ↵ ←—— emergency.targetに移行（緊急モードで起動）
```

▼**表5.4** 従来のランレベルとtargetの対応

ランレベル	target	説明
0	poweroff.target	システム停止
1	rescue.target	シングルユーザーモード
2,3,4	multi-user.target	マルチユーザーモード
5	graphical.target	GUIモード
6	reboot.target	システム再起動
-	emergency.target	緊急モード

「シングルユーザーモード」は、「2.2.3 システムバックアップ」で説明したレスキュー環境と同じものです。「緊急モード」は、従来のランレベルには対応するものがありません。緊急モードについては、「6.4.1 緊急モードによるサーバー起動処理」で説明します。

systemctlコマンドを用いてサービスを操作する方法については、「1.3.1 導入直後の基本設定項目」で説明しましたが、これらは、実際にはserviceタイプのUnitを操作することになります。特に、「**systemctl enable**」「**systemctl disable**」で、システム起動時におけるサービスの自動起動を設定しました。これは、内部的にはUnitの依存関係を設定することで、自動起動を行います。

先ほど、Unitの設定ファイル内部で依存関係が設定されると説明しましたが、そのほかに、**<Unit名>.d**というサブディレクトリーにほかのUnitの設定ファイルへのシンボリックリンクを作成することでも依存関係が設定されます。サービスの自動機能の有効化／無効化は、この仕組みを利用して行われます。

たとえば、次はhttpdサービスの自動起動を有効化する例です。

```
# systemctl enable httpd.service ↵
Created symlink from /etc/systemd/system/multi-user.target.wants/httpd.service to /usr/
lib/systemd/system/httpd.service.
```

コマンドの出力を見ると、ディレクトリー**/etc/systemd/system/multi-user.target.wants**の下に、設定ファイル**/usr/lib/systemd/system/httpd.service**へのシンボリックリンクが作成されたことがわかります。これにより、multi-user.targetからhttpd.serviceへの依存関係が設定されて、システム起動時には、multi-user.targetの前提としてhttpdサービスが自動起動されるようになります。

一方、自動起動を無効化すると、このシンボリックリンクが削除されます。

```
# systemctl disable httpd.service ↵
Removed symlink /etc/systemd/system/multi-user.target.wants/httpd.service.
```

これで、先ほどの依存関係がなくなり、httpdサービスはシステム起動時の起動対象から除外されます。

Unitの設定ファイル

Unitの設定ファイルの見方を簡単に説明しておきます。先に説明したように、SysVinitでは、サービスの起動処理は、ディレクトリー**/etc/init.d**の下に配置された個別のシェルスクリプトで行われていました。一方、systemdでは、Unitの設定ファイル内にサービスを起動／停止するコマンドを記載する形になります。

図5.8は、httpdサービスの設定ファイル**/usr/lib/systemd/system/httpd.service**の主要部分を抜粋したもので、**ExecStart**、**ExecReload**、**ExecStop**が、それぞれこのサービスを起動、リロード、停止するコマンドになります。**WantedBy**は自動起動を有効化した際に、依存関係を設定するUnitを指定します。先ほど、「**systemctl enable**」で自動起動を有効化した際に、multi-user.targetへの依存関係が設定されたのは、この指定によるものです。

/usr/lib/systemd/system/httpd.service

```
[Unit]
Description=The Apache HTTP Server
After=network.target remote-fs.target nss-lookup.target

[Service]
ExecStart=/usr/sbin/httpd $OPTIONS -DFOREGROUND
ExecReload=/usr/sbin/httpd $OPTIONS -k graceful
ExecStop=/bin/kill -WINCH ${MAINPID}

[Install]
WantedBy=multi-user.target
```

図5.8 httpdサービスの設定ファイル（主要部分を抜粋）

また、`After`はUnit間の「順序関係」を指定します。これは、先に説明した「依存関係」とは異なるものです。systemdは、default.targetを起点とする依存関係に基づいて、実行するべきUnitの全体を把握した後、これらをどのような順序で実行するかをあらためて決定します。この際、並列に実行してもかまわないUnitについては、できるだけ並列に処理を進めることで、システムの起動にかかる時間を短縮します。

順序関係を定義する際は、targetタイプのUnitを「待ち合わせ場所」として使用します。**図5.9**の例では、ネットワーク環境を準備するUnitについては、network.targetの前に実行して、ネットワーク環境を必要とするUnitについては、network.targetの後に実行するという流れになります。これにより、ネットワーク環境を準備するUnitがまとめて並列に実行された後、ネットワーク環境を使用するUnitが実行されるという流れになります。

図5.9 順序関係の設定例

5.2 メモリー管理

5.2.1 x86アーキテクチャーのメモリー管理

メモリー管理の仕組みは、CPUアーキテクチャーによって異なります。Linuxカーネルは、x86、x86_64、ppc64、arm、arm64などのアーキテクチャーに対応しており、本書ではx86_64、すなわちインテルアーキテクチャーの64ビット版を前提に説明してきました。

一方、歴史的には、Linuxのメモリー管理の仕組みはx86アーキテクチャーをベースに設計されてきました。現在のx86_64アーキテクチャーは、それが拡張された形になります。そこで、ここではx86アーキテクチャー、すなわちインテルアーキテクチャーの32ビット版でのメモリー管理を最初に説明します。具体的には、x86アーキテクチャーのサーバーもしくはx86_64アーキテクチャーのサーバーに、32ビット版のLinuxを導入した環境だと考えてください。その後で、x86_64アーキテクチャー（64ビット版）での違いについて説明します。

■物理アドレス空間と論理アドレス空間

そもそも、32ビット版と64ビット版では何が違うのでしょうか？　これを理解するには、「論理アドレス空間」と「物理アドレス空間」の違いを押さえる必要があります。結論を先にいうと、32ビット版と64ビット版の最大の違いは、論理アドレス空間の桁数です。32ビット版では、32ビットのアドレスを使用するので、論理アドレスに使える値は16進数で「0x00000000～0xFFFFFFFF」の範囲です。容量でいうとちょうど4GBになります。

それでは、あらためて「論理アドレス空間」と「物理アドレス空間」の違いを説明します。物理アドレス空間は、サーバーに搭載された物理メモリー領域を指定するアドレスのことです。たとえば、16GBの物理メモリーを搭載したサーバーでは、物理アドレス空間は0～16GBになります。**図5.10**の下部は、16GBの物理メモリーを例として、物理アドレス空間でのデータの割り当てを表しています。

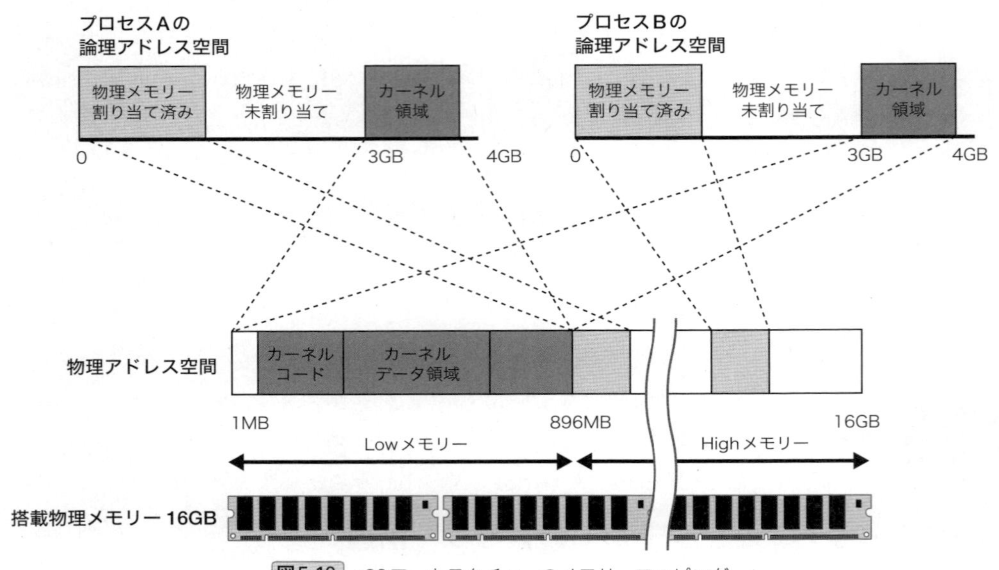

図5.10 x86アーキテクチャーのメモリーマッピング

カーネル自身のプログラムコード（カーネルコード）とデータ領域は、1MB～896MBの物理アドレスを使用します。この領域の物理メモリーを「Lowメモリー」と呼びます。896MB以降は、ユーザープロセスが使用するメモリーやディスクキャッシュとして使用します。この領域を「Highメモリー」と呼びます。Lowメモリーの中でカーネルが使用していない部分についても、ユーザープロセスのメモリーやディスクキャッシュとして使用されますが、その逆に、Highメモリーをカーネルが使用することはありません。0～1MBの範囲については、システムBIOSなどのハードウェア機能で使用する領域として予約されています。

一方、Linux上の各ユーザープロセスは、論理アドレス空間と呼ばれる0～4GBの仮想的なアドレス空間を持ちます。これが先に説明した、「0x00000000～0xFFFFFFFF」の32ビットのアドレスです。ユーザープロセスは、この論理アドレスを指定することで、メモリーへのアクセスを行います。ただし、これはあくまで仮想的なアドレスで、各アドレスに対応する物理メモリーが必ず存在するわけではありません。ユーザープロセスが論理アドレスを指定してメモリーへのアクセスを行うと、カーネルは必要に応じて物理メモリーを割り当てていきます。

カーネルは、各プロセスについて、論理アドレスとそれに対応する割り当て済みメモリーの物理アドレスを変換するための「変換表」を用意して管理しています。この変換表を「ページテーブル」と呼びます。また、論理アドレスに物理メモリーを割り当てることを「メモリーをマッピングする」といいます。

図5.10の上部は、メモリーマッピングの様子を模式的に表しています。各プロセスの論理アドレス空間では、0〜3GBの領域に各プロセスが使用する物理メモリーがマッピングされます。3GB〜4GBの領域には、すべてのプロセスに共通で、カーネルが使用するLowメモリーがマッピングされます。この3GB〜4GBの領域は、ユーザープロセスを実行中のCPUが、カーネルコードに実行を切り替える際に必要となります。ユーザープロセスがシステムコールを用いてカーネルの機能を呼び出した場合など、ユーザープロセスを実行中のCPUは、カーネルによる処理が必要な際は、3GB〜4GBにマッピングされたカーネルコードに処理を切り替えます。システムコールのほかに、次に説明するプロセススイッチングの際にも、カーネルコードへの処理の切り替えが行われます。

32ビット版でのメモリー容量制限

「5.1.1 プロセスシグナルとプロセスの状態遷移」で説明したように、CPU上で実行されるプロセスは次々と切り替えられていきます。これを「プロセススイッチング」といいます。

ある瞬間を捉えると、その瞬間にCPUで実行されているプロセスのページテーブルが、CPU上で有効化されています。ユーザープロセスが論理アドレスを指定すると、CPUは有効化されているページテーブルを参照して、対応する物理メモリーにアクセスを行います。論理アドレスを物理アドレスに変換する処理は、MMU(Memory Management Unit)と呼ばれるハードウェアの機能で行われます*4。

CPU上で実行するプロセスを切り替える際は、いったん3GB〜4GBの領域のカーネルコードに処理が移ります。ここでカーネルは、次に実行するプロセスのページテーブルをCPU上で新たに有効化します。これで次のプロセスに処理が切り替わります。このとき、3GB〜4GBの領域は、すべてのプロセスで共通にカーネルが使用するLowメモリーがマッピングされているため、ページテーブルを切り替えてもカーネルコードの実行に影響はありません。

なかなか複雑な仕組みですが、4GBの論理アドレス空間をユーザープロセスが使用するメモリーとカーネルが使用するメモリーに、うまく分割していることがわかります。逆にいうと、x86アーキテクチャーでは、それぞれのユーザープロセスが使用できるメモリーは、最大3GBに制限されることになります。同じく、カーネルが使用できるメモリーは、約900MBのLowメモリー部分だけになります。

通常は、カーネルが900MB近くのメモリーを必要とすることはありませんが、メモリーを大量に使用する特殊なデバイスドライバーを使用している場合などは、まれにLowメモリーが不足して、カーネルの動作に問題が発生することがあります。物理メモリー全体に余裕があっても、Lowメモ

*4 x86アーキテクチャーのページテーブルの構造やMMUの機能については、[1]に詳細な説明があります。

[1]『新装改訂版 Linuxのブートプロセスをみる』白崎博生(著). KADOKAWA/アスキー・メディアワークス(2014)

リー部分だけが不足して発生する、少しやっかいな問題です*5。

この後で説明するように、x86_64アーキテクチャー、すなわち64ビット版の環境では、カーネルが使用するメモリー容量に制限はありません。最近では、64ビット版のCPUアーキテクチャーが主流になりましたので、基本的には64ビット版のLinuxを使用することをお勧めします*6。大型のデータベースシステムなど、1つのユーザープロセスが3GB以上のメモリーを必要とするアプリケーションでも、64ビット版の使用が必須となることがあります。

Linuxエンジニア コラム 温故知新

コンテキストスイッチの瞬間を捉える

本文では、CPU上で実行するプロセスを切り替える「プロセススイッチング」を紹介しました。この処理は、カーネル内部では、「コンテキストスイッチ」とも呼ばれます。プロセスを次々と切り替えながら実行することで、複数のプロセスが同時に実行されるように見せかけるマルチタスキングの仕組みは、商用OSの世界では古くから利用されていました。昔ながらのUnixサーバーを使っていたころは、なんとなくそんなものかと思っていましたが、Linuxを使い始めると、これがどうにも不思議でたまらなくなってきました。自宅の安っぽいPCが、立派なLinuxサーバーとしてマルチタスクを実行しているところを見ると、この中でどんな魔法が使われているのかを理解したくなったのです。

筆者がLinuxカーネルの勉強を始めたのは、これがきっかけです。最初は、いきなり「カーネル本」[2]に挑戦して挫折したのですが、その後[1]の書籍を読んでインテルプロセッサーの仕組みがわかると、徐々に理解が進み始めました。そして、いよいよ実際にソースコードを読んでみることにしました。まずは、コンテキストスイッチが発生する瞬間のソースコードを探していき、ついに発見したのが次のコードです。

/include/asm-i386/mmu_context.h

```
static inline void switch_mm(struct mm_struct *prev,
                             struct mm_struct *next,
                             struct task_struct *tsk)
{
...(中略)...
                /* Re-load page tables */
                load_cr3(next->pgd);
```

CPU上で有効なページテーブルは、CR3レジスター（CPUの内部変数）で指定されますが、switch_mm()関数の中で、次に実行するプロセスのページテーブルをCR3レジスターに設定しています。これで、論理アドレスの0〜3GBの領域は、すべて新しいプロセスのメモリー内容に置き換わります。switch_mm()関数自体のコードは、3GB〜4GBのカーネル領域にマッピングされているので、置き換えの影響を受けずにこのまま実行を継続します。この後、CPUのフラグなど、プロセスの実行にかかわる情報を新しいプロセスに合わせて更新して、0〜3GBの領域にあるユーザープロセスのコードに処理を戻すことで、新しいプロセスの実行が再開します。

外から見ると魔法のような仕組みでも、ソースコードを見ると、ある意味単純なロジックに基づいて作られていることがわかります。第6章で説明する、Linuxサーバーの問題判別の際には、この感覚がとても大切です。サーバーシステムで発生することには、すべて理由があります。事実と想像を混同せずに、論理的に考えていくことが問題判別の基本になります。

「プログラムは思ったとおりに動かない。書いたとおりに動く」というプログラマー業界の格言がありますが、これも同じことをいっているようですね。

*5 デバイスドライバーは、カーネルに組み込まれるカーネルモジュールなのでカーネルのメモリー領域を使用します。また、カーネルのメモリー領域は、スワップ領域にスワップアウトされることもありません。

*6 RHEL7では、x86_64アーキテクチャー版のみが提供されています。

Technical Notes

[2]『詳解 Linuxカーネル第3版』Daniel P. Bovet（著）, Marco Cesati（著）, 高橋浩和（監訳）, 杉田由美子（翻訳）, 清水正明（翻訳）, 高杉昌督（翻訳）, 平松雅巳（翻訳）, 安井隆宏（翻訳）. オライリー・ジャパン（2007）

メモリーのオーバーコミット

ユーザープロセスの論理アドレス空間の状態は、次のpmapコマンドで確認できます。

```
# pmap 1047 ↵
1047:   /usr/sbin/httpd -DFOREGROUND
00007fe0d4908000     88K r-x-- libresolv-2.17.so
00007fe0d491e000   2048K ----- libresolv-2.17.so
00007fe0d4b1e000      4K r---- libresolv-2.17.so
00007fe0d4b1f000      4K rw--- libresolv-2.17.so
00007fe0d4b20000      8K rw---   [ anon ]
...(中略)...
00007fe0e2634000      4K rw---   [ anon ]
00007fe0e2635000    468K r-x-- httpd
00007fe0e28aa000     12K r---- httpd
00007fe0e28ad000      8K rw--- httpd
00007fe0e28af000     12K rw---   [ anon ]
00007fe0e3619000    908K rw---   [ anon ]
00007ffc4e7be000    132K rw---   [ stack ]
00007ffc4e7fc000      8K r-x--   [ anon ]
ffffffffff600000      4K r-x--   [ anon ]
 total          226128K
```

この例は、x86_64アーキテクチャーのサーバーで実行したものです。プロセスIDが1047のプロセスについて確認しており、ここではhttpデーモン（httpd）のプロセスに対応します。一番右の列は、論理アドレス空間の各領域の使用方法を示します。たとえば、[anon]は、プロセスのデータ領域として使用しています。あるいは、[stack]はプロセスのスタック領域です。そして、ファイル名が表示されている部分は、そのメモリー領域に、対応するファイルをディスクから読み込むことを表します。左の2列は各領域の論理アドレスの範囲で、領域の先頭部分の論理アドレスと領域のサイズを示しています。

ただし、これらは各論理アドレス領域の使用方法を示してはいますが、必ずしも、各領域に物理メモリーが割り当てられているとは限りません。たとえば、ファイルを読み込む領域は、実行中のプログラムコードがその論理アドレスにアクセスして、実際にファイルの内容を読み込もうとしたときに、はじめて物理メモリーが割り当てられて、ディスク上のファイルの内容が物理メモリーに転送されます。あるいは、[anon]の領域は、プログラムコードがmalloc()関数などでメモリーの割り当てを要求した際に、論理アドレス空間に領域が登録されます。その後、プログラムコードが実際にその領域にデータを書き込もうとした際に、はじめて物理メモリーが割り当てられます。これらは、物理メモリーを効率的に使用するための機能で、「デマンドページング」と呼ばれます。

ここでよく、プログラマーの方から質問を受けます。たとえば、物理メモリーの空き容量が1GBの環境で動作しているプログラムコードが、malloc()関数で1GB以上のメモリーを割り当てるとどうなるでしょうか？　実は、メモリーの割り当てには成功します。この後、プログラムコードが割り当てられたメモリーに実際にデータを書き込んでいくに従って、物理メモリーが割り当てられていきます。最終的に、割り当てるための物理メモリーがどうしても確保できなくなると、後で説明する「OOM Killer」が動作します。

このようなカーネルの動作を「メモリーのオーバーコミット」と呼びます。「これでは、メモリー不足がどのタイミングで発生するかわからないので、なんとかならないか」という意見をもらうことがあります。プログラマーからすると、最初にmalloc()関数でメモリーを割り当てたタイミングでエラーになったほうが、例外処理の対応が簡単になるからです。この点は、カーネル開発者の間でも長く議論されてきました。結論としては、「もしものために、大量のメモリーをmalloc()して、ほとんど使用しないプログラムがたくさんあるので、メモリーのオーバーコミット機能は役に立つ」という理由で、オーバーコミットの仕組みが残っています。カーネルドキュメント**sysctl/vm.txt**には、次のように書かれています。

```
This feature can be very useful because there are a lot of programs that malloc() huge
amounts of memory "just-in-case" and don't use much of it.
```

ただし、残っている空きメモリーを見て、極端に大きなメモリー割り当ての要求があった場合は、そのタイミングでエラーを返すようになっています。また、「どうしても」という場合は、**表5.5**のカーネルパラメーターでオーバーコミットの動作を変更することが可能です。

▼**表5.5** メモリーのオーバーコミットに関するカーネルパラメーター

vm.overcommit_memory	0	空きメモリー容量に対して、極端に大きなメモリー割り当ては、許可しない。デフォルトの設定
	1	すべてのメモリー割り当てを許可する
	2	サーバー全体で「物理メモリー容量×(vm.overcommit_ratio)+スワップ領域」以上のメモリー割り当てを許可しない
vm.overcommit_ratio	0～100	vm.overcommit_memoryが2のときに、メモリー割り当ての上限を指定

x86_64アーキテクチャーとの違い

これまでに説明したページテーブルによるメモリーマッピングの仕組みは、x86_64アーキテクチャーでも基本的には同じです。x86_64アーキテクチャーで異なるのは、論理アドレスに64ビットのアドレスを使用するという点です。64ビットのアドレス空間は、容量でいうと16EB(エクサバイト)あるので、実質的には無限の大きさです。したがって、4GBの論理アドレスを3GBと1GBに分割するような必要はなく、前述のようなメモリーサイズの制限が発生しません。物理メモリーの容量が許す限り、ユーザープロセスも、カーネルも、必要なだけのメモリーを使用することができます。

また、x86_64アーキテクチャーの環境では、LowメモリーとHighメモリーの区別がありません。すべての物理メモリーが、Lowメモリーとして取り扱われます。

5.2.2 ディスクキャッシュとスワップ領域

ディスクキャッシュとスワップ領域は、この後で説明する物理メモリーの割り当てロジックに密接にかかわります。ここでは、先にこれらの機能を説明しておきます。

ディスクキャッシュ

Linuxは、物理メモリーの空き容量の大部分をディスクキャッシュとして使用します。ディスクキャッシュ上のデータは、ファイルアクセスが完了した後も解放されずに残るので、大容量のファイルアクセスを行った後はメモリーの空き容量が大きく減少したように見えます。ただし、プロセスが必要とするメモリーが不足した場合は、ディスクキャッシュは適宜解放されていきます。したがって、実質的なメモリーの空き容量については、ディスクキャッシュの部分は空き容量と見なして考える必要があります。

次は、freeコマンドでメモリーの使用状況を確認する例です。

```
# free ↵
              total        used        free      shared  buff/cache   available
Mem:        3882428      108492     2460304        8592     1313632     3546788
Swap:       4064252           0     4064252
```

それぞれの値の単位はKBです。次のように、-hオプションを指定すると、3桁以下の数値になるように単位を調整して表示されます。

```
# free -h ↵
              total        used        free      shared  buff/cache   available
Mem:           3.7G        106M        2.3G        8.4M        1.3G        3.4G
Swap:          3.9G          0B        3.9G
```

「total」は物理メモリー全体の容量で、「used」は何らかの目的で使用されている容量、そして、「free」はまったく使用されていない容量です。一方、「available」は実質的な空き容量を示します。前述のように、必要に応じて解放されるディスクキャッシュなどを差し引いた容量です。「buff/cache」がディスクキャッシュとして使用中の容量です。ディスクキャッシュの中には、何らかの理由で解放できない部分があるため、「available」には実際に解放可能な容量だけを差し引いた値が表示されます。

次のコマンドを実行すると、解放可能なディスクキャッシュを強制的に解放できます。

```
# echo 3 > /proc/sys/vm/drop_caches ↵
```

ここで、ディスクキャッシュに関連して、tmpfsについて説明しておきます。これは、サーバー上のメモリーを利用したRAMディスクの機能です。次は、1GBのRAMディスク領域を**/data**にマウントする例です。

```
# mount -t tmpfs -o size=1G tmpfs /data ↵
```

tmpfsに保存されたファイルは、実際にはディスクキャッシュに書き込まれます。この領域は、通常のディスクキャッシュと異なり、解放されることはありません。先ほど説明した、「何らかの理由で解放できない部分」の一例になります*7。tmpfsとして使用中の容量は、**free**コマンドの出力の「shared」にも示されています。

tmpfsが使用する部分をshared(共有)と呼ぶことには理由があります。Linuxでは、「プロセス間共有メモリー」の領域として、内部的にtmpfsを使用するためです。言い換えると、共有メモリーを使用するアプリケーションが稼働している場合は、共有メモリーの使用量もまた、解放できないディスクキャッシュ領域になります。

なお、共有メモリーには、「POSIX共有メモリー」と「SysV共有メモリー」があります。POSIX共有メモリーは、**/dev/shm**に明示的にマウントされたtmpfsを使用します。これは、**df**コマンドで使用量を確認できます。一方、SysV共有メモリーは、カーネルが内部的にtmpfsを作成するため、**df**コマンドでは表示されません。SysV共有メモリーの使用状況は**ipcs**コマンドで確認します。

スワップ領域

ディスクのスワップ領域は、メモリーの空き容量が不足した際に、物理メモリーの一部をスワップ領域に退避して必要な空き容量を確保する仕組みです。スワップ領域に退避した内容は、プロセスからのアクセスが発生すると、再び物理メモリーに読み込まれます。物理メモリーをスワップ領域に書き出すことを「スワップアウト」、スワップ領域から物理メモリーに読み込むことを「スワップイン」と呼びます。

長期間アクセスされないメモリー上のデータは、スワップ領域に移動することで物理メモリーを効率的に使用できるので、スワップアウトが発生すること自体は問題ではありません。一方、スワップアウトと同時にスワップインが頻繁に発生する場合は、頻繁にアクセスされるデータがスワップアウトされており、スワップ領域へのアクセスによるシステムパフォーマンスの低下が予想されます。

先に**pmap**コマンドで見たように、プロセスが使用するメモリーには、プロセスのデータ領域とディスク上のファイルを読み込んだ領域があります。これらの中では、データ領域として使用されているメモリーがスワップアウトの対象となります。ディスク上のファイルを読み込んだ領域は、必要な際は、単純にその領域を解放します。この領域については、先ほど説明したデマンドページングの仕組みにより、再度同じファイルをディスクから読み込むことができるからです。

---

*7 ただし、tmpfsが使用するメモリー領域は、スワップアウトの対象になります。

5.2.3 物理メモリーの割り当てロジック

図5.11は、デマンドページングの仕組みによって、物理メモリーの割り当てが必要になった際のカーネル内部の動作を表します。先に説明したメモリーのオーバーコミットの仕組みがあるため、必要なときに必ずしも物理メモリーが空いているとは限りません。そこで、まずは要求された容量の空きメモリーがあるかどうかの確認が行われます。

割り当て可能なメモリーが不足している場合、メモリーを必要とするプロセスがブロッキング可能か確認します。ブロッキング可能とは、そのプロセスをいったんスリープさせて、メモリーの割り当てが完了するまで待たせることができるかどうかです。ブロッキングできない特殊なプロセスの場合は、メモリー割り当てに失敗して、「out of memory」エラーが発生します。割り込み処理を実行中のデバイスドライバーなどは、ブロッキング不可の例になります。

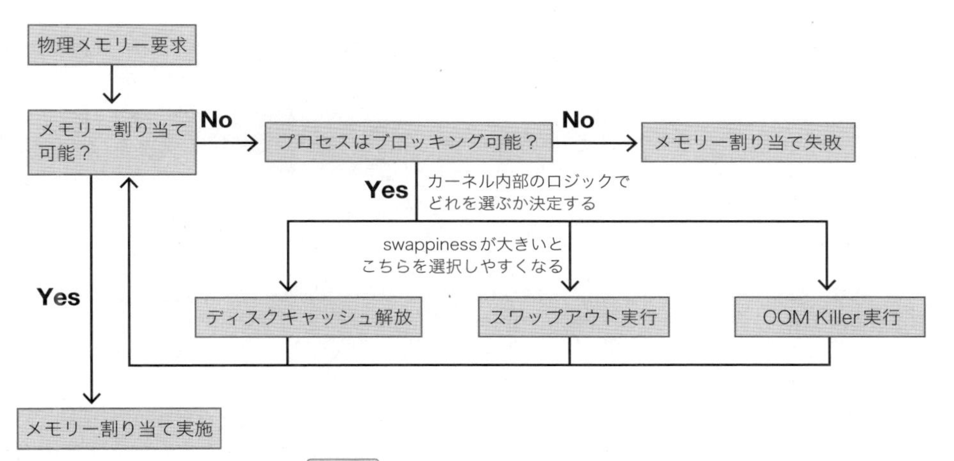

図5.11 メモリー割り当てのロジック

次に、ブロッキング可能な場合は、ディスクキャッシュとして使用しているメモリーを解放するか、既存のプロセスが使用中のメモリーをスワップアウトすることで、物理メモリーを確保しようとします。一般に、スワップ領域を使用するとパフォーマンスが悪くなるというイメージがあるため、ディスクキャッシュの解放を優先するべきだと考える人もいますが、この考え方には少し誤解があります。アプリケーションが必要とするメモリー領域をスワップアウトすると、その後すぐにスワップインする必要があるため、無駄なディスクアクセスが増加して、アプリケーションのパフォーマンスは悪化します。しかしながら、メモリー上に存在するだけでめったにアクセスされないデータは、積極的にスワップアウトして物理メモリーを解放したほうが、メモリーの有効活用ができて、システム全体のパフォーマンスはよくなります。一方、アプリケーションが頻繁にアクセスするディスク上のデータがのっているディスクキャッシュを解放すると、逆にディスクアクセスが増加して、アプリケーションのパフォーマンスは悪くなります。カーネルは、このような2つの処理のバランスを考慮して、最適と思われる方法で物理メモリーの確保を行います。

「そうはいっても、なるべくスワップアウトはさせたくない」という人のためには、カーネルパラメーター`vm.swappiness`があります。これは、0～100の範囲で値を設定します。値が大きいほど、ディスクキャッシュの解放よりも、スワップアウトの実施を優先的に選択します。したがって、スワップアウトを抑制したい場合は小さい値を指定します。0を指定すると、ディスクキャッシュの解放を常に優先します。

そして、これらの方法で物理メモリーを解放しても、どうしても必要なメモリーを確保できない場合、カーネルは最終手段として「OOM Killer (out of memory killer)」を実行します。これは、特に大量のメモリーを使用しているプロセスをKILLシグナルで停止して、物理メモリーを解放するというものです。**図5.12**は、OOM Killerが実行されたときのシステムログの例です。プロセスIDが5963のプロセスを強制停止したことがわかります。

```
Jan 20 15:45:16 rhel7 kernel: mleak.pl invoked oom-killer: gfp_mask=0x280da, order=0, oom_adj=
0, oom_score_adj=0
Jan 20 15:45:16 rhel7 kernel: mleak.pl cpuset=/ mems_allowed=0
Jan 20 15:45:16 rhel7 kernel: Pid: 5963, comm: mleak.pl Not tainted 2.6.32-220.el6.x86_64 #1
Jan 20 15:45:16 rhel7 kernel: Call Trace:
Jan 20 15:45:16 rhel7 kernel: [<ffffffff810c2cb1>] ? cpuset_print_task_mems_allowed+0x91/0xb0
Jan 20 15:45:16 rhel7 kernel: [<ffffffff81113a30>] ? dump_header+0x90/0x1b0
Jan 20 15:45:16 rhel7 kernel: [<ffffffff8120d97c>] ? security_real_capable_noaudit+0x3c/0x70
Jan 20 15:45:16 rhel7 kernel: [<ffffffff81113eba>] ? oom_kill_process+0x8a/0x2c0
...（中略）...
Jan 20 15:45:16 rhel7 kernel: [ 5963]     0  5963   361116   205625   0       0              0
mleak.pl
Jan 20 15:45:16 rhel7 kernel: Out of memory: Kill process 5963 (mleak.pl) score 827 or sacrifi
ce child
Jan 20 15:45:16 rhel7 kernel: Killed process 5963, UID 0, (mleak.pl) total-vm:1444464kB, anon-
rss:822368kB, file-rss:132kB
```

図5.12 OOM Killerのログメッセージ

あるプロセスのメモリーを確保するために、ほかのプロセスを強制停止するのは、ばかげていると思うかもしれません。しかしながら、メモリーを必要とするのがカーネル自身の場合、カーネルそのものがメモリー不足で不安定になって、システムログに記録を残すことなく、システムがハングアップする可能性もあります。ログの残らないハングアップほど、問題判別に苦労する障害はありませんので、それよりは、一般のユーザープロセスを強制停止したほうがよいというのがOOM Killerの考え方です。あくまで、システムをハングアップさせないための最終手段（安全装置）だと考えてください。

5.3 ファイルシステム管理

5.3.1 ファイルシステムの基礎知識

Linuxは、「仮想ファイルシステム」の機能を持っており、ディスク上のファイルシステム以外にも、さまざまな機能をファイルシステムの形式で提供します。procファイルシステムなどの「特殊ファイルシステム」が代表例です。NFSやCIFS（Windowsファイル共有）など、ネットワーク経由でアクセスする「ネットワークファイルシステム」でも、内部的に仮想ファイルシステムの機能が用いられています。

ここでは、主要な特殊ファイルシステムを紹介した後、一般的なファイルシステムの構造を解説していきます。

ファイルシステムの種類

Linuxで使用する主な特殊ファイルシステムには、次のものがあります。

・procfs：カーネル、および、カーネルモジュール（デバイスドライバー）の情報を参照したり、設定変更を行うためのファイルシステム。**/proc**にマウントされる
・sysfs：システムに接続したデバイスの情報を参照したり、設定変更を行うためのファイルシステム。**/sys**にマウントされる
・devfs：物理デバイスにアクセスするための「デバイスファイル」を配置するファイルシステム。**/dev**にマウントされる

ディスク上の通常のファイルシステムとしては、Linuxでは、ext4もしくはXFSファイルシステムが広く利用されています。RHEL7ではどちらも利用可能ですが、XFSファイルシステムがデフォルトの選択肢となっています。ファイルシステムのサイズは、XFSファイルシステムが500TB、ext4ファイルシステムが50TBがサポート上限となります。このほかには、Windowsで採用されているVFATファイルシステムも利用可能です。これは、USBメモリーなどで、Windowsとファイルのやり取りをする場合に使用します。

ファイルシステムの構造

ext4およびXFSファイルシステムは、ファイルシステムとして使用するディスク領域全体を複数のグループに分割して、各グループに対して「メタデータ」と「実データ」を配置します（**図5.13**）。それぞれのグループは、「ブロックグループ」（ext4ファイルシステム）、もしくは、「アロケーショングループ」（XFSファイルシステム）と呼ばれます。メタデータは、ファイルシステム全体の設定や個々のファイルのカタログ情報で、一方、実データは実際のファイルの内容です。実データを配置する領

域を「データブロック」といいます。

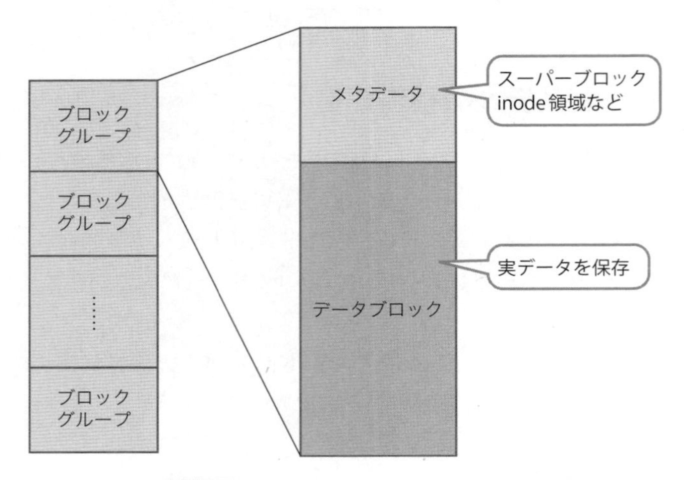

図5.13 ファイルシステムの一般的な構造

ファイルシステム管理の上で理解しておくとよいメタデータには、「スーパーブロック」と「inode領域」があります。スーパーブロックは、ファイルシステム全体の設定情報を記録するもので、ファイルシステムのオプションパラメーターもスーパーブロックに記録されます。スーパーブロックが破損すると、ファイルシステム全体が使用できなくなるため、ファイルシステム内の複数の領域に同一のスーパーブロックが記録されます。ファイルシステムの整合性をチェックする**fsck.ext4**コマンド、あるいは**xfs_repair**コマンドは、複数のスーパーブロックの内容を比較したり、1つ目のスーパーブロックが破損している際に、2つ目のスーパーブロックを用いて破損を修復するなどの動作を行います。

inode領域には、個々のファイルの情報（アクセス権、タイムスタンプ、データブロックへのポインターなど）が記録されます。1つのファイルに対して1つのinodeを使用します。ext4ファイルシステムでは、inode領域の割合をファイルシステムの作成時に指定します。inode領域が不足すると、データブロックに空き容量があったとしても、それ以上ファイルが作成できなくなります。ファイルシステム内に多数のファイルを保存する見込みがある場合は、最初に十分なサイズのinode領域を確保する必要があります。一方、XFSファイルシステムでは、必要に応じてinode領域が確保されるようになっているのでこのような心配はありません。

また、ext4およびXFSファイルシステムの両方において、「inodeサイズ」には注意を払う必要があります。これは、個々のinodeの大きさを指定するもので、典型的には、128バイト、256バイト、512バイトなどの値をファイルシステムの作成時に指定します。ext4およびXFSファイルシステムでは、それぞれのファイルについて、SELinuxのコンテキスト情報やACL（Access Control List）などの拡張ファイル属性を設定できますが、これらの情報はinodeに保存されます。多数の拡張ファイル属性を設定したファイルにおいて、inodeサイズが不足すると、内部的に複数のinodeを使用する必要がありアクセス性能が低下します。たとえば、inodeサイズが256バイトの場合、1つのファイルについて約100バイトの拡張ファイル属性が保存可能です。これ以上の拡張ファイル属性を設定するファイルが多数ある場合は、ファイルシステム作成時に、より大きなinodeサイズを指定しておきます。

ジャーナリングファイルシステム

ファイルシステム上のファイルへの書き込みは、Linuxのディスクキャッシュを経由して行われます。ファイルの更新内容は、サーバーのメモリー上にあるディスクキャッシュに書き込まれた後、定期的にまとめて物理ディスクに書き込まれます。

このとき、たとえば、メタデータをディスクキャッシュから物理ディスクに書き込んでいる途中で、突然サーバーが停止したとします。すると、ディスク上には中途半端に更新されたメタデータが残るため、メタデータの不整合が発生して、ファイルシステムが正しく利用できなくなります。ジャーナリングファイルシステムは、ジャーナルログを利用することで、このようなメタデータの不整合が発生した際に、確実に整合性を回復する方法を提供します。ext4およびXFSファイルシステムは、どちらもジャーナリングファイルシステムになっています。

たとえば、XFSファイルシステムでは、次の手順でディスク上のメタデータを更新します（**図5.14**）。

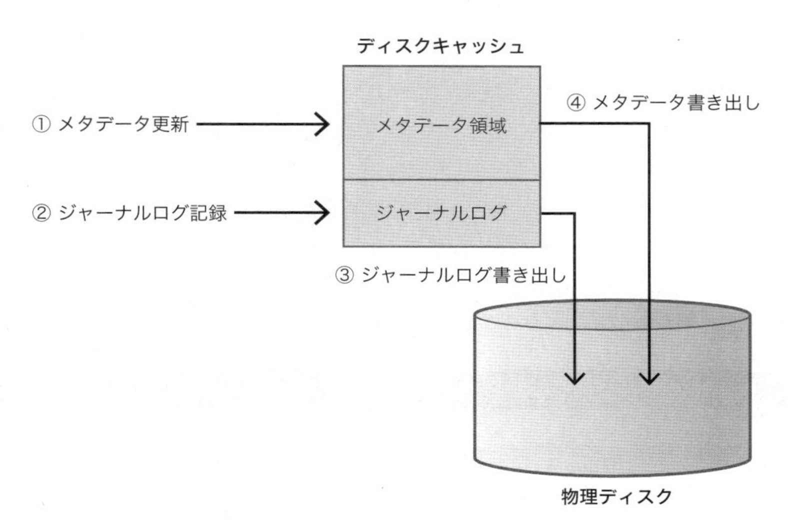

図5.14 ジャーナルログによるメタデータの保護

① ディスクキャッシュ上のメタデータを更新する
② メタデータの変更内容をメモリー上のジャーナルログに記録する
③ メモリー上のジャーナルログを物理ディスクに書き出す
④ ディスクキャッシュ上のメタデータを物理ディスクに書き出す

④の途中でサーバーが停止した場合、③で記録されたジャーナルログを参照することで、メタデータの変更を最後まで完了することが可能です。この処理を「ジャーナルのリプレイ」と呼びます。ファイルシステムをマウントするタイミングで、メタデータの整合性チェックが行われて、必要な際は、ジャーナルのリプレイが自動的に実施されます。

なお、④の処理が完了すれば、③で保存したジャーナルログは不要になりますので、ディスク上の古いジャーナルログは自動的に削除されていきます。また、③の途中でサーバーが停止した場合は、ディスク上のメタデータはまだ変更されていませんので、ディスク上のジャーナルログは単純に破棄されます。この仕組みは、あくまでメタデータに不整合が発生することを防止するものですので、サーバーが突然停止した場合、ディスクキャッシュから物理ディスクに書き込まれていないデータは失われることになります。

5.3.2 ext4/XFSファイルシステムの利用

ext4およびXFSファイルシステムを作成する際のオプションについて説明します。また、システム起動時のファイルシステム整合性チェックにおける、ext4ファイルシステムとXFSファイルシステムの違いについても説明します。

ファイルシステム作成時のオプション

「5.3.1 ファイルシステムの基礎知識」で説明したように、ext4ファイルシステムを作成する際は、inode領域の割合とinodeサイズに注意が必要です。**mkfs.ext4**コマンドでext4ファイルシステムを作成する際、inode領域の割合とinodeサイズは、次の例のように、**-i**オプションと**-I**オプションで指定します。

```
# mkfs.ext4 -i <bytes/inode> -I <inode size> /dev/sdb ↵
```

inode領域の割合については、**<bytes/inode>**の部分に、このファイルシステムに保存するファイルの平均サイズ（バイト）を指定すると、それに合わせて適切な大きさのinode領域が確保されます。たとえば、100MBの大きさのファイルシステムを作成するとして、このファイルシステムに保存するファイルの平均サイズが4KBだとします。この場合、保存できるファイル数は約25,000個ですので、必要なinodeは25,000個になります。**-i**オプションでは、このような計算を自動的に行い、作成するファイルシステムのサイズに合わせて、inode領域の大きさを決定します。

inodeサイズは、-Iオプションに対して、128、256、512、1024などの値（バイト）を指定します。これらのオプションのデフォルト値は、設定ファイル/etc/mke2fs.confに記載されており、ファイルシステムの大きさに応じて決定されるようになっています。

一方、XFSファイルシステムでは、inode領域は自動拡張されるため、ファイルシステム作成時にその割合を指定する必要はありません。inodeサイズについては、次のオプションで指定します。

```
# mkfs.xfs -i size=<inode size> /dev/sdb ↵
```

<inode isize>には、256、512、1024、2048のいずれかの値（バイト）を指定します。デフォルトは、256です。

システム起動時の整合性チェック

Linuxでは、システム起動時にルートファイルシステムに対して、fsckコマンドによるメタデータの整合性チェックが行われます。ファイルシステムの種類によってチェック方法が異なるため、内部的には、fsck.<ファイルシステム>というコマンドを呼び出すようになっています。ext4ファイルシステムの場合はfsck.ext4コマンド、XFSファイルシステムの場合はfsck.xfsコマンドになります。

ext4ファイルシステムの場合は、ジャーナルログを利用した簡易的なチェックと、メタデータ全体を検索する完全チェックがあり、この後で説明する条件を満たした場合に完全チェックが実施されます。

一方、XFSファイルシステムの場合、fsck.xfsコマンドは実際には何もしないコマンドになっており、システム起動時の整合性チェックは実施されません。ファイルシステムが破損した場合など、本当に必要な際は、xfs_repairコマンドを使って、システム管理者自身が明示的に整合性のチェックと回復処理を行います。XFSファイルシステムは、ほかのファイルシステムに比べてメタデータの不整合が発生しにくい構造になっているため、システム起動時に強制的に整合性のチェックをする必要はないという判断のようです。

ext4ファイルシステムに話を戻すと、こちらは、ファイルシステムのオプションパラメーターによって、完全チェックが実行されるタイミングが決まります。具体的には、次のいずれかの条件になります。

① 「Mount count」の値が「Maximum mount count」に達した場合
② 「Last checked」の日時から「Check interval」で指定された期間が経過した場合

「Mount count」は、ファイルシステムをマウントするごとに値が増えていきます。完全チェックを実施すると0に戻ります。「Last checked」には、最後に完全チェックを実施した日時が記録されます。サーバー起動時の整合性チェックにおいて、通常は簡易的なチェックで終わっていたものが、ある日突然、完全チェックが実施されて、サーバーの起動に長時間を要することがあります。これは、ほとんどの場合が①②の条件によるものです。

これに似た例で、HAクラスターシステムで、クラスターの切り替え時に、共有ディスク領域のext4ファイルシステムを**fsck**コマンドでチェックする場合があります。切り替えテストの際はすぐに終わっていたチェックが、本番運用中に切り替わった際には長時間のチェックが走って、切り替えによるサービス停止時間が長引いてしまったという話を聞くことがあります。これも同じ理由で発生します。

このような問題を避けるために、「Maximum mount count」と「Check interval」の値は、サーバーの運用ポリシーにあわせて適切に設定する必要があります。これらのパラメーターの設定は、**tune2fs**コマンドで行います。次は、現在の設定値を確認する例です。

```
# tune2fs -l /dev/sdb ↵
tune2fs 1.42.9 (28-Dec-2013)
Filesystem volume name:   <none>
Last mounted on:          <not available>
Filesystem UUID:          59200bad-985c-421a-8904-f9f25347e02b
...(中略)...
Mount count:              6
Maximum mount count:      -1
Last checked:             Sat Apr 23 02:26:43 2016
Check interval:           0 (<none>)
...(以下省略)...
```

この例では、「Maxmum mount count」は-1、「Check interval」は0に設定されており、完全チェックの実施は無効化されています。次のコマンドは、「Maxmum mount count」を60、「Check interval」を「10日」に設定する例です。「Check interval」の単位は、**d**(日)、**w**(週)、**m**(月)を指定します。

```
# tune2fs -c 60 -i 10d /dev/sdb ↵
```

5.3.3 NFSのデータバッファリング

Linuxで、ディスク上のファイルシステムに書き込む際は、メモリー上のディスクキャッシュを使用することを説明しました。突然サーバーが停止すると、物理ディスクに書き込まれる前のディスクキャッシュ上のデータは失われます。

一方、NFSサーバー上のファイルシステムをNFSマウントして、ネットワーク経由で使用している場合、ディスクキャッシュはどのように利用されるのでしょうか。NFSサーバーが停止した場合と、NFSクライアントが停止した場合で、失われるデータに違いはあるのでしょうか?

一般に、NFSでのファイルへの書き込みは、次の経路でデータが転送されます(**図5.15**)。

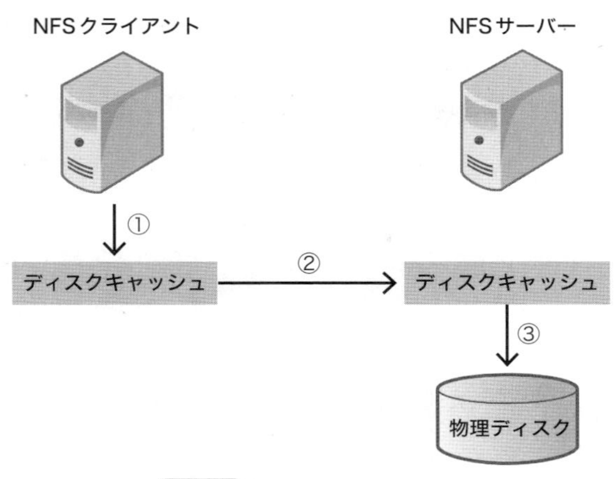

図5.15 NFSのデータ転送経路

① NFSクライアントのディスクキャッシュ
② NFSサーバーのディスクキャッシュ
③ NFSサーバーの物理ディスク

NFSクライアントがファイルに書き込みを行った際に、①〜③のどの段階まで即座にデータが転送されるかは、NFSクライアントとNFSサーバーのそれぞれのオプションで決まります。

まず、NFSクライアントのmountオプションに「**sync**」を指定すると、NFSクライアント上での書き込みに対して、即座に①→②の転送が行われます。「**async**」を指定すると、オープン中のファイルに対する書き込みは①で終了します。その後、定期的に②への転送がまとめて行われます。ファイルがクローズすると、②への転送は必ず完了します。デフォルトの設定は「**async**」です。

また、クライアント上で、オープン中のファイルに対して、fsync()関数などでディスクキャッシュの強制書き出しを行うと、①→②の転送が行われます。**O_SYNC**オプションでオープンしたファイルについては、「**sync**」の場合と同じ動作になります。

これらのオプションは、突然NFSクライアントが停止した際に、ファイルへの書き込み内容が失われるかどうかに影響します。「**sync**」の場合は、ファイルへの書き込みは失われません。「**async**」の場合は、オープン中のファイルへの書き込みは失われる可能性があります。

次に、NFSサーバーのexportオプションに「**sync**」を指定すると、①→②の転送が行われると即座に②→③の転送が実施されます。「**async**」を指定すると、②→③の転送は定期的にまとめて行われます。

このオプションは、突然NFSサーバーが停止した際に、ファイルへの書き込み内容が失われるかどうかに影響します。「**sync**」の場合は、ファイルへの書き込みは失われません。「**async**」の場合は、NFSサーバーのディスクキャッシュ上のデータは失われる可能性があります。デフォルトの設定は「**sync**」です。

以上をまとめたものが**表5.6**になります。これらのオプション設定は、NFSでのファイルの書き込み性能に影響しますので、NFSサーバーに保存するデータの重要性と、サーバーのパフォーマンスの要件を考慮して選択する必要があります。一般に、「**async**」のほうがファイルの書き込み性能は良くなります。

▼**表5.6** NFSにおけるサーバー突然停止時の影響

NFSクライアントのmountオプション	NFSクライアントの突然停止時の影響
sync	ファイルへの書き込み内容は失われない
async	オープン中のファイルへの書き込み内容が失われる可能性がある

NFSサーバーのexportオプション	NFSサーバーの突然停止時の影響
sync	ファイルへの書き込み内容は失われない
async	ファイルへの書き込み内容が失われる可能性がある

第6章

Linuxサーバーの問題判別

6.1 問題判別の基礎

6.1.1 問題判別の考え方

Linuxサーバーで問題が発生したときに、最初にするべきことは何でしょうか？　サーバー管理者の経験に応じていろいろな答えがありそうですが、新米のサーバー管理者の方は次のことを覚えていてください。

まずは「深呼吸」をします。――冗談のようですが真面目な答えです。問題判別の経験が浅いと、「とにかく何かしなければいけない」という意識が先行して、思い込みで行動を始めることがあります。しかしながら、思い込みで1日を無駄にするよりは、まずは5分間落ち着いて、次に取るべき行動を整理することが大切です。

あくまで筆者の経験に基づくものですが、問題判別を実施する際は、次の3つの点を意識して進めるとよいでしょう。

① 早急な問題の解決
② 次に活かせる経験の習得
③ 適切な専門家の活用

①と「深呼吸」の話は矛盾するものではありません。思い込みで始めた行動は、それがどのように問題の解決につながるのかという見通しがなく、客観的に見ると問題の解決に本当に関係があるのか怪しい場合があります。問題判別では「トライアル＆エラー」は必要ですが、トライアルに対してどのような結果が予想されるのか、出てきた結果をどう判断するのかといった見通しが必要です。その行動がどのようにして問題の解決に至るのかという想定を持つことで、問題の解決に関係しない、無駄な作業を排除できるようになります。

②は、問題判別の過程でわかった事実をきちんと整理して、まとめておくことを求めています。その環境に固有の事実と、そのほかの環境にもあてはまる一般的な事実を分けて整理しておくと、今後、類似の問題に遭遇した際にも有用な情報となります。世の中で、ある特定のサーバーだけで起きる問題というのは、ほとんどないはずです。同じ問題で困っている人はほかにも必ずいるはずなので、問題判別は1回限りの仕事とは考えずに、次に活かせる経験を蓄積することも大切です。

また、問題判別の過程では、さまざまな事実を積み重ねて問題の根本原因に近づいていきます。最初は、ある程度の思いつきを含めていろいろなことを調べることになりますが、せっかく調べた内容をその場の判断で不要と思って、記録せずに捨ててしまうことがあります。そうすると、後々になって、やはりそれが問題の原因に関係していたとわかり、また同じことを調べ直すはめになります。このような観点でも、すべての情報をきちんと整理していくことが必要です。

それでは、③にはどういう意味があるのでしょうか？　サーバーの問題判別は、サーバー管理者であるあなた自身が主体性を持って作業を進める必要があります。しかしながら、あなた一人だけの力で解決する必要はありません。サーバーが提供するサービスを利用するユーザーにとっては、誰が問題を解決したのかは重要ではありません。適切な専門家に、適切な情報を伝達することで、必要な支援をもらいながら問題判別を先に進めていくこともサーバー管理者の責任です。そして、ある分野の専門家といえども、その人は必ずしも問題判別のプロではありません。「問題判別に有用な情報を専門家から引き出す」というのも、プロのサーバー管理者に求められる問題判別の技術の1つです。

実際の問題判別の進め方としては、次の4つの段階に大きく分けて考えます。

① 初期調査：問題が発生しているシステムから、問題判別の基礎資料を収集する
② 基本情報の収集：インターネット、そのほかの情報源から、問題判別に有用と思われる情報を収集する
③ 詳細調査：収集した基礎資料と関連情報をもとに、問題の原因を発見するためのより詳細な情報の収集・分析を行う
④ 専門家へのエスカレーション：適切な専門家に情報を伝達し、支援を依頼する

③の段階で根本原因が判別できることが理想ですが、それでも原因が判別できない場合は、④の段階へと進みます。ただし、専門家に対応を依頼する場合でも、①〜③を適切に実施した上で依頼するかどうかで、問題解決までの時間は大幅に変わります。①〜③は、④を効率的に進めるための大切な準備段階と見ることもできます。

続いて、①〜③の各段階の進め方を説明します。④は、問題の種類や扱う技術によって、さまざまな「作戦」を必要とする領域なので、詳細な説明は残念ながら割愛します。まずは、問題判別の基礎となる、①〜③の進め方をしっかりと学んでください。

「初期調査」の進め方

この段階では、「ユーザーからの情報収集」と「システムの基礎資料の収集」を行います。思い込みを排除して、広く客観的な情報の収集に努めてください。問題の内容についても、断片的な情報だけで判断しないことが大切です。

「ユーザーからの情報収集」では、まずは問題を発見した利用者の立場から、次のような観点で現状の把握を行います。

(1) なぜ問題に気づいたか。本来はどのような動作をするべきか。以前はどのように動作していたのか
(2) 問題が発生したときは何をしていたのか。問題に気づいた後で何をしたのか
(3) その問題はいつから発生しているのか。ほかのシステムを含めて、関連すると思われるほかの問題はあるのか

(1)の情報を入手する際は、エラー表示画面のスクリーンショットや、入力したコマンドと出力結

果のログファイルなど、編集の入らない生の情報を集めるように心がけます。口頭での報告やメールの文章による表現は、情報の欠落が必ず発生します。単純な例ですが、メールで「fdiskでディスクが見えません」という報告を受けたら、どのような状況を想像するでしょうか？ 実際の**fdisk**コマンドの実行結果として、たとえば、**図6.1**の2つのパターンがあります。これら2つの状況は、まったく異なる原因で発生します。このような具体的な情報を入手することが大切です。

```
# fdisk -l /dev/sdb ↵
Cannot open /dev/sdb
```

```
# fdisk -l /dev/sdb ↵
...（何も表示されない）...
```

図6.1 「fdiskでディスクが見えない」という2種類の結果

また、ユーザーが正常だと思っている動作と、システムとして本来あるべき正常な動作は往々にして異なります。「これまでは正常だったものが、突然、異常になった」という報告をうのみにしてはいけません。そもそも過去の時点から、本来の正常動作が行われていなかった可能性もあります。これまでの動作内容と問題発生後の動作内容について、客観的な情報を収集してください。

(2)は、問題発生時の操作状況が、問題に関係する可能性を確認するための情報です。問題発生の前後での操作内容がわからないまま、問題の内容だけを見ていても、問題判別はできません。ユーザーは、自分が問題に関係すると思った情報だけを伝えてくることがよくあります。ここでも、できるだけ客観的に、できるだけ多くの情報を引き出すことが大切です。これらの情報は、システムログやアプリケーションログを解析する際に、ユーザーの操作に伴うログと問題に関係するログの前後関係、あるいは因果関係を分析する際にも必要となります。

(3)は、過去のシステム構成の変化が、問題に関係する可能性を確認するための情報です。次に説明する「システムの基礎資料」として、システム構成／システム負荷／システム利用方法などの変化に関する情報を収集して、問題の発生時期における因果関係を調査します。特定の環境だけで発生する問題かどうかという事実も貴重な情報です。

続いて、「システムの基礎資料の収集」では、システム全体の構成を把握するための資料を集めます。大きくは次の3種類の資料に分類されます。

(1) 構成管理情報（ハードウェア構成、Linuxの設定、導入ソフトウェア、ミドルウェアやアプリケーションの設定など）
(2) 問題の根拠となるエラーメッセージ、エラーログファイル、システムログファイルなど
(3) 問題管理記録、変更管理記録

(1)では、既存の設計資料を入手するのに加えて、実際の設定内容を確認するためにツールによる情報収集を行います。Linuxサーバーで利用できるツールについては、この後で説明します。

(2)では、Linuxのシステムログとアプリケーションのログが必要になります。Linuxのシステムログについては、ロギングの仕組みを含めて、この後で詳細に説明します。また、カーネルの障害の場

合は、カーネルダンプが取得できると問題判別の役に立ちます。カーネルダンプの設定については、「6.2 カーネルダンプの取得」で説明します。

(3) は、先に説明した過去の問題やシステム構成の変化と、今回の問題との関係を調査するためのものです。「2.4 構成管理・変更管理・問題管理」も参考にしてください。

「基本情報の収集」の進め方

この段階では、次の「詳細調査」で問題の原因の仮説を立てるための情報を収集します。特にLinuxの問題の情報は、インターネットやそのほかの情報源から広く入手できます。先の「初期調査」で入手した情報に基づいて、類似の問題を調べることで有用な情報が手に入ることもよくあります。

先に「同じ問題で困っている人は、ほかにもいるはず」と書きましたが、同じ問題で困って、すでに解決策を見いだしている人もたくさんいるはずです。ここはまだ、原因の仮説を立てるための情報を収集する段階なので、何らかの類似性がある問題の情報は、一通り集めておくのが得策です。そのほかには、FAQやBugzilla、ハウツー文書などから関連する情報が得られることもあります。日頃から、これらの情報源のリンクを収集・整理しておくとよいでしょう。

製品の公式マニュアルを参照することも忘れないでください。サポート契約がある場合は、契約に基づいてベンダーに調査・情報提供を依頼します。思い込みや仮説は排除して、「初期調査」で入手した客観的な情報をもとに調査を依頼してください。

「詳細調査」の進め方

この段階では、問題の根本原因を発見するために、より本質的な情報の収集を試みます。ここでは、次の3つの点に注意します。

(1) すべての行為の正確な記録を残す
(2) コンポーネントや階層に分けて考える
(3) 事実と仮説の区別を常に明確にしておく

(1) は、問題の原因の予想や試みた変更、その結果など、問題判別に関連するすべての作業を記録に残すことを意味します。問題判別の基本は、事実の積み重ねとそれに基づく論理的な判断です。なるべく定性的な表現を避け、場合によっては、すべての入力コマンドと結果の画面出力のレベルで記録します。この段階で根本原因の発見に至らなかった場合でも、ここで収集した情報は、次の「専門家へのエスカレーション」の際に必要な情報となります。

(2) は、問題の範囲をコンポーネントや階層に分けて考え、問題の原因についての仮説を立てながら調査を進めることを意味します。立てた仮説が「正しい」、もしくは「正しくない」ことを証明することで、問題の範囲を狭めていきます。多くの場合、先の「基本情報の収集」の段階で得られた情報をもとに仮説を立てることになります。

(3) は、「正しい」とも「正しくない」とも証明されていない仮説を、事実と混同しないようにすることを意味します。ほかの情報源から得られた情報は、問題が起きているシステムにとっても事実といえるのか、あるいは仮説にすぎないのかを常に意識してください。証明された仮説から得られる事実についても、思い込みが混入しないよう常に論理的に判断することが必要です。

問題に対する仮説を証明するには、先に収集した基本情報以外に、コマンドや専用のツールを利用した情報収集が必要となります。この後で問題判別で利用する主なコマンドを紹介します。

6.1.2 システム構成情報の収集

「初期調査」の段階で、問題の起きているサーバーから設定情報などを収集する際は、ツールを利用して、調査の基礎となる情報をまとめて入手します。標準で使用するツールを決めておくと、ほかのサーバーや過去に同様の問題が発生したサーバーとの比較が行いやすくなります。収集する情報には、ハードウェア構成、Linuxの設定、導入しているソフトウェアの一覧、ミドルウェアやアプリケーションの設定などがあります。

ハードウェアの構成情報については、多くの場合、サーバーベンダーから専用のツールが提供されています。また、Linuxの設定情報については、RHEL7の場合は`sosreport`コマンドで一括収集が可能です。ミドルウェアやアプリケーションについても、それぞれのソフトウェアが提供するツールやコマンドを使用してください。そのほかには、「2.1.2 システム監視の方法」で紹介したsysstatパッケージなどを利用して、システム稼働情報を定常的に収集しておきます。

ここでは、`sosreport`コマンドの使い方を説明しておきます。はじめに、このコマンドを提供するsosのRPMパッケージを導入します。

```
# yum install sos ↵
```

問題発生後にRPMパッケージを導入するのではなく、システム構築時にあらかじめ導入しておくようにしてください。問題の種類にも依存しますが、問題の発生原因の調査中にシステムの構成変更を伴う作業はできるだけ避けるべきです。

次は、`sosreport`コマンドの実行例です。

```
# sosreport ⏎

sosreport (version 3.2)
...(中略)...
Press ENTER to continue, or CTRL-C to quit. ←― Enter を入力

Please enter your first initial and last name [rhel7]: ←――――――― Enter を入力
Please enter the case id that you are generating this report for []: ←― Enter を入力

 Setting up archive ...
 Setting up plugins ...
 Running plugins. Please wait ...

  Running 73/73: yum...
Creating compressed archive...

Your sosreport has been generated and saved in:
  /var/tmp/sosreport-rhel7-20160430091045.tar.xz

The checksum is: fc7aee6225b8351d9cbbfcfc13bcd5ed

Please send this file to your support representative.
```

sosreportコマンドを実行すると、氏名と問題番号の入力を求められますが、どちらも Enter で先に進んでかまいません*1。氏名にはデフォルトでサーバーのホストネームが入りますが、これは最後に作成されるアーカイブファイルのファイル名の一部になります。

実行が終わると、ディレクトリー/var/tmpの下にsosreport-rhel7-20160430091045.tar.xzというようなファイル名でアーカイブファイルが作成されます。このファイルの中に、Linuxの各種設定ファイルやログファイル、あるいは状況確認コマンドの実行結果がまとめて保存されています。このアーカイブファイルをRHEL7上で展開する際は、次のコマンドを使用します。

```
# tar -xvf /var/tmp/sosreport-rhel7-20160430091045.tar.xz ⏎
```

次は、アーカイブファイルに含まれるファイルとディレクトリーの例です。

```
# ls sosreport-rhel7-20160430091045 ⏎
boot       etc            java   proc         sos_reports  var
chkconfig  free           last   ps           sys          version.txt
date       hostname       lib    root         uname
df         installed-rpms lsmod  sos_commands uptime
dmidecode  ip_addr        mount  sos_logs     usr
```

*1 sosreportコマンドの実行結果をRed Hatのサポート窓口に提出する場合は、提出者の氏名とサポート窓口で割り当てられた問題番号を入力することが想定されていますが、これらの入力は必須ではありません。

「etc」「var」「proc」などのディレクトリーには、対応するディレクトリー以下の主要なファイルのコピーが含まれます。ディレクトリー「sos_commands」の下にあるコマンド名のファイルは、該当のコマンドを実行した結果が保存されています。

sosreportコマンドは、プラグイン方式の仕組みを持っており、サーバーに導入済みのパッケージに応じて適切なプラグインが有効化されるようになっています。たとえば、Apache HTTPサーバーを提供するhttpdのRPMパッケージを導入すると、apacheプラグインが有効化されて、Apache HTTPサーバーに関する構成情報が収集されるようになります。また、プラグインによっては、オプション指定により収集する情報を変更することも可能です。

このようなプラグインの情報は、-lオプションで確認します。

```
# sosreport -l ↵

sosreport (version 3.2)

The following plugins are currently enabled:

 acpid                 ACPI daemon information
 anaconda              Anaconda installer
 anacron               Anacron job scheduling service
...(中略)...
The following plugins are currently disabled:

 abrt                  inactive       Automatic Bug Reporting Tool
 activemq              inactive       ActiveMQ message broker
 apache                inactive       Apache http daemon
...(中略)...
The following plugin options are available:

 boot.all-images            off            collect lsinitrd for all images
 dmraid.metadata            off            capture dmraid device metadata
 filesys.lsof               off            gathers information on all open files
...(以下省略)...
```

この実行結果のように、有効化されているプラグインと無効化されているプラグイン、そしてプラグインの設定可能なオプションが表示されます。sosreportコマンドを実行する際は、**表6.1**のオプション指定により、プラグインの有効化／無効化などを指定することが可能です。

このとき、プラグインオプションによっては、対応する情報収集コマンドの導入が必要なものがあります。たとえば、「filesys.lsof=on」を指定する際は、lsofコマンドが実行できるようにlsofのRPMパッケージを事前に導入する必要があります。また、--verifyオプションは、それぞれのプラグインが用意する整合性チェックコマンドの実行を指定します。特に「rpm.rpmva=on」(RPMパッケージの整合性チェックコマンド「**rpm -Va**」の実行）を指定する際は、**--verify**オプションを同時に指定する必要があります。

▼**表6.1** sosreportコマンドのプラグインに関するオプション

オプション	説明
-n	指定のプラグインを無効化（「,」区切りで複数指定可能）
-e	指定のプラグインを有効化（「,」区切りで複数指定可能）
-o	指定のプラグインのみを実行（「,」区切りで複数指定可能）
-k	プラグインのオプションを指定（例「-k boot.all-images=on,filesys.lsof=on」）
-a	on/offタイプのオプションをすべて「on」にする
--verify	システム環境の整合性チェックを実施

6.1.3 システムログの収集

Linuxでは、カーネルやデバイスドライバーのログ、OSのシステムログ、アプリケーションログなど、さまざまなログがファイルに記録されます。これらのログファイルは、rsyslogdのロギングシステムを通じて、主に**/var/log**以下のテキストファイルとして保存されます。テキスト形式のログファイルは、テキストエディターで開いて内容を確認できます。ただし、ユーザーのログイン履歴など、独自のバイナリー形式のファイルに保存されるものは、専用のコマンドでテキスト出力して確認する必要があります。**表6.2**は、Linuxにおける主要なシステムログファイルの一覧です。

▼**表6.2** Linuxの主要なシステムログファイル

ログファイル	説明
/var/log/messages	システム関連ログのデフォルトの出力ファイル
/var/log/secure	ユーザーのログイン認証など、セキュリティ関連情報を記録
/var/log/dmesg	システム起動直後のカーネルログバッファの内容を記録
/var/log/cron	cronジョブの実行履歴を記録
/var/log/wtmp	ユーザーのログイン履歴を記録するバイナリーファイル。lastコマンドで参照
/var/log/lastlog	ユーザーの最終ログイン記録を保管するバイナリーファイル。lastlogコマンドで参照
/var/run/utmp	ログイン中のユーザー情報を保管するバイナリーファイル。uptimeコマンド、wコマンドなどで参照

また、「5.1.3 systemdによるプロセスの起動処理」で説明した、systemdの各種Unitが出力するログは、journaldによっても管理されており、**journalctl**コマンドでログを検索することができます。ここでは、journaldとrsyslogdが連携したログ管理の仕組みを解説します。

journaldとrsyslogdの連携

はじめに、journaldとrsyslogdの役割を説明します。これらは、systemdのサービスとして稼働するデーモンプロセスで、正式名称はsystemd-journald.service、およびrsyslogd.serviceです。**図6.2**のように連携して、ほかのプロセスが出力するログを収集・管理します。

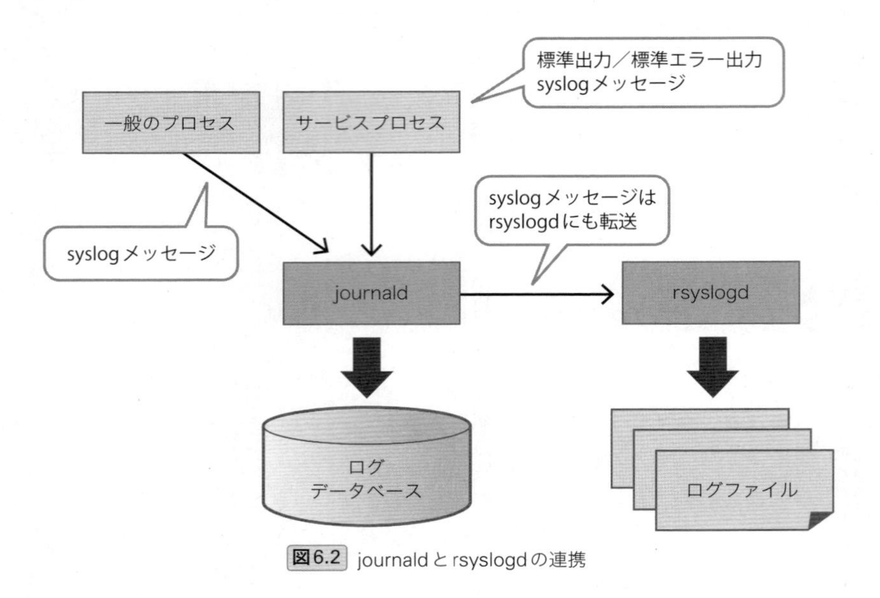

図6.2 journaldとrsyslogdの連携

Linux上で稼働するユーザープロセスのログメッセージの出力先は、大きく次の3つに分かれます。

① 独自のログファイル
② 標準出力／標準エラー出力
③ syslogメッセージ

①はプロセスが独自にログファイルを用意して、そこに出力するメッセージです。これは、journaldやrsyslogdの管理対象とはなりません。②は、一般には、プロセスを起動した端末画面に表示されるメッセージになります。バックグラウンドで稼働するデーモンプロセスの場合、これまでの環境では無視して破棄されるように設定されることがほとんどでした。ただし、systemdのUnitとして起動したサービスのプロセスについては、②のメッセージについてもjournaldが受け取るようになっていて、journaldのログデータベースに保存されます*2。③は、プロセス内のプログラムコードがsyslog()関数で出力するメッセージで、一般にsyslogメッセージと呼ばれるものです。③については、journaldが受け取ってログデータベースに保存した後、さらにrsyslogdにも同じメッセージを転送します。

*2 サービスの種類によっては、標準出力／標準エラー出力をjournaldに受け渡さないものもあります。

以上の結果、rsyslogdは、すべてのプロセスのsyslogメッセージを受け取ることになります。これらのメッセージを設定ファイル`/etc/rsyslogd.conf`に基づいて、各種のログファイルに出力します。一方journaldは、すべてのプロセスのsyslogメッセージに加えて、サービスプロセスの標準出力／標準エラー出力の内容を受け取って、これらを独自のログデータベースに保管していきます。journaldのログデータベースの内容は、`journalctl`コマンドで検索することが可能です。

ただし、journaldのログデータベースは、サーバーを再起動するとその内容が失われます*3。稼働中のサービスの状況確認などは`journalctl`コマンドで行い、問題発生時にサーバー再起動前の古い情報を確認する際は、rsyslogdが出力したログファイルを参照するといった使い分けが必要です。

rsyslogdに送られるsyslogメッセージには、「facility（ファシリティ）」と「priority（プライオリティ）」の情報が付与されています。ファシリティは、メッセージの種類を分類するために使用するもので、次のいずれかが指定されます。

- auth、authpriv、cron、daemon、lpr、mail、news、security（authの別名）、syslog、user、uucp、mark：システムで規定のエントリー
- kern：カーネルメッセージ
- local0～local7：規定のエントリーに該当しないメッセージについて、アプリケーションが任意に使用可能

プライオリティはメッセージの緊急度を示し、次のいずれかが指定されます。

- debug、info、notice、warning、warn（warningの別名）、err、error（errの別名）、crit、alert、emerg、panic（emergの別名）：この順に緊急度が高くなる（debugは緊急度が低く、emergは緊急度が高いという順番）

rsyslogdは、これらの情報をもとに、設定ファイル`/etc/rsyslog.conf`に従って出力先のログファイルを決定します。**図6.3**は設定ファイルの主要部分を抜き出したものです。各行でメッセージのファシリティに対して、出力先のログファイルをひも付けています。また、プライオリティを指定して、指定以上の緊急度のメッセージのみを出力します。次は代表的な設定部分の説明です。

- 「*.emerg」：任意のファシリティで、emerg以上の緊急度のメッセージを出力する
- 「mail.*」：ファシリティがmailのすべてのメッセージを出力する
- 「*.info;mail.none;authpriv.none;cron.none」：任意のファシリティで、info以上の緊急度のメッセージを出力する。ただし、ファシリティがmail、authpriv、cronのものは除外する

*3 journaldのログデータベースを永続化する方法については、筆者のBlog記事[1]を参考にしてください。

[1] RHEL7/CentOS7のjournaldについてのもろもろ
URL http://enakai00.hatenablog.com/entry/20141130/1417310904

```
# Log all kernel messages to the console.
# Logging much else clutters up the screen.
#kern.*                                                  /dev/console

# Log anything (except mail) of level info or higher.
# Don't log private authentication messages!
*.info;mail.none;authpriv.none;cron.none                /var/log/messages

# The authpriv file has restricted access.
authpriv.*                                               /var/log/secure

# Log all the mail messages in one place.
mail.*                                                   -/var/log/maillog

# Log cron stuff
cron.*                                                   /var/log/cron

# Everybody gets emergency messages
*.emerg                                                  :omusrmsg:*

# Save news errors of level crit and higher in a special file.
uucp,news.crit                                           /var/log/spooler

# Save boot messages also to boot.log
local7.*                                                 /var/log/boot.log
```

図6.3 /etc/rsyslog.confの主要部分（デフォルト設定）

なお、rsyslogdの前身となるsyslogdでは、ログファイルにメッセージを書き出す際は、ディスクキャッシュに書いた内容を強制的に物理ディスクに書き出すようになっていました。これは、突然サーバーが停止した際に、キャッシュ上のメッセージを失わないための動作です。**図6.3**の「mail.*」の行のファイル名には、「`-/var/log/maillog`」のように頭に「`-`」が付いていますが、このファイルは物理ディスクへの強制書き出しを抑制するという意味があります。メールサーバーのログファイルのような大量のログ出力がある際に、ログ出力のI/O負荷を軽減するためのものです。

ただし、rsyslogdでは、デフォルトでは物理ディスクへの強制書き出しは行われなくなっているので、このような指定には実質的な意味はありません。syslogdの時代の名残で、今でもこの指定が残っています。rsyslogdの場合は、`/etc/rsyslog.conf`の「`#$ActionFileEnableSync on`」という行のコメントアウトを外すと、syslogdと同様に物理ディスクへの強制書き出しを行うようになります。この場合は、rsyslogdにおいても、ファイル名の先頭の「`-`」は強制書き出しを抑制するという意味を持ちます。

最後に、シェルスクリプトからシステムログを出力する際に便利な`logger`コマンドを紹介します。次のように、ファシリティとプライオリティを指定してsyslogメッセージを送信できます。

```
# logger -p local0.info -t TEST 'Hello, World!' ↵
# tail -1 /var/log/messages ↵
Apr 30 21:08:32 rhel72 TEST: Hello, World!
```

-pオプションでファシリティとプライオリティを指定して、**-t**オプションでログの冒頭に付加されるタグを指定します。サーバーの運用で使用するシェルスクリプトを作成する際は、**logger**コマンドでログを出力すると、ログファイルの管理をロギングシステムに任せることができるので便利です。特にrsyslogd経由で出力するログファイルについては、この後で説明するローテーション機能が適用されるため、古いログファイルの削除処理などを独自に用意する必要がなくなります。

カーネルログの出力経路

カーネルおよびカーネルモジュール(デバイスドライバー)が出力するログメッセージは、はじめにカーネル内部のカーネルログバッファ(メモリー上のバッファ領域)に保存されます。これは、journaldやrsyslogdが稼働していない状態でも、カーネルからのログメッセージを失わないための仕組みです。特にシステム起動時は、journaldやrsyslogdが起動する前の段階から、カーネルはログメッセージを出力します。これらは、いったんカーネルログバッファに蓄積された後に、journaldとrsyslogdが起動したタイミングでログファイルに出力されます。

現在のカーネルログバッファの内容は、**dmesg**コマンドで確認できます。また、システム起動直後のカーネルログバッファの内容は、ログファイル**/var/log/dmesg**にも記録されています。カーネルログバッファは最大容量が決まっており、バッファがいっぱいになると古いログから順に削除されていきます。

カーネルが出力したログメッセージがログファイルに書き出されるまでの流れは、次のようになります(**図6.4**)。まず、カーネルの内部では、printk()関数によってログメッセージをカーネルログバッファに出力します。printk()関数で出力する際に、各ログメッセージには0〜7のログレベル(優先度)が指定されます。0は優先度が高く、7は優先度が低いという意味になります。

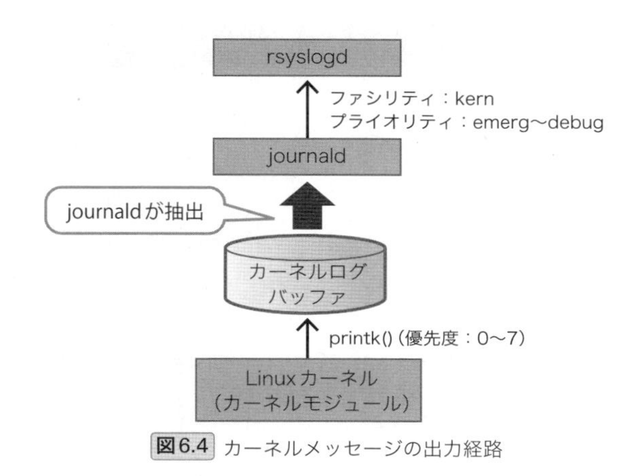

図6.4 カーネルメッセージの出力経路

続いて、journaldはカーネルログバッファの内容を取り出して、自身のログデータベースに保存した後、同じメッセージをrsyslogdに転送します。この際、各メッセージのファシリティにはkernを指定して、メッセージの優先度を8種類のプライオリティに変換します。0〜7の優先度が、それぞれ、emerg、alert、crit、err、warning、notice、info、debugに対応します。

この仕組みに関連して、システム起動時のカーネルログの見方について、少し注意が必要です。journaldとrsyslogdは、システム起動時にsystemdのUnit（サービス）として起動します。これらが起動したタイミングで、それまでカーネルログバッファに蓄積されたメッセージがまとめてログファイルに出力されます。このため、システムログファイル`/var/log/messages`からシステム起動時のメッセージを確認すると、同一のタイムスタンプを持ったカーネルログがまとめて記録されています。これは、これらのログが実際に出力された時刻ではなく、あくまでjournaldとrsyslogdが起動してログファイルに書き出した時刻になります。

journaldによるログ検索

journaldがログデータベースに保存したログメッセージは、**journalctl**コマンドで検索します。引数なしで実行すると、すべてのログメッセージを**less**コマンドで表示します。このとき、画面の右端を超える部分のメッセージは、←→キーで左右に移動して閲覧する必要があります。**--no-pager**オプションを指定すると、**less**コマンドを使用せずに、すべてのメッセージを端末に出力します。あるいは、**-f**オプションを指定すると、新しいメッセージが追加されるのを待ちながら、順番に表示していきます。**tail**コマンドの**-f**オプションに相当する機能になります。

次のように、**-u**オプションでUnitを指定すると、特定のUnit（サービス）のログだけを見ることもできます。

```
# journalctl -u httpd.service ↵
```

カーネルメッセージだけを見る際は、**-k**オプションを使用します。

```
# journalctl -k ↵
```

このほかのオプションについては、manページjournalctl(1)を参考にしてください。

ログファイルのローテーション

Linuxでは、システムログのローテーションはlogrotateと呼ばれるツールで行われており、cronジョブとして日次で実行されます。基本的な動作としては、ファイル名の末尾にタイムスタンプを付けたバックアップファイルを作成して、元のログファイルの内容を空にします。ある程度古くなったバックアップファイルは、自動的に削除されます（**図6.5**）。

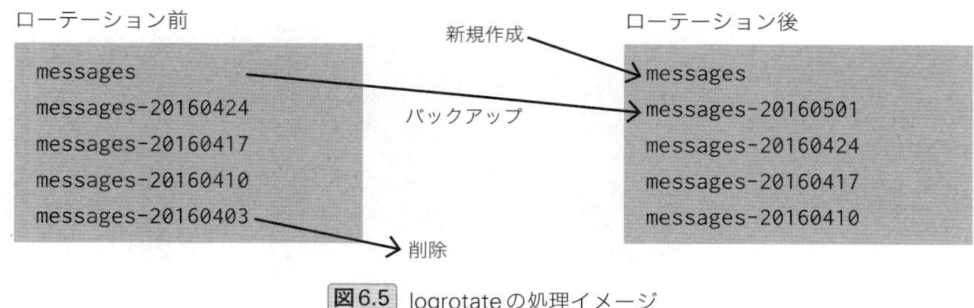

図6.5 logrotateの処理イメージ

設定を追加することにより、アプリケーションが独自に出力するログファイルなど、任意のファイルについてローテーションを実施できます。オプションで、ローテーションの周期(日次、週次、月次、ファイルサイズ単位)、バックアップファイルの圧縮処理、ローテーション前後でのコマンド実行などが指定できます。

logrotateの設定ファイルは、`/etc/logrotate.conf`およびディレクトリー`/etc/logrotate.d`以下のファイルです。`/etc/logrotate.conf`には、主にデフォルトの動作を記述します。RHEL7のデフォルト設定では、次のような項目が指定されています。

- weekly:週次でローテーションを実施
- rotate 4:バックアップファイルは4個まで保存する
- create:バックアップファイルを作成後、空の新規ファイルを作成する
- dateext:ファイル名にタイムスタンプを付けてバックアップファイルを作成する
- include /etc/logrotate.d:このディレクトリーの下に個別の設定ファイルを置く

図6.6は、設定ファイル`/etc/logrotate.d/syslog`に記載された、rsyslogdが出力する各種システムログファイルに対する追加設定です。`postrotate`オプションで、バックアップファイル作成後に、rsyslogdのプロセスに対してHUPシグナルを送信しています。これを行わないと、rsyslogdはタイムスタンプを付与したバックアップファイルのほうにログを出力し続けてしまいます。`mv`コマンドでログファイルをリネームした際にも、HUPシグナルの送信が必要ですので注意してください。

```
/var/log/cron
/var/log/maillog
/var/log/messages
/var/log/secure
/var/log/spooler
{
    missingok
    sharedscripts
    postrotate
        /bin/kill -HUP `cat /var/run/syslogd.pid 2> /dev/null` 2> /dev/null || true
    endscript
}
```


図6.6 /etc/logrotate.d/syslog の設定例

6.1.4 コマンドによる情報収集

ここでは、問題判別の際によく使用する、サーバーの状態を確認するコマンドをまとめて紹介します。日本人以外の専門家にも見てもらえるように、コマンドの実行結果は英語で出力することをお勧めします。最初に次のコマンドを実行しておくことで、各コマンドの出力が英語に設定されます。

```
# export LANG=C ↵
```

また、Linuxでは大部分のコマンドについて、詳細なオンラインマニュアルが用意されています。これらは、**man**コマンドで参照するため「manページ」と呼ばれています。ここで紹介するコマンドについても、オプションなどの詳細情報はmanページを参照してください。

manページの書式は、次のようになります。

```
# man <セクション番号> <コマンド名> ↵
```

セクション番号は、**表6.3**のように決められています。一般に、「manページls(1)」などと記載した場合、括弧内の数字はセクション番号を表します。1つのコマンドについて複数のセクションにエントリーがある場合、セクション番号を省略すると最も若い番号のセクションが選択されます。あるコマンドがどのセクションのマニュアルを持つかは、次の**whatis**コマンドで確認します。

```
# whatis <コマンド名> ↵
```

また、コマンドによる情報収集とは少し異なりますが、カーネルパラメーターの設定／確認方法とコアダンプの取得方法についてもここで説明しておきます。

▼表6.3 manコマンドのセクション番号

セクション番号	説明
0	ヘッダーファイル
1	一般のユーザーコマンド
2	システムコール（カーネルが提供する関数）
3	ライブラリー関数
4	デバイスファイル（/devディレクトリーのスペシャルファイル）
5	設定ファイルの説明
7	その他（マクロパッケージや標準規約）
8	rootユーザー専用のシステム管理ツール
9	Linux独自のカーネルルーチン

基本情報の確認

システムの動作に異常があった場合、まずはファイルシステムの空き容量の不足、メモリーの不足、CPUを専有しているプロセスの存在など、基本的な問題の有無を確認します。**表6.4**はこのような基本項目を確認する主要なコマンドです。`lsof`コマンドと`fuser`コマンドを使用する際は、それぞれlsofとpsmiscのRPMパッケージの導入が必要です。

▼表6.4 サーバーの基本情報を確認する主なコマンド

コマンド	説明
# uname -a	カーネルのバージョンとアーキテクチャーを表示する
# df	マウント中のファイルシステムと使用量を表示する
# free	メモリーとスワップ領域の使用量を表示する
# ps -ef	稼働中のプロセスを表示する。wwオプションを追加すると、行を折り返してすべての内容が表示される
# ps aux	
# top	CPUを使用中のプロセスを表示（qで終了）
# ip a	ネットワークインターフェースの構成を表示する
# ss -nat	ほかのサーバー／クライアントとのTCP接続の状態を表示する
# ethtool <インターフェース>	ネットワークインターフェースの通信モード（通信速度、全二重／半二重など）を表示する
# teamdctl <チームデバイス> state	チームデバイスの状態を表示する
# uptime	サーバーの連続稼働時間などを表示する
# last	サーバーにログインしたユーザーの履歴を表示する。サーバー再起動の記録も確認可能
# w	サーバーにログイン中のユーザーを表示する
# lsof	各プロセスがオープンしているファイルを表示する
# lsof -i	各プロセスが使用しているTCP/UDPポートを表示する
# fuser -v <ファイルパス>	該当のファイルをオープンしているプロセスを表示する
# fuser -vm <マウントポイント>	マウント中のファイルシステム内のファイルをオープンしているプロセスを表示する

次に、LinuxがOSレベルで認識しているデバイスの情報を確認する主なコマンドです（**表6.5**）。物理的に接続されているデバイスの情報は、システム管理プロセッサーの情報からわかりますが、これらは各種のデバイスがLinuxから正しく認識されていることを確認するために使用します。`lspci`コマンドを使用する際は、pciutilsのRPMパッケージの導入が必要です。

▼**表6.5** 接続デバイスを確認する主なコマンド

コマンド	説明
# lscpu	CPUのモデル名やソケット数、コア数などの情報を表示する
# lsblk	ハードディスクなどのブロックデバイスの構成を表示する
# lspci	PCI接続デバイスの情報を表示する（-vオプションでより詳細な情報を表示）
# lsscsi	SCSI接続デバイスの情報を表示する（-vオプションでより詳細な情報を表示）
# lsmod	カーネルに読み込まれているカーネルモジュールを表示する
# cat /proc/interrupts	各デバイスのCPU割り込み回数を表示する

なお、「1.3.1 導入直後の基本設定項目」の**表1.6**では、`yum`コマンドを用いてRPMパッケージの情報を確認する方法を説明しましたが、導入済みのRPMパッケージについては、`rpm`コマンドでより詳細な情報を確認できます。**表6.6**はRPMパッケージの情報を確認する主なコマンドです。特に`--changelog`オプションを使用すると、RPMパッケージに含まれるチェンジログ（開発者が記録しているパッケージの変更履歴）を確認できます。

▼**表6.6** RPMパッケージの情報を確認する主なコマンド

コマンド	説明
# rpm -qa	導入済みのRPMパッケージを一覧表示
# rpm -ql <RPMパッケージ名>	RPMパッケージが提供するファイルを一覧表示
# rpm -qf <ファイルパス>	指定のファイルを提供するRPMパッケージを表示
# rpm -q --changelog <RPMパッケージ名>	RPMパッケージのチェンジログを表示

最後に、ネットワークに関する問題を調査する際は、`tcpdump`コマンドを利用すると、それぞれのインターフェースを通過するネットワークパケットの詳細を表示できます。ネットワークパケットの調査には、Wiresharkなどの専用のツールを利用することもありますが、ツールをすぐに用意できない場合の簡便な方法として活用できます。

`tcpdump`コマンドを利用する際は、はじめにtcpdumpのRPMパッケージを導入しておきます。次のように、パケットを表示するインターフェース（NICのデバイス名）とフィルタリング条件を指定して実行します。

```
# tcpdump -nlSi <インターフェース> <フィルタリング条件> ↵
```

フィルタリング条件は、**表6.7**のような例があります。複数の条件を「`and`」でつないで指定することも可能です。たとえば次は、デバイス名「eno1」のNICで受信した、宛先IPアドレスが192.168.1.10で、宛先TCPポート番号が80のパケットを選択的に表示します。

```
# tcpdump -nlSi eno1 dst host 192.168.1.10 and tcp dst port 80 ↵
```

フィルタリング条件を指定しない場合は、すべてのパケットが表示されます。場合によっては、大量の出力が発生して端末がハングアップすることもあるので注意してください*4。

▼表6.7 tcpdumpコマンドのフィルタリング条件の例

フィルタリング条件	説明
icmp	ICMPパケット
tcp dst port 80	宛先TCPポート番号80のパケット
tcp src port 80	送信元TCPポート番号80のパケット
dst host 192.168.1.10	宛先アドレス192.168.1.10のパケット
src host 192.168.1.10	送信元アドレス192.168.1.10のパケット

カーネルパラメーターの設定

Linuxでは、ディレクトリー**/proc**にマウントされたprocファイルシステムの機能により、このディレクトリー以下の疑似ファイルを通して、プロセスやカーネルの動作にかかわるパラメーターを確認／変更することができます。**/proc**以下の疑似ファイルは、ディスク上に存在するファイルとは無関係で、これらの内容を**cat**コマンドで表示すると現在の設定値が表示され、**echo**コマンドで値を書き込むと設定値が即座に変更されるようになっています。特に、**/proc/sys**以下のディレクトリーには、各種のカーネルパラメーターがまとめられています（**表6.8**）。

▼表6.8 /proc/sys以下の主なカーネルパラメーター

ディレクトリー	説明
/proc/sys/fs	ファイルシステムに関するカーネルパラメーター
/proc/sys/kernel	カーネルの動作に関するカーネルパラメーター
/proc/sys/net	ネットワークに関するカーネルパラメーター
/proc/sys/vm	メモリー管理に関するカーネルパラメーター

設定ファイル**/etc/sysctl.conf**とディレクトリー**/etc/sysctl.d**以下の追加設定ファイルを用いると、システム起動時にカーネルパラメーターを変更できます（**図6.7**）。設定ファイル内にカーネルパラメーターを記載する際は、**/proc/sys**以下のファイルパスを「**.**」区切りに書き換えます。たとえば、「**net.ipv4.ip_forward**」は**/proc/sys/net/ipv4/ip_forward**に対応します。

*4 フィルタリング条件の書式を思い出すのが面倒な場合は、フィルタリング条件を指定せず、grepコマンドにパイプでつないで興味のあるパケットだけを表示することもよく行います。

```
net.ipv4.tcp_keepalive_intvl=1
net.ipv4.tcp_keepalive_time=5
net.ipv4.tcp_keepalive_probes=5
net.ipv4.ip_forward=1
net.bridge.bridge-nf-call-ip6tables=1
net.bridge.bridge-nf-call-iptables=1
net.bridge.bridge-nf-call-arptables=1
```

図6.7 /etc/sysctl.confの設定例

設定ファイルを変更した後、即座に変更を反映する場合は次のコマンドを実行します。

```
# sysctl -p ↵
```

現在の設定値を確認する場合は、**/proc/sys**以下のファイルを**cat**コマンドで表示するか、もしくは次のコマンドを使用します。

```
# sysctl -a ↵ ←――――――――――― すべてのパラメーターを表示
# sysctl <カーネルパラメーター> ↵ ←―― 指定のパラメーターを表示
```

sysctlコマンドで、設定値を一時的に変更することも可能です。たとえば、次の2つのコマンドは同じ効果を持ちます。

```
# echo 1 > /proc/sys/net/ipv4/ip_forward ↵
# sysctl -w net.ipv4.ip_forward=1 ↵
```

■コアダンプの取得

Linuxカーネルがプロセスの異常動作を検知すると、シグナルを発行して、プロセスを強制停止することがあります。この際、プロセスが使用中のメモリーの内容をコアダンプファイルに出力することが可能です。コアダンプの内容を解析することで、異常動作の原因を判別できる場合があります。

コアダンプの出力を設定する方法は次のとおりです。まず、「5.1.2 プロセスのリソース制限」で説明した**ulimit**コマンドで、コアダンプファイルのサイズ制限を取り外します。

```
# ulimit -c unlimited ↵
```

設定の永続化が必要な場合は、**/etc/security/limits.conf**などにも設定を記載しておきます。そして、カーネルパラメーターでコアダンプの出力ファイル名を指定します。具体的には、カーネルパラメーター**kernel.core_pattern**にファイル名をフルパスで指定します。また、**kernel.core_uses_pid**に1を指定すると、ファイル名の末尾にコアダンプを出力したプロセスのプロセスIDが付与されます。次の設定例では、「**/tmp/core.<プロセスID>**」がコアダンプのファイル名になります。

```
# sysctl -w kernel.core_pattern="/tmp/core" ↵
# sysctl -w kernel.core_uses_pid=1 ↵
```

こちらも設定の永続化が必要な場合は、**/etc/sysctl.conf**に設定を記載しておきます。次のコマンドでプロセスにQUITシグナルを送信することで、稼働中のプロセスに対して強制的にコアダンプを出力させることも可能です。

```
# kill -QUIT <プロセスID>
```

Linuxエンジニア コラム 温故知新

事例で学ぶ「問題判別の心」

皆さん、そろそろ実際の問題判別の事例を期待しているのではないでしょうか？ ——予想外のところに真犯人が隠れていた例を紹介しておきましょう。

これは、SANストレージの障害テストで、FCケーブルを抜くと、数分間システムがフリーズするというものです。サーバーとストレージが2本のFCケーブルで冗長接続された構成のシステムで、通常は、一方のケーブルを抜いた直後、しばらくI/Oエラーが発生した後に、もう一方のケーブルを用いてI/Oが再開します。ところがそのシステムだけは、しばらくの間まったく応答がなくなるのです。I/Oエラーを出力することもなく、外部からのpingにも応答しない状態になります。そして数分間の沈黙の後、突然フリーズから回復して、ほかのサーバーと同じように経路の切り替えが行われるのです。

当初は、デバイスドライバーなどストレージ関係のモジュールが疑われて、ストレージの専門家による調査が行われましたが、原因はわかりませんでした。ストレージの専門家がギブアップしたところで、筆者のところに「念のためLinuxの観点でも調べてくれないか」という依頼が来ました。

解決の糸口は、「なぜこのサーバーだけで起こるのか？」「このサーバーはほかのサーバーと何が違うのか？」「ストレージに関連する部分だけではなく、あらゆる設定を見て、ほかのサーバーと異なる点を探したらどうか？」という発想でした。結論をいうと、シリアルコンソールの設定が犯人だったのです。Linuxでは、カーネルオプションを設定すると、システムコンソールの出力をシリアルポートからも出力できます。このサーバーには、そのための設定がなされていたのです。

少しマニアックな話ですが、Linuxのシリアル通信用のデバイスドライバーは、シリアルポートからデータの入出力を行う際に、一時的にすべての外部割り込みを禁止します。これは、シリアル通信の信頼性を確保するための仕様なのですが、短時間に大量のシリアル通信が発生すると、外部割り込みが禁止された状態が続いて、システムがフリーズしたかのようになります。そして、このサーバーが使用するバージョンのLinuxでは、カーネルが出力する重要度の高いログメッセージは、システムコンソールに表示される仕様になっていました。このため、FCケーブルを抜いてI/Oエラーが発生すると、それに伴うカーネルメッセージが大量にシリアルポートに流れてこの問題が発生していたのです。カーネルメッセージの出力が終わると、割り込みの禁止が解除されて、何事もなかったかのように処理が再開するというわけです。

この例から、「問題判別の心」が少し伝わったでしょうか。人間が考えて作ったシステムですから、人間に解決できない問題はないはずです。「思い込みを捨てて、広い視点で考える」「手がかりのないときは、まずは論理的に追求する」、この2つの発想で問題判別を進めてください。

6.2 カーネルダンプの取得

6.2.1 カーネルパニックとカーネルダンプ

Linuxカーネルは、想定外の状況（カーネルがどのように処理を継続するべきか判断できない状況）が発生すると、panic()と呼ばれる特別な関数を実行します。これを「カーネルパニック」と呼びます。これは、カーネルが自発的にpanic()関数を実行した際に発生する現象なので、すべてのカーネル障害でカーネルパニックが発生するわけではありません。カーネルがpanic()関数を実行できずにフリーズする場合もあり得ます。

Linuxは、カーネルパニックが発生した際に、サーバーの物理メモリーの内容を「カーネルダンプ」と呼ばれるファイルに出力する機能を持ちます。カーネルダンプの内容を解析することで、カーネルパニックが発生した原因を判別できる場合があります。カーネルダンプの解析には、カーネルの内部構造に関する専門知識が必要なため、通常はサポート契約に基づいてベンダーのサポート窓口に送付して解析を依頼します。

RHEL7では、kdumpと呼ばれるツールを利用してカーネルダンプを取得します。kdumpでは、あらかじめサーバーのメモリー上にカーネルダンプを出力するための特別なカーネル（クラッシュカーネル）を常駐させておき、カーネルパニックが発生すると、通常のカーネルからクラッシュカーネルに処理を移行します。通常のカーネルには何らかの問題が発生しているため、安全のために、新たなカーネルでカーネルダンプの出力を行うという仕組みです。クラッシュカーネルが使用するメモリー領域は、カーネル起動時に予約されて、通常のカーネルは使用しないように設計されています（**図6.8**）。

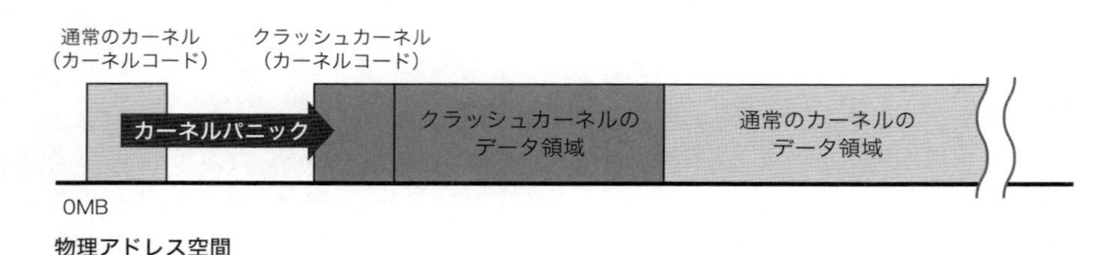

図6.8 クラッシュカーネルの仕組み

kdumpは、内部的にkexecと呼ばれるツールを利用します。この後で説明する手順で、kdumpサービスを起動すると、kexecの機能によりクラッシュカーネルと専用の初期RAMディスクがメモリーに読み込まれます。クラッシュカーネルの起動処理に必要なファイルは、この段階ですべてメモリーに常駐します。クラッシュカーネルは通常のカーネルと同じものですが、kexecが内部的にカーネルオプションを指定することで、特殊ファイル`/proc/vmcore`を有効化しています。このファイルの内容を**cat**コマンドで出力すると、通常のカーネルが起動していたときのメモリーイメージが出力されます。

カーネルパニックが発生してクラッシュカーネルが起動すると、メモリー上の専用の初期RAMディスクを用いて起動処理を開始します。この起動処理の中で、カーネルダンプを取得するシェルスクリプトが実行されて、**/proc/vmcore**から読み出したメモリーイメージをファイルに出力します。このとき、サーバーのローカルディスクに保存する以外に、SSHを利用してネットワーク経由でほかのサーバーにカーネルダンプを転送することも可能です。カーネルダンプの出力が完了すると、サーバーは再起動して、あらためて通常のカーネルで起動してきます。

6.2.2 カーネルダンプの設定

カーネルダンプの機能を利用する際は、クラッシュカーネルが常駐するメモリー領域を確保するために、カーネルオプションの設定が必要です。設定ファイル**/etc/default/grub**を開いて、**図6.9**のように、**GRUB_CMDLINE_LINUX**に「**crashkernel=auto**」という指定が含まれていることを確認します。含まれていない場合は、この指定を追加した上で、次のコマンドでGRUB2の設定ファイルを再作成します。

```
GRUB_CMDLINE_LINUX="crashkernel=auto rhgb quiet"
```

図6.9 /etc/default/grubのカーネルパラメーター設定

```
# grub2-mkconfig -o /boot/grub2/grub.cfg ↵ ←―― システムBIOS環境の場合
# grub2-mkconfig -o /boot/efi/EFI/redhat/grub.cfg ↵ ←―― UEFI環境の場合
```

また、システム起動時にクラッシュカーネルを常駐させるため、kdumpサービスの自動起動を有効化します。

```
# systemctl enable kdump.service ↵
```

システムを再起動した後に、kdumpが有効化されていることを確認します。次のコマンドで「kdump is operational」と表示されれば、クラッシュカーネルが読み込まれてカーネルダンプの出力が可能な状態になっています。

```
# kdumpctl status ↵
```

続いて、設定ファイル**/etc/kdump.conf**を編集して、カーネルダンプの出力先などを指定します。ここでは、代表的な3種類の設定例(デフォルト設定、専用のパーティションへの出力、SSHによるリモートサーバーへの出力)を紹介します。

まず、**図6.10**の「デフォルト設定」がインストール時のデフォルト設定になっており、ルートファイルシステムのディレクトリー**/var/crash**以下にカーネルダンプを出力します。具体的には、「**/var/crash/127.0.0.1-<タイムスタンプ>**」というディレクトリーが作成されて、その中に**vmcore**（カーネルダンプ本体）と**vmcore-dmesg.txt**（カーネルパニックが発生した時点でのカーネルログバッファの内容）が出力されます。

図6.10の設定ファイルにおける「**core_collector**」は、カーネルダンプを取り出す際のコマンドを指定するもので、kdumpの標準ツールである**makedumpfile**コマンドが指定されています。最後の「**-d 31**」は、カーネルダンプに含める内容を指定するもので、問題内容の解析に関係しない部分を省略して、ダンプファイルのサイズを小さくする効果があります。詳細については、manページmakedumpfile(8)を参照してください。

デフォルト設定

```
path /var/crash
core_collector makedumpfile -l --message-level 1 -d 31
```

専用パーティションへの出力

```
xfs UUID="8ccab617-ddc7-41c6-bab0-c363d246d093"
core_collector makedumpfile -l --message-level 1 -d 31
```

リモートサーバーへの出力

```
ssh root@server01.example.com
sshkey /root/.ssh/kdump_id_rsa
core_collector makedumpfile -F -l --message-level 1 -d 31
```

図6.10 /etc/kdump.confの設定例

次に、**図6.10**の「専用パーティションへの出力」は、事前にXFSファイルシステムでフォーマットしたパーティションに出力する設定です。該当のファイルシステムは、**/etc/fstab**のエントリーを用いてどこかのディレクトリーにマウントされている必要があります。ここでは、**/kdump**にマウントされているものとします。設定ファイルにおける「**UUID=**」には、このファイルシステムのUUIDを指定します。次のように、**/etc/fstab**のエントリーから確認できます。

```
# cat /etc/fstab | grep kdump ↵
UUID=8ccab617-ddc7-41c6-bab0-c363d246d093 /kdump                    xfs     defaults        0 0
```

もしくは、**blkid**コマンドに該当パーティションのデバイス名を指定して確認することもできます。

```
# blkid /dev/sda2 ↵
/dev/sda2: UUID="8ccab617-ddc7-41c6-bab0-c363d246d093" TYPE="xfs"
```

設定ファイルを変更したら、マウントポイント**/kdump**の下に**/var/crash**というディレクトリーを作成して、**kdumpctl**コマンドでクラッシュカーネル用の初期RAMディスクを再作成します。

```
# mkdir -p /kdump/var/crash ↵
# kdumpctl restart ↵
kexec: unloaded kdump kernel
Stopping kdump: [OK]
Detected change(s) in the following file(s):

  /etc/kdump.conf
Rebuilding /boot/initramfs-3.10.0-327.13.1.el7.x86_64kdump.img
kexec: loaded kdump kernel
Starting kdump: [OK]
```

上記の出力例から、初期RAMディスクが再作成されていることがわかります。この後、カーネルパニックが発生すると、「**/kdump/var/crash/127.0.0.1-<タイムスタンプ>**」というディレクトリーが作成されて、その中に**vmcore**と**vmcore-dmesg.txt**が出力されます。

最後に、**図6.10**の「リモートサーバーへの出力」は、リモートサーバーにSSHでカーネルダンプを出力する設定です。1行目の「**ssh**」には、SSH接続先のユーザーとホストネームを指定します。この例では、server01.example.comにrootユーザーで接続して、「**/var/crash/<IPアドレス>-<タイムスタンプ>**」というディレクトリーにカーネルダンプを出力します。**<IPアドレス>**は、カーネルパニックが発生したサーバーのものになります。rootユーザー以外で接続する際は、接続先サーバーの**/var/crash**に対する書き込み権を設定しておいてください。次の「**sshkey**」には、SSHの認証鍵を指定します。対応する鍵ファイルは、この後の手順で作成します。そして、「**core_collector**」の行では、**makedumpfile**コマンドに**-F**オプションが指定されている点に注意してください。これは、ダンプファイルをSSH経由で転送可能な形式にするために必要となります。

設定ファイルが準備できたら、次のコマンドで鍵ファイルの作成と接続先サーバーへの登録を行います。

```
# kdumpctl propagate ↵
WARNING: '/root/.ssh/kdump_id_rsa' doesn't exist, using default value '/root/.ssh/kdump_id_rsa'
Generating new ssh keys... done.
...(中略)...
Now try logging into the machine, with:   "ssh 'root@server01.example.com'"
and check to make sure that only the key(s) you wanted were added.

/root/.ssh/kdump_id_rsa has been added to ~root/.ssh/authorized_keys on server01.example.com
```

実行の途中でホスト鍵の受け入れ確認がある場合は、「**yes**」で返答します。また、ログインパスワードの入力を求められた際は、先に指定した接続ユーザー(今の例では、rootユーザー)のログインパスワードを入力します。最後に、次のコマンドでクラッシュカーネル用の初期RAMディスクを再作成すれば準備は完了です。

```
# kdumpctl restart
```

なお、カーネルダンプの出力テストのために、カーネルパニックを強制的に発生させる場合は次のコマンドを使用します。

```
# echo c > /proc/sysrq-trigger
```

カーネルダンプの出力中は、システムコンソールのテキスト画面から処理の進行状況を確認できます。

6.3 パフォーマンスの問題判別

6.3.1 パフォーマンスの問題とは

サーバーのパフォーマンスの問題を分析する際に、「ボトルネック」という表現を用います。**図6.11**のように、サーバーシステムと利用者(エンドユーザー)の間では、さまざまなコンポーネントが連携して動作しています。ある一部のコンポーネントが性能の限界に達すると、そのほかのコンポーネントの性能に余裕があっても、必要な処理速度が得られなくなることがあります。このように、パフォーマンスの問題の原因となっているコンポーネントをボトルネックと呼びます。

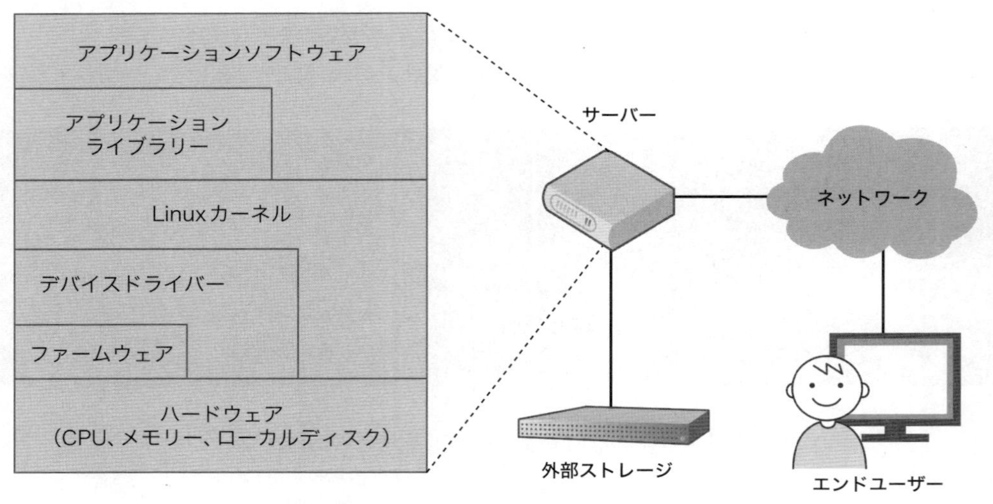

図6.11 サーバーシステムのボトルネックの要素

サーバーのパフォーマンスの問題を判別する際は、系統的にボトルネックを判別していく必要があります。たとえば、ハードウェア自体の性能の限界がボトルネックとなっている場合に、Linuxカーネルのチューニングを行っても、パフォーマンスの改善は望めません。さまざまなコンポーネントの中から、実際にボトルネックになっている部分を判別して対策を検討していきます。

Linuxサーバーの管理者は、サーバー上のコンポーネントやLinux自体の問題から考え始めてしまうことがありますが、まずはネットワークや外部ストレージなど、サーバー以外のコンポーネントの性能に問題がないことを確認してください。その上で、サーバー上のコンポーネントの調査を進めます。ネットワーク機器や外部ストレージ機器は、それぞれが独自のツールを持っているので、それらを利用してパフォーマンスの問題判別を実施します。

このとき、コンポーネント間でのパフォーマンスの依存関係にも注意してください。たとえば、外部ストレージの性能がボトルネックになってサーバーのI/O待ち時間が多いとき、結果的にサーバーのCPU使用率が低くなることがあります。このとき、サーバーのCPU使用率だけを見て、サーバーのCPU性能は十分だと言い切ることはできません。ストレージのボトルネックを解消すると、次はCPU使用率が高くなって、やはり必要な処理速度が得られない可能性もあります。

パフォーマンスの問題の兆候を正しく把握して、問題の原因となる要素を判別するには、問題が発生する以前から継続的にデータを収集しておき、日次、月次、年次での変化を比較する必要があります。個々のデータについて、問題を判別するための指針となる見方はありますが、実際の問題の発生状況は個々のシステムで異なります。したがって、パフォーマンスの問題判別では、問題が発生する前後でのデータの比較が特に大切になります。

ここでは、Linuxサーバーにおけるパフォーマンスの問題判別の基礎として、Linux上でデータの収集ができる、CPU、メモリー、ディスクなどのハードウェアコンポーネント、そしてアプリケーションプロセスに対するパフォーマンスの問題判別の方法を説明します。

これまで、パフォーマンスの問題判別を行う際は、`vmstat`コマンドや`iostat`コマンドを使用するのが定番でしたが、RHEL7ではこれらの機能を1つにまとめた`dstat`コマンドが提供されています。これは、オプション指定を変更することにより、CPU、メモリー、ディスクI/O、ネットワーク通信などの性能情報が取得できます。`dstat`コマンドを使用するには、dstatのRPMパッケージを導入する必要があります。

図6.12～**図6.15**は、`dstat`コマンドを利用した情報収集の実行例になります。それぞれ、1回目の出力値はサーバー起動時からの平均値になるので、1回目の出力値は無視してください。また、それぞれの実行例において、最初に`-t`オプションを指定すると、各行にタイムスタンプが付与されます。さらに、「`--output <出力ファイル名>`」というオプションを付加すると、端末上の出力と同じ内容がCSV形式のファイルにも保存されます。そのほかのオプションについては、manページdstat(1)を参照してください。

```
# dstat -v ↵
---procs--- ------memory-usage----- ---paging-- -dsk/total- ---system-- ----total-cpu-usage----
run  blk new| used   buff  cach   free|  in   out | read  writ| int   csw |usr sys idl wai hiq siq
0.0  0.0 0.7| 262M    0 3425M   104M|  0     0 | 166k 3999k| 814  1126 |  4   4  90   1   0   0
  0  1.0   0| 264M    0 3403M   124M|  0     0 |  52M     0|2093   395 |  0   4  75  21   0   0
2.0  1.0   0| 263M    0 3403M   125M|  0     0 |  43M     0|1630   337 |  0   3  75  22   0   0
1.0  1.0   0| 262M    0 3383M   146M|  0     0 |  26M   24M|1003   310 |  0   2  73  25   0   0
  0  2.0   0| 264M    0 3412M   115M|  0     0 |  17M   41M| 529   186 |  0   1  71  28   0   0
  0  2.0   0| 266M    0 3425M   100M|  0     0 |3184k   52M| 134   124 |  0   1  51  48   0   0
  0  2.0   0| 265M    0 3409M   117M|  0     0 |9836k   47M| 238   152 |  0   1  55  44   0   0
  0  2.0   0| 263M    0 3427M   101M|  0     0 |  10M   68M| 500   179 |  0   1  64  35   0   0
  0  2.0   0| 264M    0 3388M   139M|  0     0 |7092k   58M| 448   234 |  0   1  63  36   0   0
1.0  2.0   0| 264M    0 3402M   125M|  0     0 |5108k   60M| 351   153 |  0   1  59  41   0   0
```


図6.12 dstatコマンドの実行例（vmstat相当）

```
# dstat -c -C0,1,2,3 ↵
-------cpu0-usage--------------cpu1-usage--------------cpu2-usage--------------cpu3-usage------
usr sys idl wai hiq siq:usr sys idl wai hiq siq:usr sys idl wai hiq siq:usr sys idl wai hiq siq
  2   3  93   2   0   0:  3   5  91   1   0   0:  6   3  90   1   0   0:  5   4  89   2   0   0
  0   6   0  94   0   0:  0   0 100   0   0   0:  0   0 100   0   0   0:  0   1  99   0   0   0
  0   6   0  94   0   0:  0   1  99   0   0   0:  0   0 100   0   0   0:  0   1  99   0   0   0
  0   3   0  97   0   0:  0   0  78  22   0   0:  0   0 100   0   0   0:  0   0 100   0   0   0
  0   1   0  99   0   0:  0   2  21  77   0   0:  0   0 100   0   0   0:  0   0 100   0   0   0
  0   0  38  62   0   0:  0   1  63  36   0   0:  0   1  66  33   0   0:  0   0 100   0   0   0
  0   2   0  98   0   0:  0   2  65  33   0   0:  0   0  81  19   0   0:  0   1  99   0   0   0
  0   0  16  84   0   0:  0   1  63  36   0   0:  0   0  93   7   0   0:  0   1  99   0   0   0
  0   1  48  51   0   0:  0   0  27  73   0   0:  1   1  60  38   0   0:  0   0 100   0   0   0
  0   0 100   0   0   0:  0   1  95   4   0   0:  0   2  17  81   0   0:  0   0 100   0   0   0
```


図6.13 dstatコマンドの実行例（CPU別の使用率）

```
# dstat -dr -Dtotal,sda1,sda5 --disk-util ↵
-dsk/total----dsk/sda1----dsk/sda5- --io/total----io/sda1-----io/sda5-- sda1-sda5
 read  writ: read  writ: read  writ| read  writ: read  writ: read  writ|util:util
 461k 3741k:6400B  378B: 455k 3740k| 5.51  8.29:0.35  0.36 :5.09  7.91 |0.15:7.14
  30M   12M:    0     0:  30M   12M|  538  25.0:   0     0 : 538  25.0 |   0: 100
  14M   29M:    0     0:  14M   29M|  255  59.0:   0     0 : 255  59.0 |   0:99.4
  17M   36M:    0     0:  17M   36M|  299  74.0:   0     0 : 299  74.0 |   0: 100
  22M   36M:    0     0:  22M   36M|  389  74.0:   0     0 : 389  74.0 |   0:96.0
1184k   36M:    0     0:1184k   36M| 21.0  74.0:   0     0 :21.0  74.0 |   0: 100
2708k   45M:    0     0:2708k   45M| 46.0  93.0:   0     0 :46.0  93.0 |   0: 100
7672k   44M:    0     0:7672k   44M|  131  91.0:   0     0 : 131  91.0 |   0: 100
4820k   54M:    0     0:4820k   54M| 83.0   112:   0     0 :83.0   112 |   0: 100
9452k   65M:    0     0:9452k   65M|  163   135:   0     0 : 163   135 |   0: 100
```

データ転送量　I/Oリクエスト回数　ディスク使用率

図6.14 dstatコマンドの実行例（ディスクI/O）

```
# dstat -n -Ntotal,eno1 --net-packets ↵
-net/total----net/eno1- -pkt/total----pkt/eno1-
 recv  send: recv  send|#recv#send:#recv #send
    0     0:    0     0|   0    0:    0     0
6940B  353k:6940B  353k| 101   104:  101   104
7512B  374k:7512B  374k| 108   104:  108   104
7120B  359k:7120B  359k| 103   104:  103   104
7068B  355k:7068B  355k| 102   103:  102   103
7054B  351k:7054B  351k| 102  99.0:  102  99.0
  17M  420k:  17M  420k|1823   613: 1823   613
  44M  596k:  44M  596k|6176  2182: 6176  2182
  37M  546k:  37M  546k|4863  1635: 4863  1635
  46M  538k:  46M  538k|6056  1914: 6056  1914
```

送受信データ量　送受信パケット数

図6.15 dstatコマンドの実行例（ネットワーク通信）

6.3.2 CPUのボトルネックの判別

CPUのボトルネックを判別する際の確認項目は、次のようになります。まず、**表6.9**は、**図6.12**、**図6.13**に表示されるCPU使用率の項目の説明です。CPUが実際に処理を行っている時間の割合（usr+sys）が継続的に80%～90%程度を超える場合は、CPUがボトルネックになっている可能性があります。このとき、ユーザープロセスの処理時間（usr）が高い場合は、CPU負荷の高いアプリケーションが原因の可能性が考えられます。特に、**図6.12**の実行待ちプロセス数（run）が、CPUコア数の2〜4倍程度以上ある場合は、CPU負荷の高いプロセス数が多いと考えられます。カーネルの処理時間（sys）が高い場合は、ディスクI/Oやネットワーク通信に伴う、デバイスドライバーの処理の負荷が高い可能性が考えられます。

▼**表6.9** CPU使用率の項目

項目	説明
usr	CPUがユーザープロセスのコードを実行している時間（%）
sys	CPUがカーネル、および、デバイスドライバーのコードを実行している時間（%）
idl	CPUが何もしておらず、I/O待ちのプロセスも存在しない時間（%）
wai	CPUが何もしておらず、I/O待ちのプロセスが存在する時間（%）

なお、**図6.12**で表示されているCPU使用率は、すべてのCPUコアの使用率の平均値です。平均値が小さくても、特定のCPUコアに負荷が集中している場合があるので、**図6.13**のようにCPUコア別の使用率も併せて確認してください。また、特定のCPUコアのハードウェア割り込み処理時間（hiq）が高い場合、CPUコアの負荷分散ができないタイプの割り込みが多数発生している可能性があります。それぞれのデバイスから各CPUコアへの割り込み数は、次のコマンドで確認が可能です。

```
# cat /proc/interrupts ↵
```

6.3.3 ディスクI/Oのボトルネックの判別

ディスクI/Oのボトルネックを判別する際の確認項目は、次のようになります。**図6.12**のI/O待ち時間率（wai）が継続的に高い値を示して、I/O待ちプロセス数（blk）が多い場合、ディスクI/Oがボトルネックの可能性があります。**図6.14**でディスク使用率（util）の高いディスクに負荷がかかっています。

また、通常はディスクI/Oの処理に伴い、**図6.12**のCPU使用率におけるカーネル処理時間（sys）の値も高くなります。I/O待ち時間率（wai）だけが単独で高い値を示す場合は、デバイスドライバーの不具合の可能性もあります。たとえば、I/O処理の完了をデバイスドライバーが正しく認識できていない場合などに発生します。

図6.14のデータ転送量は、1秒あたりにディスクから読み書きしたデータ量を示します。一方、I/Oリクエスト回数は、1秒あたりのI/Oリクエスト数を示します。これらを組み合わせて、「データ量÷リクエスト数」の計算を行うと、平均リクエストサイズ（1回のリクエストで転送されるデータ量）が算出できます。これから、小さなデータの読み書きが多いのか、あるいは大きなデータの読み書きが多いのかを判断できます。

6.3.4 メモリー使用量の問題の判別

サーバーに搭載されているメモリーの量が適正か判断する際は、**図6.12**のスワップイン／スワップアウト（in/out）の発生状況を確認します。継続的にスワップインとスワップアウトが発生している場合は、メモリーが不足している可能性があります。継続的にスワップイン／スワップアウトが発生していなければ、スワップ領域が使用されていること自体は問題ではありません。メモリーが不足していなくても大量のファイルアクセスを行った場合などは、一時的にディスクキャッシュの容量を確保するために、スワップアウトが発生することがあります。

また、「5.2.2 ディスクキャッシュとスワップ領域」で説明したように、ディスクキャッシュは必要に応じて解放されるため、物理メモリーの空き容量は、ディスクキャッシュを空き容量と見なして考える必要があります。ただし、RAMディスク領域（tmpfs）や共有メモリー領域として使用中のメモリーもディスクキャッシュとして認識されますが、これらは自動的に解放されることはありません。解放可能なディスクキャッシュのみを空き領域と見なした場合の空き容量は、`free`コマンドの「available」の値から確認します。

また、次のコマンドで、解放可能なディスクキャッシュ部分を強制的に解放することも可能です。

```
# echo 3 > /proc/sys/vm/drop_caches ↵
```

6.3.5 ネットワーク通信速度の問題の判別

ネットワーク通信に伴うデータ転送量やパフォーマンスについては、基本的にはネットワークスイッチなどのネットワーク機器の側で測定します。サーバー側で確認する場合は、**図6.15**の送受信データ量や送受信パケット数を確認します。これらは、1秒あたりの送受信量になります。

ネットワークの通信速度に関する問題が発生した場合、サーバー側ではNICの設定に問題がないかを確認します。「4.2.1 ネットワークの基本設定」で説明した`ethtool`コマンドで、正しい通信モード（Speed、Duplex、Auto-negotiation）に設定されていることを確認します。これらは、接続先のネットワークスイッチの設定と合わせる必要がありますので、設定内容についてはネットワーク管理者にも確認をしてください。

6.3.6 プロセス情報の確認

CPU、メモリー、ディスクI/Oなどのボトルネックが発見された場合、それらのリソースを使用しているプロセスを特定することで、次のような問題を判別できる場合があります。

① プログラムの不具合で、異常動作を起こしたプロセスがCPUを専有している場合

② プログラムの不具合で、不必要にメモリーを確保し続けるプロセスが存在する場合
③ 大量のディスクアクセスを発行して、長時間、ディスクI/O完了待ち状態にとどまっているプロセスが存在する場合

これらの問題に関係するプロセス情報は、次のコマンドで確認します。まず、①のCPU使用率の高いプロセスは、**top**コマンドで確認します。オプションを付けずに実行すると、**図6.16**のようにCPU使用率の高い順にプロセスが表示されて、一定時間ごとに画面が更新されます。画面上部にCPU使用率の情報が表示されますが、1を押すと、全CPUコアの平均値とCPUコアごとの値の表示を切り替えることができます。

```
top - 20:30:40 up 2:49, 3 users, load average: 0.05, 0.03, 0.05
Tasks: 119 total, 1 running, 118 sleeping, 0 stopped, 0 zombie
%Cpu0  :  2.4 us, 5.2 sy, 0.0 ni, 91.8 id, 0.0 wa, 0.0 hi, 0.0 si, 0.7 st
%Cpu1  :  3.1 us, 8.3 sy, 0.0 ni, 86.9 id, 0.3 wa, 0.0 hi, 0.0 si, 1.4 st
%Cpu2  :  0.7 us, 2.0 sy, 0.0 ni, 96.9 id, 0.0 wa, 0.0 hi, 0.0 si, 0.3 st
%Cpu3  :  0.7 us, 2.0 sy, 0.0 ni, 97.3 id, 0.0 wa, 0.0 hi, 0.0 si, 0.0 st
KiB Mem : 3882180 total,  600212 free,  115732 used, 3166236 buff/cache
KiB Swap: 4064252 total, 4064096 free,      156 used. 3499212 avail Mem
  PID USER      PR  NI    VIRT    RES    SHR S  %CPU %MEM     TIME+ COMMAND
 3638 root      20   0  128196   1628   1216 D  28.2  0.0   0:00.85 ls
 3590 root      20   0  140892   5116   3824 S   3.3  0.1   0:00.22 sshd
   13 root      20   0       0      0      0 S   1.0  0.0   0:01.61 rcu_sched
   15 root      20   0       0      0      0 S   0.7  0.0   0:00.39 rcuos/1
   16 root      20   0       0      0      0 S   0.3  0.0   0:00.41 rcuos/2
   17 root      20   0       0      0      0 S   0.3  0.0   0:00.34 rcuos/3
    1 root      20   0  191352   5520   2904 S   0.0  0.1   0:01.68 systemd
    2 root      20   0       0      0      0 S   0.0  0.0   0:00.01 kthreadd
...（以下省略）...
```

図6.16 topコマンドの実行例

-bオプションを使用すると、**top**コマンドの実行結果をテキストファイルに書き出すことも可能です。次は、60秒間隔で、10回分の出力をファイル**/tmp/top_output.txt**に書き出す例です。

```
# top -b -n 10 -d 60 > /tmp/top_output.txt ↵
```

次に、②の各プロセスの実メモリーの使用量は、**ps**コマンドで確認します。「5.2.1 x86アーキテクチャーのメモリー管理」で説明したデマンドページングの機能があるので、それぞれのプロセスに論理的に割り当てられたメモリー空間の大きさと、プロセスが実際に使用している物理メモリーの量は一致しません。「**ps aux**」で表示される「RSS」の値が、実際に使用している物理メモリー（KB）を表します。次は、**--sort**オプションを利用して、RSSの降順でプロセスを表示する例になります。

```
# ps aux --sort=-rss
USER       PID %CPU %MEM    VSZ   RSS TTY      STAT START   TIME COMMAND
root       496  0.0  0.5 324120 21428 ?        Ssl  17:41   0:00 /usr/bin/python
root      1089  0.0  0.3 553072 14772 ?        Ssl  17:41   0:01 /usr/bin/python
polkitd    802  0.0  0.2 528288 10292 ?        Ssl  17:41   0:00 /usr/lib/polkit
root      3445  0.3  0.2  82336  7980 pts/2    S+   19:29   0:14 /usr/bin/ssh -o
root         1  0.0  0.1 191352  5520 ?        Ss   17:40   0:01 /usr/lib/system
root      3503  0.0  0.1 140976  5116 ?        Ss   19:54   0:00 sshd: root@pts/
root       502  0.0  0.1 224024  4920 ?        Ssl  17:41   0:00 /usr/sbin/rsysl
root       577  0.0  0.1 435012  4420 ?        Ssl  17:41   0:00 /usr/sbin/Netwo
postfix   3380  0.0  0.0  91244  3844 ?        S    19:21   0:00 pickup -l -t un
...(以下省略)...
```


なお、プロセスが不要になったメモリーを解放せずに、新たなメモリーを要求する現象を「メモリーリーク」と呼びます。メモリーリークが発生すると、時間の経過とともにプロセスの使用メモリーが増大していきます。

最後に、③については、「ps aux」で表示される「STAT」の1文字目が「D」のプロセスを探します。これは、ディスクI/O待ちのプロセスを表すので、長時間「D」の状態のままのプロセスがあれば、③に対応することになります。

6.4 緊急モードによる障害対応

6.4.1 緊急モードによるサーバー起動処理

内蔵ハードディスクの障害などで、ルートファイルシステムの内容が破損すると、サーバーが正常に起動しなくなることがあります。このような場合、「緊急モード」でサーバーを起動した後に、ルートファイルシステムの状態を確認するという方法があります。ここでは、一般的なサーバー起動処理の流れをあらためて整理した後に、緊急モードにおける起動処理について説明を行います。

サーバー起動処理の流れ

「1.1.2 サーバーハードウェアの基礎」で説明したように、Linuxサーバーを起動すると、GRUB2がLinuxカーネルと初期RAMディスクをメモリーに読み込んだ後に、Linuxカーネルが実行を開始します。Linuxカーネルは、初期RAMディスクの内容をメモリーを利用したRAMディスク内に展開しますが、この中にsystemdの実行バイナリーが含まれています。Linuxカーネルはこの実行バイナリーを用いて、プロセスIDが1の最初のプロセスとしてsystemdを起動します。

さらに「1.1.3 ブートローダーと初期RAMディスク」で説明したように、初期RAMディスクには、内蔵ディスクのアクセスに必要なデバイスドライバーが含まれています。systemdは必要なデバイスドライバーをカーネルに読み込んで、内蔵ディスクに含まれるルートファイルシステムを読み込み専用モードでマウントします。この段階で、systemdはルートファイルシステムに含まれる各種設定ファイルを読み込むことが可能になります。

この後は、「5.1.3 systemdによるプロセスの起動処理」で説明した流れで、ディレクトリー`/usr/lib/systemd/system`と`/etc/systemd/system`に含まれるUnitの設定ファイルに従って、systemdによるシステム起動処理が進みます。ルートファイルシステムの整合性チェックを行った後、読み書き可能なモードに変更するほか、ルートファイルシステム以外のファイルシステムのマウント処理なども行われます。

一方、緊急モードでサーバーを起動した場合は、systemdがルートファイルシステムを読み込み専用モードでマウントした段階で、すぐにbashを起動してシステムコンソールにコマンドプロンプトを表示します。つまり、このサーバーでは、systemdとbashだけが起動している状態になります[*5]。ルートファイルシステムは、読み込み専用でマウントされている状態で、一切の書き込みは行われません。破損状態のルートファイルシステムに余計な書き込みを行って、さらに破損を進行させてしまうことを防止できます。

この後は、サーバーにUSBメモリーを接続して、ルートファイルシステムに含まれる重要なファイルのバックアップを取得したり、`fsck.ext4`コマンドや`xfs_repair`コマンドを用いてファイルシステムの整合性をチェックするといった、問題判別の作業を進めます。

あるいは、`/etc/fstab`などサーバーの起動処理に必要な設定ファイルに誤りがあるために、サーバーが正常に起動しなくなることもあります。このような場合は、緊急モードで起動した後に、次のコマンドでルートファイルシステムを読み書き可能モードで再マウントすることで、ファイルを修正することが可能になります。

```
# mount -o rw,remount / ↵
```

ただし、単純なファイルの修正が目的であれば、この後で説明する方法を用いて、「レスキュー環境」でサーバーを起動してもかまいません。これは、一般にシングルユーザーモードと呼ばれているものと同じです。サーバー上では、systemdとbashのみが起動した状態になりますが、ファイルシステムのマウント処理は通常どおりに行われます。ルートファイルシステム以外を含めて、すべてのファイルシステムが読み書き可能モードでマウントされた状態になります。

緊急モードの起動手順

インストールメディアを用いてレスキュー環境でサーバーを起動する方法については、「2.2.3 シス

＊5 厳密には、journaldなど、一部の管理プロセスも起動しており、`journalctl`コマンドでカーネルとsystemdのログを確認できます。

テムバックアップ」で説明しました。この場合、サーバーの内蔵ディスクに含まれるファイルシステムのマウント処理は行われません。インストールメディアに含まれるルートファイルシステムを用いて、サーバーの起動処理が行われます。

一方、GRUB2の起動メニューを用いると、インストールメディアを使用せずに、レスキュー環境や緊急モードでサーバーを起動できます。この場合は、サーバーの内蔵ディスクに含まれるファイルシステムのマウント処理が行われます。レスキュー環境の場合は、すべてのファイルシステムが通常どおりにマウントされて、緊急モードの場合は、ルートファイルシステムのみが読み込み専用モードでマウントされた状態になります。

具体的には、「1.1.3 ブートローダーと初期RAMディスク」の**図1.5**に示したGRUB2の起動メニューにおいて、起動対象のカーネルを選択した後に、E を押してカーネルオプションの編集画面を表示します（**図6.17**）。ここで、「`linux16/vmlinuz-`」で始まる行を探して、その末尾に「`systemd.unit=rescue.target`」、もしくは「`systemd.unit=emergency.target`」というオプションを追加します。この後 Ctrl + X を押すと、レスキュー環境や緊急モードでのシステム起動処理が開始します。

```
        insmod gzio
        insmod part_msdos
        insmod xfs
        set root='hd0,msdos1'
        if [ x$feature_platform_search_hint = xy ]; then
          search --no-floppy --fs-uuid --set=root --hint='hd0,msdos1'  f62e0e7\
1-39ab-4d08-999e-57f1f44360d5
        else
          search --no-floppy --fs-uuid --set=root f62e0e71-39ab-4d08-999e-57f1\
f44360d5
        fi
        linux16 /vmlinuz-3.10.0-327.el7.x86_64 root=UUID=0075e0f8-bca1-4499-b1\
9e-ad9e01c403db ro crashkernel=auto rhgb quiet systemd.unit=emergency.target
        initrd16 /initramfs-3.10.0-327.el7.x86_64.img


      Press Ctrl-x to start, Ctrl-c for a command prompt or Escape to
      discard edits and return to the menu. Pressing Tab lists
      possible completions.
```


図6.17 GRUB2のカーネルオプション編集画面

どちらの場合も、systemdが起動した直後に、システムコンソール上でbashが起動します。この際、rootユーザーのパスワード入力を求められるので、正しいパスワードを入力すると、コマンドプロンプトが表示されてコマンドの入力が可能になります。その後、作業を終えて`exit`コマンドでbashを終了すると、systemdは通常の起動処理を再開していきます。システムを再起動したい場合は、`exit`コマンドではなく`reboot`コマンドを実行してください。

おわりに

筆者がはじめてLinuxサーバーを構築したのは、1990年代の後半でした。当時、物理の講師として勤めていた予備校の成績管理システムがどうにも使いづらく、教員部屋のPCをこっそりLinuxに入れ替えて、自前で開発を始めたのがきっかけです。以来、商用Unixと同じ機能を個人で自由に使えるという、Linux/OSSの魅力にとりつかれてあらゆる機会を見つけて、Linux/OSSにかかわる技術を身につけてきました。

その後、プロとして業務システムの構築、運用にかかわって気づいたのは、たまたま自分だけが知っている、ほんの些細な知識で、多数の専門家を悩ませつづけたシステムトラブルが解決することがあるという事実です。プロのLinuxエンジニアにとって、学んで無駄になる知識は一つとしてありません。本書は、十年以上にわたって、そんな思いでLinux/OSSにかかわってきた筆者の経験に基づいています。

本書に書き切れなかったことはたくさんあります。本書を読み終えたあとも、高い志を持ってスキルを高めていってください。私も共に歩み続けます。

索 引

Linux基本コマンド

a, b, c, d

e, f, g

i, j, k

l

m, n

p

r, s

t, u

v, w, x, y, z

欧文

A

B, C

D

E

F, G

H

I

J, K

L

M

N

O

P

た行

な行

は行

ま行

や行

ら行

参考文献

基本的には筆者が実際に読んだもの、あるいは筆者自身が書いたものから選んでいます。選択に偏りがある点はご容赦願います。このリストだけにこだわらずに、自身の興味に合わせて、さまざまな文献に当たることをお勧めします。英語の書籍について翻訳書があるものは、そちらを記載していますが、できるだけ英語の原書にもチャレンジしてください。

■ Linuxとサーバー仮想化の基礎

- 『「独習Linux専科」サーバ構築/運用/管理』中井悦司(著). 技術評論社(2013)
- 『新Linux/UNIX入門 第3版』林晴比古(著). ソフトバンククリエイティブ(2012)
- 『入門vi 第6版』Linda Lamb(著), Arnold Robbins(著), 福崎俊博(翻訳). オライリー・ジャパン(2002)
- 『KVM徹底入門 Linuxカーネル仮想化基盤構築ガイド』平初(著), 森若和雄(著), 鶴野龍一郎(著), まえだこうへい(著). 翔泳社(2010)

■ ストレージ管理/ネットワーク管理

- 『Introduction to Storage Area Networks (IBM Redbooks)』
  URL http://www.redbooks.ibm.com/abstracts/sg245470.html
- 『プロのためのLinuxシステム・ネットワーク管理技術』中井悦司(著). 技術評論社(2011)
- 『[改訂新版]3分間ネットワーク基礎講座』網野衛二(著). 技術評論社(2010)
- 『[改訂新版]3分間ルーティング基礎講座』網野衛二(著). 技術評論社(2013)
- 『RHEL7/CentOS7でipコマンドをマスター』
  URL http://enakai00.hatenablog.com/entry/20140712/1405139841
- 『Linux女子部 firewalld徹底入門!』
  URL http://www.slideshare.net/enakai/firewalld-study-v10

■ Linux の内部構造

- 『プロのためのLinuxシステム・10年効く技術』中井悦司(著). 技術評論社(2012)
- 『新装改訂版 Linuxのブートプロセスをみる』白崎博生(著). KADOKAWA/アスキー・メディアワークス(2014)
- 『詳解 Linuxカーネル第3版』Daniel P. Bovet(著), Marco Cesati(著), 高橋浩和(監訳), 杉田由美子(翻訳), 清水正明(翻訳), 高杉昌督(翻訳), 平松雅巳(翻訳), 安井隆宏(翻訳). オライリー・ジャパン(2007)

・『Linux Kernel Development (3rd Edition)』Robert Love (著). Addison-Wesley Professional (2010)
・『Linux デバイスドライバ 第3版』Jonathan Corbet (著), Alessandro Rubini (著), Greg Kroah-Hartman (著), 山崎康宏 (翻訳), 山崎邦子 (翻訳), 長原宏治 (翻訳), 長原陽子 (翻訳). オライリー・ジャパン (2005)
・『Binary Hacks ―ハッカー秘伝のテクニック100選』高林哲 (著), 鵜飼文敏 (著), 佐藤祐介 (著), 浜地慎一郎 (著), 首藤一幸 (著). オライリー・ジャパン (2006)

■ Linuxサーバーの問題判別とパフォーマンスチューニング

・『Self-Service Linux: Mastering the Art of Problem Determination』Mark Behman (著), Dan Wilding (著). Prentice Hall (2005)
・『Debug Hacks ―デバッグを極めるテクニック＆ツール』吉岡弘隆 (著), 大和一洋 (著), 大岩尚宏 (著), 安部東洋 (著), 吉田俊輔 (著). オライリー・ジャパン (2009)
・『Linux Performance and Tuning Guidelines (IBM Redbooks)』
URL http://www.redbooks.ibm.com/abstracts/redp4285.html

■ プログラミング

・『珠玉のプログラミング 本質を見抜いたアルゴリズムとデータ構造 (第2版)』ジョン・ベントリー (著), 小林健一郎 (翻訳). 丸善出版 (2014)
・『初めてのPerl 第6版』Randal L. Schwartz (著), brian d foy (著), Tom Phoenix (著), 近藤嘉雪 (翻訳). オライリー・ジャパン (2012)
・『入門bash 第3版』Cameron Newham (著), Bill Rosenblatt (著), 株式会社クイープ (翻訳). オライリー・ジャパン (2005)
・『初めてのPython 第3版』Mark Lutz (著), 夏目大 (翻訳). オライリー・ジャパン (2009)
・『新・明解C言語 入門編／中級編／実践編』柴田望洋 (著). SBクリエイティブ (2014, 2015)
・『エキスパートCプログラミング―知られざるCの深層』Peter van der Linden (著), 梅原系 (翻訳). アスキー (1996)
・『sed & awk プログラミング 改訂版』Dale Dougherty (著), Arnold Robbins (著), 福崎俊博 (翻訳). オライリー・ジャパン (1997)
・『オブジェクト指向スクリプト言語 Ruby』まつもとゆきひろ (著), 石塚圭樹 (著). アスキー (1999)

■著者プロフィール

● 中井 悦司（なかい えつじ）

1971年4月大阪生まれ。ノーベル物理学賞を本気で夢見て、理論物理学の研究に没頭する学生時代、大学受験教育に情熱を傾ける予備校講師の頃、そして、華麗なる（？）転身を果たして、外資系ベンダーでLinuxエンジニアを生業にするに至るまで、妙な縁が続いて、常にUnix/Linuxサーバーと人生を共にする。

その後、Linuxディストリビューターに籍をおいて、企業システムでのLinux/OSSの活用促進に情熱を燃やす日々を過ごしながら、雑誌記事や書籍の執筆にも注力。Linux/OSSによる業務アプリケーションの開発から、全国の小売店舗で稼働する10,000台以上のLinuxサーバーの運用サポート、プライベートクラウドの設計・構築まで、さまざまなプロジェクトを通して身につけた、「プロの心構え」を若手エンジニアに伝えるために苦心の日々。

最近は、機械学習の数学的背景など、データサイエンスの基礎知識の啓蒙にも活動範囲を拡大。大手検索システム企業にて顧客への機械学習の理解と導入を促すため、ソリューションアーキテクトとして活躍中。休日は、ロシア文学と哲学書を読みながら、ピアノジャズを楽しむはずが、今はなぜか、小学2年生の愛娘とスポーツクラブのプールに通う、近所で評判の「よいお父さん」。「世界平和」のために早めの帰宅を心がけるものの、こよなく愛する場末の飲み屋についつい立ち寄りがちな今日このごろ。

Software Design plus（ソフトウェア デザイン プラス）シリーズ

［改訂新版（かいていしんばん）］プロのための
Linux（リナックス）システム構築（こうちく）・運用技術（うんようぎじゅつ）

2016年10月25日　初版　第1刷発行

著者　中井悦司（なかいえつじ）
発行者　片岡　巌
発行所　株式会社技術評論社
東京都新宿区市谷左内町21-13
電話　03-3513-6150　販売促進部
電話　03-3513-6170　雑誌編集部
印刷／製本　港北出版印刷株式会社

定価はカバーに表示してあります。

ISBN 978-4-7741-8426-5 C3055
Printed in Japan

■ Staff

本文設計・組版　●BUCH⁺
装丁　●ツヨシ＊グラフィックス（下野ツヨシ）
担当　●池本公平
Webページ　●http://gihyo.jp/book/2016/978-4-7741-8426-5

※本書記載の情報の修正・訂正については当該Webページで行います。

■お問い合わせについて

●ご質問は、本書に記載されている内容に関するものに限定させていただきます。本書の内容と関係のない質問には一切お答えできませんので、あらかじめご了承ください。

●電話でのご質問は一切受け付けておりません。FAXまたは書面にて下記までお送りください。また、ご質問の際には、書名と該当ページ、返信先を明記してくださいますようお願いいたします。

●お送りいただいた質問には、できる限り迅速に回答できるよう努力しておりますが、お答えするまでに時間がかかる場合がございます。また、回答の期日を指定いただいた場合でも、ご希望にお応えできるとは限りませんので、あらかじめご了承ください。

<問い合わせ先>
〒162-0846　東京都新宿区市谷左内町21-13
株式会社技術評論社　雑誌編集部
「プロのためのLinuxシステム構築・運用技術」係
FAX　03-3513-6179